大学物理实验

College Physics Experiment   主　编　李文斌　刘旺东

中南大学出版社
www.csupress.com.cn

图书在版编目(CIP)数据

大学物理实验/李文斌,刘旺东主编. —长沙:中南大学出版社,
2012.7

ISBN 978 - 7 - 5487 - 0538 - 3

Ⅰ. 大... Ⅱ.①李...②刘... Ⅲ.物理学 - 实验 - 高等学校 -
教材 Ⅳ.04 - 33

中国版本图书馆 CIP 数据核字(2012)第 122327 号

大学物理实验

李文斌 刘旺东 主编

□责任编辑	陈雪萍
□责任印制	易建国
□出版发行	中南大学出版社

社址:长沙市麓山南路　　　　邮编:410083
发行科电话:0731-88876770　　传真:0731-88710482

| □印　　装 | 长沙市宏发印刷有限公司 |

□开　　本	787×1092　1/16	□印张 19.25	□字数 492 千字	□插页
□版　　次	2014 年 12 月第 2 版	□2016 年 12 月第 3 次印刷
□书　　号	ISBN 978 - 7 - 5487 - 0538 - 3
□定　　价	48.00 元

图书出现印装问题,请与经销商调换

前　言

本教材是根据国家教委颁发的《非物理类理工科大学物理实验课程教学基本要求》，结合物理实验室仪器设备的实际情况，在前版教材和多年实验教学改革的基础上编写而成。

本书在课程体系和课程内容上力求更加科学。绪论部分主要介绍了物理实验的特点、物理实验的基本程序和基本要求，以及物理实验成绩评定的参考记分标准和物理实验课程的流程图。第 1 章系统地介绍了测量、误差理论和数据处理基本方法，同时也介绍了电磁学实验和光学实验的一些基础知识以及常规仪器等内容；第 2~5 章根据湖南省示范实验室关于课程方面建设的成果，从基础训练实验、基本实验、综合性实验、设计性和研究性实验四个层次选编了 36 个实验。课程的内容由浅入深、由简单到复杂、由被动模仿到主动设计以及综合运用，逐渐加深学习内容的深度、广度和综合程度，更加符合认识规律和教学规律，为培养学生的综合实践能力奠定基础。书末附录介绍了国际单位制，给出了常用的物理参数、常用仪器的性能参数，以便查阅。

在编写过程中力求做到：实验目的具体、突出、要求明确；实验原理叙述清楚；实验内容和步骤详尽；方便学生学习。

本教材由李文斌、刘旺东担任主编。参加编写的有赵明卓、傅晓玲、刘云新、贺水燕、蔡静、付响云、龚添喜、黄笃之、何雄辉、谭丛兵、吴松安。由刘旺东负责统稿。

实验教学是一项集体的事业，无论实验的编排、实验仪器的安装调试，还是教材的编写，都是实验室全体工作人员的劳动成果。本书编入的实验选题，汇聚了全体工作人员多年的教学经验和体会。本书虽由以上署名的同志执笔编写，但实际上是一项集体工作，它包含了所有曾在物理实验室工作过的同志的贡献。

本书的出版，得到了许多高校老师的大力支持，同时，试用该教材的兄弟院校也为本书的编写提出了许多宝贵的意见，对此一并表示衷心的感谢。

限于编者水平，书中难免存在漏误之处，恳请读者批评指正。

编　者

2014 年 11 月

目　录

绪　　论

　　实验是人们研究自然规律、改造客观世界的一种特殊的实践形式和手段。人们通过实验发现自然规律，检验自然科学理论，同时，工程设计和生产实际中的问题也要靠实验来解决。

　　实验不同于对自然现象的直接观察，也不同于生产过程中的直接经验。其特有的优点是：第一，可以利用实验方法控制实验条件，排除外界因素的干扰，从而能有效地突出被研究事物之间的某些重要关系；第二，可以把复杂的自然现象或生产过程分解成若干独立的现象和过程，进行个别的和综合的研究；第三，可以对现象和过程进行满足预期准确度要求的定量测量，以揭示现象和过程中的数量关系；第四，可以进行重复实验，或改变条件进行实验，便于对事物的各方面作广泛的比较和分析等。

　　本教材以物理实验知识、方法和技能为重点，使学生能通过实验实践来体验和熟悉科学实验的过程和特点。

0.1　物理实验的特点

　　学生在物理实验课中主要是通过自己独立的实验实践来学习物理实验知识、培养实验能力和提高实验素养，这个学习任务决定了作为实验课程的物理实验有以下几个特点：

　　(1)实验带有很强的目的性。无论是应用性实验、验证性实验还是探索性实验，几乎都是在已经确立的理论指导下的实践活动，在有限的时间内，不仅要完成实验课题(实验目的)，而且还要完成学习任务(学习要求)。那种把实验课程看成是摆弄摆弄仪器、测测数据就达到目的的单纯实验观点是十分有害的。

　　(2)实验要采取恰当的方法和手段，以使所要观测的物理现象和过程能够实现，并达到符合一定准确度的定量测量要求。虽然方法和手段会随着科学技术和工业生产的进步而不断改进，但历史积累的方法仍是人类知识宝库精华的一部分。有了积累才有创新，因此，从一开始就应十分重视实验方法知识的积累。

　　(3)实验中所包括的技能，其内容十分广泛。仪器的选择、使用和保养，设备的装校、调整和操作，现象的观察、判断和测量，故障的检查、分析和排除……它有众多的原则和规律，可以说它是知识、见解和经验的积累。唯有实践，才有可能获得这种技能，单凭看书是不可能学到的。

　　(4)实验需要用数据来说明问题。数据是实验的语言，物理实验中数据处理有各种不同的方法和特定的表达方式。测量结果，验证理论，探索规律和分析问题，无一不用数据，数据是学术交流和报告技术成果最有力的工具和最准确的语言。

　　实验集理论、方法、技能和数据于一个整体，它不但要实验者弄懂实验内容与实验方法的道理，而且还要实验者根据这些道理付诸实践，最后还要从获得的数据结果中得出应有的结论。这就是物理实验的特点。

0.2　物理实验的基本程序和要求

做任何一个实验时，都必须把握住实验预习、实验进行和实验总结这 3 个重要环节。

1. 实验预习

预习至关重要，它决定着实验能否取得主动和收获的大小。预习包括阅读资料、熟悉仪器和写出预习报告。

仔细阅读实验教材和有关的资料，重点解决 3 个问题：

(1)做什么：这个实验最终要得到什么结果；

(2)根据什么去做：实验课题的理论依据和实验方法的道理；

(3)怎么做：实验的方案、条件、步骤及实验关键。

预习报告用统一的预习实验报告纸按格式要求书写，并且要求书写整洁、清晰，排版合理。预习报告格式要求：

(1)实验名称；

(2)实验目的；

(3)实验仪器；

(4)原理简述(原理、有关定律或公式，电路图或光路图)；

(5)数据记录表格；

(6)预习思考题。

2. 实验的进行

学生进入实验室后，先在实验室准备好的实验情况登记表上签到，然后认真听取实验教师的讲解指导，再按照编组使用相应的指定仪器。应该像科学工作者那样要求自己，井井有条地布置仪器，根据事先设想好的步骤演练一下，然后再按确定的步骤开始实验。要注意细心观察实验现象，认真钻研和探索实验中的问题。不要期望实验工作会一帆风顺，要把遇到问题看做是学习的良机，冷静地分析和处理它。仪器发生故障时，要在教师的指导下学习排除故障的方法。总之，要把重点放在实验能力的培养上，而不是测出几个数据就认为完成了任务。

要做好完备而整洁的记录，例如研究对象的编号，主要仪器的名称、规格和编号；原始数据要用钢笔或圆珠笔记入事先准备好的表格中，如确系记错，也不要涂改，应轻轻画上一道，在旁边写上正确值(错误多的，须重新记录)，使正误数据都清晰可辨，以供在分析测量结果和误差时参考。不要用铅笔记录，给自己留有涂抹的余地；也不要先草记在另外的纸上再誊写在数据表格里，这样容易出错，况且，这也不是"原始记录"了。希望同学们注意纠正自己的不良习惯，从一开始就培养良好的、科学的作风。

实验结束，先将实验数据交教师审阅，经教师验收签字后再整理还原仪器，方可离开实验室。

3. 实验总结

实验后要对实验数据及时进行处理。如果原始记录删改较多，应加以整理，对重要的数据要重新列表。数据处理过程包括计算、作图、误差分析等。计算要有计算式(或计算举例)，代入的数据都要有根据，便于别人看懂，也便于自己检查。作图要按作图规则，图线要规矩、美观。数据处理后应给出实验结果。最后要求撰写一份简洁、明了、工整、有见解的实验报告。这些是每一个大学生必须具备的报告工作成果的能力。

实验报告内容包括：

（1）实验名称；

（2）实验目的；

（3）实验仪器；

（4）实验原理：简要叙述有关物理内容（包括电路图或光路图或实验装置示意图）及测量中依据的主要公式，式中各量的物理含义及单位，公式成立所应满足的实验条件等；

（5）实验步骤：根据实验过程写明关键步骤；

（6）注意事项；

（7）数据报告与数据处理：列表报告数据，完成计算、曲线图、不确定度计算或误差分析，最后写明实验结果；

（8）小结和讨论：内容不限，可以是对实验中现象的分析、对实验关键问题的研究体会、实验的收获和建议，也可以是实验思考题的解答。

0.3 物理实验成绩评定记分标准（参考使用）

1. 到课准时（10 分）

到课准时，以上课铃声为准。到课准时者记 10 分，迟到者扣 10 分。

2. 预习报告（10 分）

（1）预习报告用统一的预习实验报告纸按格式要求书写，且书写整齐、清晰，排版合理者，记 10 分。预习报告格式要求：

①实验名称；

②实验目的；

③实验仪器；

④原理简述（原理、有关定律或公式，电路图或光路图）；

⑤数据记录表格；

⑥做好预习思考题。

（2）在上面格式要求中任缺一项扣 2 分，可累计扣分。

（3）格式基本达到要求，但书写潦草者可酌情扣分。

3. 实验操作（40 分）

（1）按实验步骤和实验程序，自觉认真完成实验且实验数据达到要求者，记满分即 40 分。

（2）抄数据者扣 40 分。

（3）实验过程中，根据实验步骤和实验程序规范程度以及实验数据合乎要求的情况视情形酌情记分。

（4）粗心大意损坏仪器，除按规定赔款外，另扣 10 分。

4. 文明卫生纪律（5 分）

（1）遵守实验室规则，在实验过程中始终遵守纪律、认真完成实验，不随意在实验室内、外走动，不在实验室吃东西、吸烟、乱丢纸屑者，记满分即 5 分。

（2）违反上款一项者扣 5 分。

（3）实验完毕后，老师要求学生打扫室内卫生，不打扫者扣 5 分。

（4）上实验课闲谈、大声喧哗或不听指导者，扣 5 分。

（5）上实验课违反纪律屡教不改或早退者，本次实验成绩记 0 分。

5. 仪器整理(5 分)

（1）实验完毕，学生按要求主动整理好仪器的，记 5 分。

（2）实验完毕，学生没有整理仪器的，扣 5 分。

（3）实验完毕，整理仪器不符合要求者，可视其情况酌情扣分。

6. 实验报告(30 分)

（1）实验报告用统一的实验报告纸按格式要求书写，实验数据按要求处理并有实验结果表示，报告书写整洁、清晰，布局合理者，且附有预习报告和原始记录，可记 30 分。实验报告格式要求：

①实验名称；

②实验目的；

③实验仪器；

④实验原理(简明扼要)；

⑤实验步骤；

⑥注意事项；

⑦实验数据及处理(要有明确结果)；

⑧体会(讨论或答思考题)。

（2）没有数据处理、计算过程以及最后结果表示的扣 15 分。

0.4 实验课程流程图

实验课程的流程图如图 0 - 1 - 1 所示。

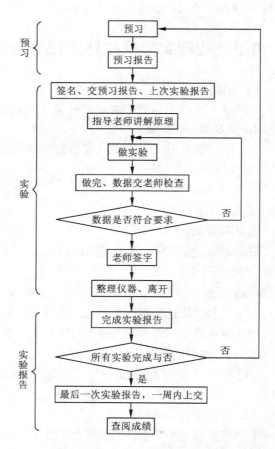

图 0 - 1 - 1 实验课程流程图

第 1 章　实验的基础知识

1.1　测量

在物理实验中，不仅要定性地观察物理现象，而且还需要定量地测量有关物理量。测量就要取得数字，记录数据，计算和报告数据，这些都存在有效数字取位的问题。因此，从实验课一开始，就要建立有效数字的概念，并强调通过练习达到熟练掌握和运用于每一个数据的目的。

1.1.1　测量的定义

1. 测量的定义

以确定量值为目的的一组操作称为测量(或计量)。

测量的过程就是把被测物理量与选作计量标准单位的同类物理量进行比较的过程。选作计量单位的标准必须是国际公认的、唯一的、稳定不变的。例如真空中的光速是一个不变的量，国际单位制由此规定以光在真空中 1/299 792 458 s 的时间间隔内所经路径的长度作为长度单位——1 m。

测量一个物体的长度，就是找出该被测量是 1 m 的多少倍，这个倍数称为测量的读数。数值连同单位记录下来便是数据，称为量值。量值用数值和单位的乘积来表示。

例如，钠光的一条谱线的波长为 $\lambda = 589.6 \times 10^{-7}$ m，它是单位 m 和数值 589.6×10^{-7} 的乘积。

2. 直接测量和间接测量

根据获得数据的方法不同，测量可分为直接测量和间接测量两类。

(1)直接测量

把被测量直接与标准量(量具或仪表)进行比较，直接读数，直接得到数据，这样的测量就是直接测量，相应的物理量称为直接测量量。例如用米尺测量长度，用天平测量质量，用欧姆表测量电阻等。

直接测量是测量的基础。

(2)间接测量

大多数物理量没有直接测量的量具或仪表，不能直接得到测量数据，但能够找到它与某些直接测量量的函数关系。测出直接测量量，通过函数关系得到被测量的测量数据，这种测量称为间接测量，相应的物理量就是间接测量量。

例如圆的半径 r，若圆心不能确定就不能直接测量，但可测量直径 d，然后通过公式 $r = d/2$ 算出半径，这就是间接测量。这时半径 r 就是间接测量量。实际中间接测量远远多于直接测量。实际中的原理、方法、步骤、计算等，大都是间接测量的内容；实验方法、实验技术也主要在间接测量范围之内。

3. 基本单位和导出单位

不同的物理量有各自不同的单位，而各物理量不是相互独立的，而是由许多物理定义和物理规律联系起来的，所以只需要规定少数几个物理量的单位，其他物理量的单位就可根据定义和物理规律推导出来。独立定义的单位叫做基本单位，相对应的物理量叫做基本量；由基本单位推导出的单位叫做导出单位，相对应的物理量叫做导出量。

需要注意的是，在测量中区分的直接测量量和间接测量量，与在计算单位中规定的基本量和导出量，两事件之间没有对应关系。例如，物质的质量，它的单位 kg 是基本单位，若用天平测量，它是直接测量量；若把它浸没在量筒中的水里测出体积 V，从手册中查出该物质的密度 ρ，再用公式 $m = \rho V$ 计算，则该质量就是间接测量量了。

在物理学发展过程中，曾建立过各种不同的单位制，各单位制选取的基本量和规定的单位各不相同，使用中常常造成混乱，带来诸多不便。1960 年，国际计量大会正式通过了一种通用于一切计量领域的单位制——国际单位制，用符号"SI"表示。SI 规定的基本单位有 7个。为了保证单位量值的统一，国际计量局设有复现单位标准的专门实验室，每个国家又都有自己的计量组织。任何工厂生产的量具、仪表都要经过计量单位检验鉴定才能出售使用，以保证量具能在规定的准确度标准下体现出量度单位。现在，我国已建立了与国际计量单位一致的米、秒、千克、开尔文、安培、坎德拉、摩尔 7 个基本单位的基准，其中有的基准完成了实验基准向自然基准过渡的工作。如实现米的新定义的碘稳频 He-Ne 激光器，实现 1990年国际温标中用的中、高温固定点及铂电阻温度计，绝对重力仪等，主要技术指标都达到国际先进水平，有的还处于国际领先地位。在开展国际量值比对中，我国的国际地位不断提高，计量科学技术水平在国际上的声誉和威望越来越高。在 50 多个物理量中，我国现已建立起 142 项国家基准和标准，并相应建立了各级计量（技术监督）部门、量值传递系统、管理制度和专门的计量人员队伍。我国计量科学的水平在世界上已步入领先的行列。

1.1.2 有效数字

1. 有效数字和仪器读数规则

（1）有效数字

实验数据是通过测量得到的。读数的数字有几位，在实验中的含义是明确的。例如，用厘米分度的尺去测量一铜棒的长度（图 1-1-1），我们先看到铜棒的长度大于 4 cm，小于 5cm，进一步估计其端点超过 4 cm 刻线 3/10 格，得到棒长为 4.3 cm。不同的观察者估读不尽相同，可能读成 4.2 cm 或 4.4 cm。这样，同一根棒的长度得到 3 个测量结果，它们都应当是正确的。比较 3 个读数，可以看到最后一位数字测不准确，称之为欠准数字或可疑数字，前面的"4"是可靠数字。

上例中得到的全部可靠数字和欠准数字都是有意义的，总称为有效数字。当被测物理量和测量仪器选定以后，测量值的有效数字的位数就已经确定了。我们用厘米分度的尺测量铜棒的长度，得到的结果 4.2 cm、4.3 cm 或 4.4 cm 都是 2 位有效数字，它们的测量准确度相同。若换以毫米分度的尺子测量上例中的铜棒（图 1-1-2），从尺的刻度可以直接读出 4.2cm，再估读到 1/10 格值，测定铜棒的长度为 4.22 cm（当然，不同的观察者还可能得到 4.21cm 或 4.23 cm），测量结果有 3 位有效数字，准确度高于上例。

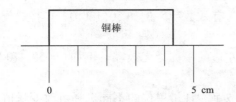

图1-1-1　用厘米分度尺测量铜棒的长度

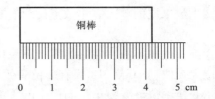

图1-1-2　用毫米分度尺测量铜棒的长度

可见，用不同的量具或仪器测量同一物理量，准确度较高的量具或仪器得到的测量结果有效位数较多。另一方面，如果被测铜棒的长度是十几厘米或几十厘米，那么用厘米分度尺测量的结果变为 3 位有效位，用毫米分度尺测量的结果变为 4 位有效位。可见，有效位的多少还与被测量的大小有关。

有效位的多少，是测量实际的客观反映，不能随意增减测量值的有效位。

（2）仪器的读数规则

测量就要从仪器上读数，读数应包括仪器指示的全部有意义的数字和能够估读出来的数字。

①估读。有一些仪器读数时需要估读，估读时首先根据最小分格的大小、指针的粗细等具体情况确定把最小分格分成几份来估读，通常读到格值的 1/10、1/5 或 1/2。前述图 1-1-1 就是估读到最小格值的 1/10。这样的仪器和量具很多，如米尺、螺旋测微计、测微目镜、读数显微镜、指针式电表等。图 1-1-3 是估读到 1/5 格值的例子。

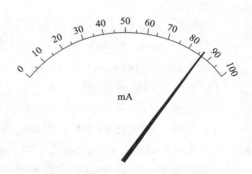

图1-1-3　估读到 1/5 格值

②"对准"时的读数。对于已经选定的仪器，读数读到哪一位是确定的。例如，用 50 分度的游标卡尺测一物体的长度，游标恰与主尺 3 cm 刻线对准，如图 1-1-4 所示。50 分度游标卡尺的分度值是 0.002 cm，这类仪器不估读，读数应读到厘米的千分位，测得值为 3.000 cm，有效位为 4 位，不可以读出 3 cm。反过来，如果以为"对准"是准确无误，3 后面的 0 有无穷多个也是错的，因为游标卡尺有一定的准确度，且"对准"也是在一定分辨能力限制下的对准。

图1-1-4　游标对准主尺 3 cm 刻线

由此可见，在每次测量之前，首先应记录所用仪器刻度的最小分度值，然后根据具体情况确定是否应当估读或估读到几分之一格值，必要时还要加以说明，使记录清楚明白。

（3）有效位的概念

①数字中无零的情况和数字间有零的情况全部给出的数字均为有效数。例如 56.147 4

mm 这个量值,其有效数字共有 6 位,50.007 4 mm,其有效数字也有 6 位。

②小数末尾的零。有小数点时,末尾的零全部为有效数字。例如 50.140 0,其有效位为 6 位。

③第一位非零数字左边的零。第一位非零数字左边的零称为无效零。例如 0.050 470 0,有效位为 6 位;0.000 018 只有 2 位有效数字。

④变换单位。变换单位而产生的零都不是有效数字。计量单位的不同选择可改变量值的数值,但绝不应改变数值的有效位数。例如:

　　4.30 cm = 0.043 0 m = 43 000 μm = 0.000 043 0 km

带有横线的 0 是因为单位变化而出现的,它们只反映小数点的位置,都不是有效数字。上例中的 43 000 μm 还错误地反映了有效位。为了正确表达出有效数字,实验中常采用科学计数法,即用 10 的幂次表示,如:

　　$4.30 \text{ cm} = 4.30 \times 10^{-2} \text{ m} = 4.30 \times 10^{4} \text{ μm} = 4.30 \times 10^{-5} \text{ km}$

这种写法不仅简洁明了,特别是当数值很大和很小时突出了有效数字,而且还使数值计算和定位变得简单。

2. 有效数字的运算规则和修约规则

(1)有效数字的运算规则

从仪器上读出的数值经常要经过运算以得到实验结果,运算中不应因取位过少而丢失有效数字,也不能凭空增加有效位。规范的做法是用测量结果的不确定度来确定测量结果的有效位。计算过程中只要不少取位,最后根据不确定度来截取结果的有效位,就不会出错。但也有一些不计算不确定度的情况,例如用作图法处理数据时。下面给出有效数字的运算规则:如果计算不确定度,则比规则规定再多取 1～2 位,最后根据不确定度去掉多余的数字。

①加减法运算。和或差的末位数字所在的位置,与参与加减运算各量中末位数字位置最高的一个相同。

例 1.1.1　13.65 + 1.622 0 = 15.27

　　　　　　16.6 − 8.35 = 8.2

②乘除法运算。一般情况下,积或商的有效位数和参与乘除运算各量中有效位最少的那个数值的位数相同。建议:如果所得的积或商的首位数字为 1、2 或 3 时,要多保留一位有效数字。

例 1.1.2　24 320 × 0.341 = 8.29 × 10³

　　　　　　85 425 ÷ 125 = 683

　　　　　　12 345 ÷ 98 = 126

③对数运算。对数结果其小数点后的位数与真数的有效位数相同。

例 1.1.3　lg 543 = 2.735

④一般函数运算。将函数的自变量末位变化 1,运算结果产生差异的最高位就是应保留的有效位的最后一位。用这种方法来确定有效位是一种有效而直观的方法。

例 1.1.4　sin 30°2′ = 0.500 503 748

　　　　　　sin 30°3′ = 0.500 755 559

两者差异出现在第 4 位上,故 sin 30°2′ = 0.500 5

其实这正是求微分问题。通过求微分来确定函数的有效数字取位的意义是:设测量值的不确定度在最后一位上是 1,求由此而引起函数的不确定度出现在哪一位上。本章 1.2.4 节中也是用求微分的方法进行不确定度的传递。

例 1.1.5　计算 $\sin 30°2'$。

解　$x = 30°2'$,$\Delta x = 1' = \dfrac{\pi}{180 \times 60} = 0.000\,29(\text{rad})$

$d(\sin x) = \cos x \cdot \Delta x = 0.000\,25$。

所以有效数末位的位置在小数点后的第 4 位上:$\sin 30°2' = 0.500\,5$,它有 4 位有效数字。直观法和微分法效果是一样的。

⑤运算中常数和自然数的取位规则。运算中无理常数的位数比参加运算各分量中有效位最少的多取 1 位,例如 π 等于 $3.141\,592\,654\cdots$,在算式中要将所取的数字全部写出来。

自然数是准确的,例如自然数 2,它后面有无穷多个 0,在算式中不必把那些 0 写出来。

上述运算规则是一种粗略的近似规则,如前所述,由不确定度决定有效位才是合理的。

(2)修约间隔与修约规则

在例 1.1.4 和例 1.1.5 中,都从较多的数字中留下了有效数字,去掉了多余的数字,这就是对数字的修约。

①修约间隔。修约间隔可以看成是被修约值的最小单元,它既可以是个数值,也可以是个量值。修约间隔一旦确定,修约后的值即应是修约间隔的整数倍。

例如修约间隔是 0.1 g,则修约后的量值只能是 0.1 g 的整数倍而不能出现小于 0.1 g 的部分:

712.35 g 修约成 712.4 g,

614.470 g 修约成 614.5 g。

例如修约间隔是 1 000 m,则 85.47 km 修约成 85 km 或 85×10^3 m。

②修约中的"进"与"舍"的规则。拟舍弃位小于 5 时,舍去。拟舍弃位大于 5(包括等于 5 而其后有非零数值)时,进 1,即保留的末位加 1。拟舍弃位为 5 且其后无数值或皆为零时,若所保留的末位为奇数,即进 1;若为偶数,则舍去。

例如:1.234 51 m 修约成 4 位有效位,为 1.235 m,

　　　1.234 49 m 修约成 4 位有效位,为 1.234 m,

　　　1.234 50 m 修约成 4 位有效位,为 1.234 m,

　　　1.233 50 m 修约成 4 位有效位,为 1.234 m。

③负数的修约。取绝对值,按上述规则修约,然后再加上负号。

④不允许连续修约。在确定修约间隔后应当一次修约获得结果,不得逐次修约。

例如:修约间隔为 1 mm,对 15.454 6 mm 进行修约。

正确做法:15.454 6 mm 一次修约为 15 mm;

错误做法:15.454 6 mm→15.455 mm→15.46 mm→15.5 mm→16 mm。

可见,错误的做法会导致错误的结果。

1.1.3　测量结果的有效位

1. 测量结果的表示

测量结果通常表示为(请注意,这不是测量结果的完整报告):

被测量的符号 = (测量结果的值 ± 不确定度的值) 单位

或　　　　被测量的符号 = 测量结果的值(不确定度的值) 单位

关于测量的不确定度,本章 1.2 节将专门讲述,这里只说明测量结果表示中数值的有效位。

2. 不确定度的有效位

不确定度的值通常只取 1 位或 2 位有效数字。本课程的教学中为了简化,规定不论什么情况都取 2 位。如果表示成相对不确定度的形式,也取 2 位有效数字。

不确定度计算过程中要多保留一位,即运算中的数值取 3 位有效数字,直到算出最终的不确定度,才修约成 2 位。

3. 测量结果的有效位

国际上规定,测量结果的修约间隔与其不确定度的修约间隔相等。即不确定度给到了哪一位,测量结果也应给出到这一位。

例如,国际科学协会科学技术数据委员会 1986 年公布:

阿伏伽德罗常数　　$N_A = 6.022\,136\,7(0.000\,003\,6) \times 10^{23}\,\mathrm{mol}^{-1}$,

更习惯的表示是　　$N_A = 6.022\,136\,7(36) \times 10^{23}\,\mathrm{mol}^{-1}$。

原子质量常数　　$m_u = 1.660\,540\,2(0.000\,001\,0) \times 10^{-27}\,\mathrm{kg}$,

或表示为　　$m_u = 1.660\,540\,2(10) \times 10^{-27}\,\mathrm{kg}$。

在弄不清测量不确定度的大小时,无法确定测量结果给出到哪一位;一旦得到了测量结果的不确定度,给出到哪一位就确定了,测量结果的有效位也就明确了。

1.2　测量的不确定度

在报告物理测量的结果时,不但要写明计量单位,而且还有责任给出表示测量质量的某些指标,这样才算是完整的报告。没有单位的数据,不能表示被测量大小的特征;没有测量结果的质量表示,使用它的人不能判定其可靠程度,测量结果也不能比较,既不能自身比较也不能与说明书和标准给出的参考值比较。这个评定测量结果质量如何的指标就是不确定度。

然而对于测量数据的处理、测量结果的表达,长期以来在各个国家和不同学科有不同的看法和规定,有关术语的定义也不统一,从而影响了国际间的交流和对各种成果的互相利用。1980 年 10 月,国际计量局(BIPM)综述了来自 21 个国家的意见,提出了《关于表述不确定度的建议草案》,在 1981 年 10 月召开的 BIPM 第 70 届会议上修改通过,编号为 INC - 1 (1980)。于是,《建议 INC - 1(1980)》成为国际性指导文件。

1986 年成立了国际不确定度工作组,负责制定用于计量、标准、质量、认证、科研、生产中的不确定度指南。国际不确定度工作组成员中有中国的代表。

1993 年,国际计量局(BIPM)、国际电工委员会(IEC)、国际临床化学联合会(IFCC)、国际标准化组织(ISO)、国际理论与应用化学联合会(IUPAC)、国际理论与应用物理联合会(IUPAP)和国际法定计量组织(OIML)7 个国际组织正式发布了《测量不确定度表示指南》(Guide to the Expression of Uncertainty in Measurement,GUM),为计量标准的国际化和测量不确定度的表述奠定了基础。

GUM 被译为许多种文字，得到了广泛的应用。许多国家的计量实验室、校准实验室、检测实验室和国际组织都制定了相应的规定和准则，来规范各自领域中测量不确定度的计算和表达，从而促使科学、技术、商业、工业、卫生、安全和管理等各方面对测量的结果及其质量形成统一的认识、理解、评价和比较。

为了贯彻实施 GUM，统一我国对测量不确定度的评定方法，加速与国际惯例接轨，我国制定了一系列技术标准，其中要求对测量不确定度进行全面评价，特别是国家质量技术监督局于 1999 年 1 月 11 日发布了新的计量技术规范《JJF1059—1999 测量不确定度评定与表示》，代替《JJF1027—1991 测量误差及数据处理》中的误差部分，并于 1999 年 5 月 1 日起实行；同时利用专著、期刊、讲座、培训班普及测量不确定度的知识，宣传不确定度的实际应用经验。在我国实施 GUM，科学、准确、规范地表述测量结果，不仅是工程技术和学术交往的需要，也是全球市场经济发展的需要。为培养面向 21 世纪的科技人才，物理实验课的教学要积极采用国际通用的标准和指南。

1.2.1　测量的不确定度

本节给出关于不确定度的一些基本资料，这些资料引自不确定度的专著和文献。陌生的名词、术语读起来可能枯燥和费解，希望读者能耐心地读下去，读后获得关于不确定度的一些印象，目的就达到了。1.2.2～1.2.4 节会具体地讲述不确定度的计算方法和表达方法，读者完全能读懂；然后还需再阅读本节，以获得对不确定度的理解。本节还可作为 1.2 节的小结，也可以像手册那样用来查询。

1. 测量不确定度

（1）测量不确定度的定义

测量不确定度是与测量结果相联系的参数，表征合理地赋予被测量之值的分散性。

从词义上理解，测量不确定度是测量结果有效性的可疑程度或不肯定程度；从统计概率的概念上理解，它是被测量的真值所处范围的估计值。真值是一个理想化的概念，是实际上难以操作的未知量，人们通过实际测量所得到的量值赋予被测量，这就是测量结果。这个结果不必然落在真值上，即测量结果具有分散性。因此还要考虑测量中各种因素的影响，估算出一个参数，并把这个参数赋予分散性。也就是说，用一个恰当的参数来表述测量结果的分散性，这个参数就是不确定度。

①这个参数，可以是标准偏差 s，可以是 s 的倍数 ks，也可以是具有某置信概率 p（例如 p 等于 95%、99%）的置信区间的半宽。

②测量不确定度一般由若干分量组成，这些分量恒只用实验标准偏差给出而称为标准不确定度。其中如果由测量列的测量结果按统计方法估计，则称之为 A 类标准不确定度；其中如果由其他方法和其他信息的概率分布估计，称之为 B 类标准不确定度。这些标准不确定度现均用符号 Δ 表示，如 $\Delta(x)$ 或 Δ_x。

③实验的测量结果是被测量之值的最佳估计以及全部不确定度成分。在不确定度的分量中，也应包括那些由系统效应，如与修正值、参考计量标准器有关的不确定分量，这些分量都对实验结果的分散性有"贡献"。

（2）不确定度的常用术语与定义

标准不确定度：用标准差表示的测量不确定度。

　　A 类标准不确定度评定或标准不确定度的 A 类评定：用对观测列进行统计分析的方法，来评定标准不确定度。

　　B 类标准不确定度评定或标准不确定度的 B 类评定：用不同于对观测列进行统计分析的方法，来评定标准不确定度。

　　合成标准不确定度：当测量结果是由若干其他量的值求得时，按其他各量的方差和协方差算得的标准不确定度。它是测量结果标准差的估计值。

　　扩展不确定度：确定测量结果区间的量，合理赋予被测量之值分布的大部分可望含于此区间。

　　包含因子：为求得扩展不确定度，对合成标准不确定度所乘的数字因子。包含因子也称为覆盖因子。

　　自由度：在方差的计算中，和的项数减去对和的限制数。

　　置信概率（置信水平）：与置信区间或统计包含区间有关的概率值，常用百分数表示。

　　2．与不确定度有关的概念

　　（1）被测量与误差

　　量值：量值是由一个数乘以测量单位所表示的特定量的大小。

　　真值、约定真值：量的真值 μ 定义为与给定的特定量定义相一致的量值。真值是一个理想化的概念，只有通过符合定义的、完美无缺的测量才有可能得到。对于给定的具有适当不确定度的、赋予特定量的值称为约定真值。该值有时是约定采取的。常用到的约定真值有：国际计量会议约定的值或公认的值，如基本物理常数、基本单位标准；高一级仪器校验过的计量标准器的量值（称为实际值）；修正过的算术平均值（称为最佳值）等。

　　被测量、测得值、测量结果：作为测量对象的特定量称为被测量。由测量所得到的并赋予被测量的量值，称为测得值或测量结果。在给出测得值时，应说明它是示值、未修正的测得值或已修正的测得值。在测量结果的完整表示中，还应包括测量不确定度的完整表示。

　　测量误差（真误差）、绝对误差、相对误差：测量误差（真误差）定义为测量结果减去被测量的真值，该差值带有正、负号，具有测量单位，称为绝对误差。绝对误差除以真值，单位为1，称为相对误差。相对误差也常用百分数表示。

　　示值误差、引用误差、准确度等级：描述仪器特性的术语。仪表的示值误差是示值与真值之差。引用误差是仪表的示值误差与引用值（如全量程）之比。有时用引用误差绝对值不超过某个界限的百分数来确定仪表的准确度等级。准确度是一个定性的概念，例如可以说准确度高低、准确度为 0.25 级、准确度为 3 等及符合××标准，但不得使用如下表示：准确度为 25%、16 mg、≤16 mg、±16 mg。不要用术语"精密度"或"精度"代替"准确度"。

　　（2）常用统计学术语和概念

　　总体、数学期望：在相同条件下，对某一稳定的量进行无限次测量，获得的全部测得值称为总体。总体的平均值，称为期望（数学期望值）。

　　系统误差与随机误差：期望与真值的差称为系统误差，测得值与期望之差称为随机误差。若已知系统误差或近似值，可反复修正测得值；随机误差则不能修正。

　　总体方差、总体标准偏差：无限次测量的随机误差的平方取平均称为总体方差。总体方差的正平方根称为总体标准偏差。该值无正负号，它描述了测得值或随机误差的分散的特征。

　　样本、期望的估计：在相同条件下，对同一稳定的量进行 n 次测量，得到的 n 个测得值称为总体的样本,样本平均值是期望的估计(值)。

残差、样本方差、样本标准偏差:每个测得值与样本平均值之差称为残差。残差平方的平均值(分母常用 $n-1$)即样本方差,样本方差是总体方差的估计(值)。取样本方差的正平方根得到样本标准偏差。样本标准偏差描述了每个(n 次测量的任何一次)测得值对于样本平均值的分散的特征。

样本平均值的标准偏差:表征估计对于期望的分散特征。样本平均值的标准偏差是样本标准偏差的 $1/\sqrt{n}$。

3. 测量不确定度评定的步骤和表达

(1)测量模型

被测量 Y 与 N 个被测量或其他已知量 X_1, X_2, $\cdots$, X_N 构成函数关系:

$$Y = f(X_1, X_2, \cdots, X_N) \qquad (1-2-1)$$

若视自变量 X_1, X_2, $\cdots$, X_N 为系统的输入量,则函数 Y 为该系统的输出量。式$(1-2-1)$为真值的函数关系。X_1, X_2, $\cdots$, X_N 通常是直接测量量或已知量,其测得值或给出值为 x_1, x_2, $\cdots$, x_N,即 x_i 是输入量 X_i 的输入估计值,则对应的:

$$y = f(x_1, x_2, \cdots, x_N) \qquad (1-2-2)$$

为输出量 Y 的输出估计值,y 就是被测量 Y 的测量结果。在获得输入量的估计值的计算中,应尽力做到:剔除含有粗大误差的异常值,修正含有系统误差的测量值。

输入估计值 x_i 含有不确定度(不确定度分量),这些不确定度分量将导致输出量 y 也含有不确定度。

(2)测量不确定度评定的步骤

评定不确定度的任务就是找出不确定度的来源,算出每个输入量的不确定度 Δ_{x_i},并分别以其对测量结果 y 的不确定度的贡献 $\Delta_i(y)$ 的形式列出,然后把它们合成,计算出 y 的不确定度。

①分析输入量 x_i 的不确定度来源(通常不止一个),算出相应的标准不确定度分量及其自由度,并将来源、数字和自由度列表报告。

②将各标准不确定度分量考虑相关性后予以合成,得到各输入量 x_i 的标准不确定度 Δ_{x_i} 及 Δ_{x_i} 的自由度 ν_i。

③根据式$(1-2-1)$的具体函数关系,按照不确定度的传播方法,从 Δ_{x_i} 计算出输出量 y 的标准不确定度分量 $\Delta_i(y)$,$i=1, 2, \cdots, N$。

④将各标准不确定度分量 $\Delta_i(y)$ 合成,得到输出量 y 的合成标准不确定度 Δ_y;并计算 Δ_y 的自由度 $\nu = \nu_{eff}$。

⑤由合成标准不确定度 Δ_y 及包含因子 k 算出 y 的扩展不确定度 Δy_p。

⑥给出不确定度的最后报告。

(3)测量不确定度的表达

根据测量原理,使用测量装置进行测量,得出测量结果后,不仅应报告被测量值的最佳估计 y,还应给出测量不确定度报告。

测量不确定度有两种表达方式:

①标准不确定度:用标准偏差表示,表明测量结果的分散性。多个标准不确定度分量 $\Delta_i(y)$ 按照一定的方式合成,得到的合成不确定度 $\Delta(y)$ 仍旧是标准偏差。如能求得自由度,则在报告 $\Delta(y)$ 的同时,还应报告 $\Delta(y)$ 的自由度 ν。

②扩展不确定度：用标准偏差的倍数表示，将 $\Delta(y)$ 扩展 k 倍，得到扩展不确定度 Δy_p，扩展不确定度比标准不确定度有更高的置信概率，Δy_p 表明了置信区间的半宽度。若测量结果为 $\bar{x}$，则置信区间为 $[\bar{x} - \Delta y_p, \bar{x} + \Delta y_p]$。当用扩展不确定度报告不确定度时，还应报告置信概率 p 或者包含因子 k。

不论用哪一种表达方式，测量不确定度本身都不带有正负号。

1.2.2　标准不确定度的 A 类评定

1. 统计方法的基本概念

所谓统计方法，不是研究样本本身，而是根据样本对总体进行推断。

所谓总体是由观测的个体构成的集团。为了观测，从这个集团抽出的个体，就是反映总体特征的样本。

统计学中把总体视为无限多个个体的集团，即所谓无限总体，并认为样本本身的大小（样本中个体的数目）越大，就越能准确地反映总体的特征。因此，取尽可能大的样本，由近似计算进行统计推断。在统计学领域，对同一个被测量值在相同条件下的每一次独立的测量结果就是一个样本。它是这一个被测量的无穷多次测量结果总体中的一个。通过有限次数的重复测量结果，对无穷多次测量结果进行推断，这就是计量学中对不确定度的 A 类评定方法。

2. 总体标准偏差和样本标准偏差

（1）正态分布

对被测量进行多次测量，测得值或其误差可视为随机变量。该随机变量的取值表现为一定的分布，而分布影响着不确定度的计算。常见的误差分布有正态分布、均匀分布、反正弦分布等，其中又以正态分布应用得最为广泛。在表示测量结果时，常用到与正态分布有关的平均值、方差和协方差等，所以常假设测量符合正态分布，这给不确定度的计算带来了极大的方便。

假设系统误差已经修正，被测量值本身稳定，在重复条件下对同一被测量做 N 次测量。当 N 很大时，测量值的分布符合正态分布。

现举例说明之。

把表 1 - 2 - 1 的数据画成 $(N_k/N) - x_k$ 离散曲线图（图 1 - 2 - 1）。其中 N 是测量的总次数，N_k 是在 N 次测量中测得值为 x_k 出现的次数（频数）。如果观测量 x 可以连续取值，当测量次数 $N \to \infty$ 时，离散曲线图将变成一条光滑的连续曲线（图 1 - 2 - 2）。

表 1 - 2 - 1　对某量测量 150 次，测得量值及该量值出现的次数

测得值 x_k	出现次数 N_k	频率 N_k/N
7.31	1	0.007
7.32	3	0.020
7.33	8	0.053
7.34	18	0.120
7.35	28	0.187

测得值 x_k	出现次数 N_k	频率 N_k/N
7.36	34	0.227
7.37	29	0.193
7.38	17	0.113
7.39	9	0.060
7.40	2	0.013
7.41	1	0.007

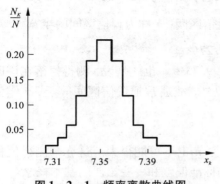

图 1 - 2 - 1　频率离散曲线图

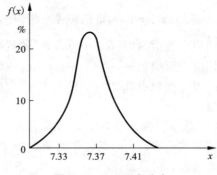

图 1 - 2 - 2　正态分布

由图可见，每次测得的 x_k 尽管不相同，但 x_k 总围绕着平均值 μ（$\mu = 7.360$）而起伏。虽然我们不能预言某一次测量的数落在哪里，但可以肯定总的趋势是偏离平均值越远的次数越少，而且偏离过远的测量结果实际上不存在。也就是说，可以从总体上把握结果取某个测量值的可能性（概率）有多大。

图 1 - 2 - 3 所示的分布就是正态（高斯）分布。它是用期望 μ 和方差 σ^2 所定义的曲线，几率分布函数式为：

$$f(x) = \frac{1}{\sqrt{2\pi} \cdot \sigma} \, \mathrm{e}^{-\frac{(x-\mu)^2}{2\sigma^2}} \qquad (1-2-3)$$

式中：参数 σ 称为总体标准偏差，它由下式给出：

$$\sigma = \sqrt{\frac{\sum\limits_{k=1}^{N} (x_k - \mu)^2}{N}} \qquad (1-2-4)$$

式中：μ 是总体平均，称为期望参数。μ 决定曲线峰值的位置，σ 决定曲线的形状。

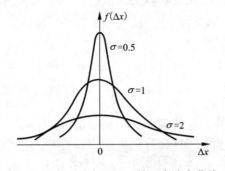

图 1 - 2 - 3　对应不同 σ 的正态分布曲线

（2）正态分布的特点

① 正态分布中 x_k 的误差 Δx_k（误差 $\Delta x_k = x_k - \mu$）具有以下特点：

有界性：绝对值很大的误差出现的概率极小，即误差的绝对值不超过一定的界限，通常

$|\Delta x_k|$ 不大于 3σ。

单峰性：曲线呈凸形，绝对值小的误差出现的概率比绝对值大的误差出现的概率大，曲线的峰值对应于 μ。

对称性：绝对值相等的正误差和负误差出现的概率相等。

抵偿性：随测量次数的增加，有 $\sum\limits_{N\to\infty}\Delta x = 0$。

②σ 和曲线的形状。测量值的概率分布曲线提供了测量及其误差分布的全部知识。曲线越"瘦"，说明测得值(或机器误差)分布得越集中，此时 σ 的值较小；曲线越"胖"，则说明测得值越分散，此时 σ 的值较大，如图 1-2-3 所示。可见，标准偏差 σ 表征了测得值对期望 μ 的分散性。参数 σ 反映了曲线的形状。

③置信区间和置信概率。测得值出现在某区间，例如区间 $[\mu-a,\ \mu+a]$ 内的概率是 $p = \int_{\mu-a}^{\mu+a} f(x)\,\mathrm{d}x$，$p$ 称为置信概率，相应的区间称为置信区间，a 称为置信区间的半宽。

相应于置信区间 $[\mu-\sigma,\ \mu+\sigma]$ 的置信概率为 68.27%。

相应于置信区间 $[\mu-3\sigma,\ \mu+3\sigma]$ 的置信概率为 99.73%。也就是说，测得值落在该区间之外的可能性只有 0.27%，即几乎不可能落到区间以外，故通常把置信区间等于 3σ 作为误差界限。

(3)总体标准偏差和实验标准偏差

实际实验中，人们只能作有限次(n 次)测量，甚至 n 也不可能很大。这 n 个测得值称为一个测量列，它是总体的一个样本。下面讨论样本的标准偏差和一些重要的基本概念。

对同一被测量 X，在相同条件下独立测量 n 次，得到下面的测量列(即样本)：

$$x_1,\ x_2,\ \cdots,\ x_k,\ \cdots,\ x_n$$

①X 的最佳估计值为算术平均值：

$$\bar{x} = \frac{1}{n}\sum_{k=1}^{n} x_k \tag{1-2-5}$$

②表征测得值 x_k 对其最佳估计值 $\bar{x}$ 分散程度的参数 s，记为 s_x 或 $s(x)$，称为实验标准偏差，可用贝赛尔公式求得：

$$s(x) = \sqrt{\frac{\sum\limits_{k=1}^{n}(x_k-\bar{x})^2}{n-1}} \tag{1-2-6}$$

或

$$s(x) = \sqrt{\frac{1}{n-1}\left\{\sum_{k=1}^{n}x_k^2 - \frac{1}{n}\Big(\sum_{k=1}^{n}x_k\Big)^2\right\}} \tag{1-2-7}$$

式中：x_k 为第 k 次的测得值，$\bar{x}$ 为 n 次测量的算术平均值。式(1-2-7)可由式(1-2-6)推导得到，在计算机上编程计算时，用式(1-2-7)更为方便。

③在统计学中，s 称为样本标准偏差，s^2 称为样本方差，$\bar{x}$ 称为样本均值，σ^2 称为总体方差。

④$x_k-\bar{x}$ 称为残差，它有专门的符号 v，第 k 次测得值 x_k 的残差为 v_k。在正态分布下，关于残差 v 有：

$$\sum_{k=1}^{n} v_k = 0 \text{ (在 } \bar{x} \text{ 未进行修约的条件下)} \tag{1-2-8}$$

和
$$\sum_{k=1}^{n} v_k^2 = \sum_{k=1}^{n} (x_k - \bar{x})^2 (\text{为最小}) \tag{1-2-9}$$

式(1-2-9)又称为最小二乘原理。

⑤样本平均值的标准偏差表征最佳估计值 $\bar{x}$ 对其期望 μ 的分散性，记为 $s_{\bar{x}}$ 或 $s(\bar{x})$：

$$s(\bar{x}) = \frac{s(x)}{\sqrt{n}} = \sqrt{\frac{\sum_{k=1}^{n}(x_k - \bar{x})^2}{n(n-1)}} \tag{1-2-10}$$

⑥请读者注意区分 $s(x)$ 和 $s(\bar{x})$，以及它们各表示什么值对什么值的分散性。

3. 标准不确定度的 A 类评定

如前所述，标准不确定度分量用符号 Δ 并带下脚标来表示，例如 Δ_1。

(1)对被测量 X 在相同条件下独立测量 n 次，用测量列的算术平均值 $\bar{x} = \frac{1}{n}\sum_{k=1}^{n} x_k$ 作为测量结果时，它的 A 类标准不确定度：

$$\Delta_A(x) = s(\bar{x}) = \frac{s(x)}{\sqrt{n}}, \text{自由度} \nu(x) = n-1 \tag{1-2-11}$$

式中：$s(x)$ 是测量列(样本)的标准偏差，由式(1-2-6)或式(1-2-7)算出。

(2)对被测量 X 只测量一次时，测量结果就是这一次的测量值，它的 A 类不确定度：

$$\Delta_A(x) = s(x) \tag{1-2-12}$$

其中：$s(x)$ 是在本次测量的"早先"通过多次测量得到的。当然，本次测量应在早先多次测量的重复条件下进行。同样，早先测量的次数为 n，则本次测量的自由度仍旧是 $n-1$。

"早先的多次测量"，可以是实验者本人或其他实验人员完成，也可以是仪器生产厂家或检定单位完成，可从检定校准证书中查得。

(3)其他评定方法

贝赛尔法只是 A 类标准不确定度的评定方法之一，其他常用的方法有残差法、极差法等，这些评定方法的自由度可以查相应的表得到。

4. 自由度

(1)自由度等于方差计算中和的项数减去对和的限制数。通常自由度为正整数，自由度记为 ν。

在相同条件下对被测量作 n 次独立测量，所得样本方差为 $(v_1^2 + v_2^2 + \cdots + v_n^2)/(n-1)$ 其中和的项数即为残差的个数 n，而限制条件只有 $\sum_{k=1}^{n} v_k = 0$ 这一个，所以实验标准偏差的自由度 $\nu = n-1$。

(2)对自由度的通俗解释：被测量 X，本来测量一次即可获得，但为了提高测量的质量(品质)或可信度而测量 n 次，其中多测的 $n-1$ 次实际上是由实验人员根据需要"自由"选择的，故称为自由度。

(3)自由度 ν 反映标准偏差 $s(\bar{x})$ 的可靠程度，也就是说，自由度表明了测量结果的不确定度的可靠程度。

$\sigma(\bar{x})$ 是 $\bar{x}$ 的标准差，$s(\bar{x})$ 是 $\sigma(\bar{x})$ 的估计值，$s(\bar{x})$ 的方差 $\sigma^2[s(\bar{x})]$ 由近似表达式给出：

$$\sigma^2[s(\bar{x})] \approx \frac{\sigma^2(\bar{x})}{2\nu} \tag{1-2-13}$$

由此得到:

$$\nu \approx \frac{1}{2}\left\{\frac{\sigma[s(\bar{x})]}{\sigma(x)}\right\}^{-2} \qquad (1-2-14)$$

式中:$\sigma[s(\bar{x})]$ 是 $s(\bar{x})$ 的标准差,大括号内是 $s(\bar{x})$ 的相对标准不确定度。式$(1-2-14)$反映了自由度与 $s(\bar{x})$ 的相对不确定度之间的关系:ν 的数字越大,表明 $s(\bar{x})$ 越可靠,如果自由度趋于 ∞,则说明标准不确定度 $s(\bar{x})$ 的相对不确定度 $\sigma[s(\bar{x})/\sigma(\bar{x})]$ 趋近于零,也就是说 $s(\bar{x})$ "准确无误"。

(4)正态分布的 n 次观测、$s(\bar{x})$ 的相对标准偏差 $\sigma[s(\bar{x})/\sigma(\bar{x})]$ 的值、$s(\bar{x})$ 的自由度如表 $1-2-2$ 所示(请思考:表中数值的变化趋势说明了什么)。

表 $1-2-2$ 自由度和 $s(\bar{x})$ 的相对标准偏差

观测次数 n	$s(\bar{x})$ 的相对自由度 $\nu = n-1$	$s(\bar{x})$ 的相对标准偏差 $\sigma[s(\bar{x})/\sigma(\bar{x})]/\%$
2	1	76
3	2	52
4	3	42
5	4	36
10	9	24
20	19	16
30	29	13
50	49	10

5. A 类标准不确定度评定举例

例 1.2.1 用千分尺测量圆柱的直径 D,相同条件下在圆柱的某一部位取直径互相垂直的方向各测量一次,取平均作为一次独立测量,取圆柱的不同部分进行独立测量,$n=5$ 次,测得的数据如表 $1-2-3$ 所示,试计算 $\bar{D}$ 的 A 类标准不确定度。

用千分尺测量圆柱的直径 D。

千分尺量程:$0 \sim 25$ mm;允差:0.004 mm。

零点读数(5 次测量的平均值)$D_0 = 0.0374$ mm。

修正零点误差:$D = \bar{D} - D_0 = 14.0524 - 0.0374 = 14.0150$ mm。

实验标准偏差按贝赛尔公式计算:

$$s(D) = \sqrt{\frac{\sum_{k=1}^{n}(D_k - \bar{D})^2}{n-1}} = \sqrt{\frac{0.70 \times 10^{-6}}{5-1}} = 0.418 \times 10^{-3} \text{ mm}$$

平均值 $\bar{D}$ 的标准偏差:$s(\bar{D}) = \dfrac{s(D)}{\sqrt{n}} = \dfrac{0.418 \times 10^{-3}}{\sqrt{5}} = 0.187 \times 10^{-3}$ mm。

D 的 A 类标准不确定度:$\Delta_A(D) = s(\bar{D}) = 0.187 \times 10^{-3}$ mm。

$\Delta_A(D)$ 的自由度 $\nu = n-1 = 4$。

表 1－2－3　圆柱直径测量数据

序号 i	垂直方向 直径测得值	D_k/mm	残差 $v_k/(10^{-3}\ \text{mm})$ $(D_k - \overline{D})$	$v_k^2/(10^{-6}\ \text{mm}^2)$
1	14.053 14.052	14.052 5	+0.1	0.01
2	14.053 14.052	14.052 5	+0.1	0.01
3	14.053 14.053	14.053 0	+0.6	0.36
4	14.052 14.052	14.052 0	−0.4	0.16
5	14.052 14.052	14.052 0	−0.4	0.16
和				$\sum v_k^2 = 0.70$
平均		$\overline{D} = 14.052\ 4$		

例 1.2.2　在与例 1.2.1 相同的条件下，对例 1.2.1 圆柱的直径 D 进行了一次测量（在互垂方向上各测一次，取平均为一次）。得到的结果是 $D = 14.052\ 5$ mm，求测量结果的 A 类标准不确定度。

只测量一次时，按照式（1－2－12），$\Delta_{\text{A}}(D) = s(D) = 0.418 \times 10^{-3}$ mm。

$\Delta_{\text{A}}(D)$ 的自由度与例 1.2.1 相同，$\nu = 4$。

1.2.3　标准不确定度的 B 类评定

1. 非统计方法的基本概念

非统计方法，就是统计方法以外的其他方法。在不确定度的 A 类评定中，对于评定的时间、地点、人员甚至机构都没有限制，前人所做的评定可以作为人们实验评定的依据。B 类评定中虽然往往所依据的是诸如计算器具的检定书、标准、技术规范、手册上所提供的技术数据以及国际上所公布的常量与常数等，这些信息通常也是通过统计方法得出的，但是给出的信息不全，例如只给出真值的一个分量。

根据现有信息对这一分量进行估算，得到近似的相应方差或标准偏差以及相应的自由度，就是不确定度 B 类分量的评定。

2. B 类评定所依据的信息

（1）获得 B 类标准不确定度的信息来源一般有：

①以前的观测数据；

②对有关技术资料和测量仪器特性的了解和经验；

③技术说明书、校准证书、检定证书或其他文件提供的数据，准确度的等别或级别，包括目前暂在使用的极限误差等；

④手册、标准以及其他资料给出的数据。

（2）如果还有上述未能包含的实验装置、实验条件、测量操作、环境等因素导致的不确定度,则应充分考虑并计入。

3. 测量仪器的最大允许误差

测量仪器的最大允许误差(又称为极限允许误差、误差界限、允差等)在评定 B 类标准不确定度时经常要用到。

(1)测量仪器最大允许误差

制造厂在制造某种仪器时,在其技术规范中预先设计规定了允许误差的极限值,终检时凡误差不超出此界限的仪器均为合格品,可以出厂。因此,最大允许误差是人们为一批仪器规定的技术指标(过去所说的仪器误差、示值误差或准确度,实际上都是最大允许误差),它不是某台仪器实际存在的误差或误差范围,也不是用该仪器测量某个被测量时所得到的测量结果的不确定度。在《国际通用计量学基本术语》中称之为测量仪器的"最大允许误差"或"允许误差极限"。在物理实验中通常用 $\Delta_{仪}$ 表示。

最大允许误差是一个范围,某种仪器的最大允许误差范围为 $\pm\Delta_{仪}$,表明凡是合格的这种仪器,其误差必在 $-\Delta_{仪} \sim +\Delta_{仪}$ 范围之内,也就是说,最大允许误差给出了置信概率为 1 的区间。最大允许误差实质上并非误差,而是一个不确定的概念。

(2)仪器最大误差的给出方式

通常用绝对误差、相对误差、引用误差和分贝误差的允许范围的形式表示。

①用绝对误差形式表示:例如用 I 级钢卷尺测量 0.7 m 长的钢丝长度,根据示值允许误差计算公式,其示值允许误差为[II 级钢卷尺的 $\Delta_{仪} = \pm(0.3 + 0.2L)$]:

$$\Delta_{仪} = \pm(0.1 + 0.1L) \text{ mm} = \pm 0.2 \text{ mm} \ (L = 1)$$

②用引用误差形式表示:某些仪器的最大允许误差用绝对误差与特定值之比的百分数来表示,称为引用误差。"特定值"指满量程值或最低位数字。

例如:0.5 级微安表,500 μA 量程挡的 $\Delta_{仪} = \pm(满量程值 \times 级别\%) = \pm(500 \text{ μA} \times 0.5\%) = \pm 2.5$ μA。若测得值为 400 μA,则用相对误差表示的极限允许误差为 $\pm 2.5/400 = \pm 0.625\%$。注意:它并不等于仪器的级别 0.5%(所以使用这类仪表时,应选择恰当的量程,使被测量在量程的 2/3 以上)。

又如数字电压表的最大允许误差为 $\Delta_{仪} = \pm(级别\% \times 读数 + 3 \times 最低位数值)$。

用引用误差来表示仪器最大允许误差的情形很普遍,尤其是在电工仪器仪表中,本教材将在各有关实验的仪器介绍中一一给出。

4. 标准不确定度的 B 类评定方法

B 类标准不确定度分量也用符号 Δ 并带有下标来表示,例如 Δ_B。

(1)第一种情况

①根据信息得到测量仪器的最大允许误差 $\Delta_{仪} = \pm a$,即在区间 $[x - a, x + a]$ 中的置信概率 $p = 1$,所以 a 称为 x 分散区间的半宽度,则不确定度:

$$\Delta_B(x) = \frac{a}{k} \tag{1-2-15}$$

式中:k 值取决于 x 在区间 $[x - a, x + a]$ 的分布,常见的分布相应的 k 值如表 1-2-4 所示。

表 1 – 2 – 4　常见分布的 k、$\Delta_B(x)$ 的关系

分布类别	p	k	$\Delta_B(x)$
正态	$(0.997\,3\approx)1$	3	$a/3$
三角	1	$\sqrt{6}$	$a/\sqrt{6}$
均匀	1	$\sqrt{3}$	$a/\sqrt{3}$
反正弦	1	$\sqrt{2}$	$a/\sqrt{2}$
两点	1	1	n（游标读数即属此）

若进一步估计出 a 的相对标准不确定度 $\dfrac{\Delta(a)}{a}$，$\Delta_B(x)$ 的自由度为：

$$\nu(x) = \frac{1}{2\left[\dfrac{\Delta(a)}{a}\right]^2} \qquad (1-2-16)$$

②物理实验教学中的简化处理。

估计误差在其分散区间内的分布，对于初学者比较困难，故本课程规定，除游标读数外，无论能否估计分布，一律折中假设为均匀分布，取 $k=\sqrt{3}$，即 $\Delta_B(x)=a/\sqrt{3}$，式中 $a=|\Delta_仪|$。

这种情况，常常缺乏关于自由度的信息，因此也可以不报告自由度。实际上在表 1 – 2 – 4 中根据分布估算 B 类标准不确定度时，都隐含地假设标准不确定度分量是确切知道的，这就已暗示其自由度趋近于 ∞。

（2）第二种情况

若已知 x 在区间 $[x-U, x+U]$ 为正态分布，根据信息得到 U 和误差区间的置信概率 p，则标准不确定度：

$$\Delta_B(x) = \frac{U}{k} \qquad (1-2-17)$$

与正态分布有关的 B 类标准不确定度 $\Delta_B(x)$ 如表 1 – 2 – 5 所示。

表 1 – 2 – 5　与正态分布有关的 B 类标准不确定度 $\Delta_B(x)$

p	k	$\Delta_B(x)$
$(0.997\,3\approx1)$	3	$U/3$
0.99	2.58	$U/2.58$
0.954\,5	2	$U/2$
0.95	1.96	$U/1.96$
0.68 ~ 2/3	1	U
0.5	0.674\,5	$1.48U\approx1.5U$

若能进一步估计出 $\Delta_B(x)$ 相对标准不确定度 $s[\Delta_B(x)]/\Delta_B(x)$，则 $\Delta_B(x)$ 的自由度为：

$$\nu(x) = \frac{1}{2\left\{\dfrac{s[\Delta_B(x)]}{\Delta_B(x)}\right\}^2}$$

（3）第三种情况

x 来源于已知信息，该信息不仅提供了 x 量值，还提供了某扩展不确定度 U、包含因子 k 是的自由度 ν，则 x 的 B 类标准不确定度 $\Delta_B(x)$ 和自由度 $\nu(x)$ 分别为：

$$\Delta_B(x) = \frac{U}{k}$$

$$\nu(x) = \nu \qquad\qquad (1-2-18)$$

5. B 类标准不确定度的自由度

如前所述，自由度是标准不确定度 $\Delta_B(x)$ 的不确定度。对于 B 类不确定度，式（1−2−13）或式（1−2−14）可以写成：

$$\nu \approx \frac{1}{2} \frac{\Delta_B^2(x)}{\sigma^2[\Delta_B(x)]} \approx \frac{1}{2}\left\{\frac{\sigma[\Delta_B(x)]}{\Delta_B(x)}\right\}^2 \qquad (1-2-19)$$

式中：$\sigma[\Delta_B(x)]$ 是 $\Delta_B(x)$ 的标准不确定度，大括号内是 $\Delta_B(x)$ 的相对标准不确定度。根据经验，按所依据的信息来源的可信度来判断 $\Delta_B(x)$ 的标准不确定度，从而推算出 $\left\{\frac{\sigma[\Delta_B(x)]}{\Delta_B(x)}\right\}$，再用式（1−2−19）算出 $\Delta_B(x)$ 的自由度 ν。估计 $\left\{\frac{\sigma[\Delta_B(x)]}{\Delta_B(x)}\right\}$ 的值需要一定的经验，由此也可以看出，ν 的值往往会因人而异。表 1−2−6 是按式（1−2−19）算出的 ν 值。

表 1−2−6　$\sigma[\Delta_B(x)]/\Delta_B(x)$ 与 ν 的值

$\sigma[\Delta_B(x)]/\Delta_B(x)$	ν
0	∞
0.10	50
0.20	12
0.25	8
0.30	6
0.40	3
0.50	2

6. B 类标准不确定度评定举例

例 1.2.3　已知某测量仪器在实验测量示值处的最大允许误差为 a，该仪器合格，由此求 B 类标准不确定度分量。

误差分散区间 $[-a, a]$ 中的置信概率 $p = 1$，此时 $\Delta_B = a/k$：

①根据本课程教学中的简化处理，无论明确误差分布还是分布一无所知，除游标读数 $k = 1$ 处，其他都取 $k = \sqrt{3}$，于是 $\Delta_B = a/\sqrt{3}$，且 Δ_B 的自由度趋近于 ∞。

②若说明书中给出 k 和 ν，则 $\Delta_B(x) = a/k$，$\nu(x) = \nu$；或说明书中给出 a 的相对标准不确定度，例如 $\Delta(a)/a = \frac{1}{4}$，则自由度为 $\nu = \frac{1}{2(1/4)^2} = 8$。

例 1.2.4　计算例 1.2.1 中测量圆柱直径 D 的 B 类标准不确定度。

分析：D 的测量不确定度主要来自千分尺的仪器基本误差，其他如温度的影响等忽略不计。千分尺的最大允许误差 $\Delta_仪$ 由下面给出的千分尺示值误差查得，$a = \Delta_仪 = 0.004$ mm，

量范围(mm)	示值误差(μm)
0 ~ 25, 25 ~ 50	4
50 ~ 75, 75 ~ 100	5
100 ~ 125, 125 ~ 150	6
150 ~ 175, 175 ~ 200	7

取 $k = \sqrt{3}$，于是 $\Delta_B(D) = a/\sqrt{3} = 0.004/\sqrt{3}$ mm $= 2.31 \times 10^{-3}$ mm，$\nu \to \infty$。

1.2.4 合成标准不确定度和扩展不确定度

1. 广义方和根法

(1)广义方和根法

在 1.2 节中，曾给出测量模型

$$Y = f(X_1, X_2, \cdots, X_N)$$

和对应的

$$y = f(x_1, x_2, \cdots, x_N)$$

算出每个输入量 x_1，x_2，$\cdots$，x_N 的标准不确定度相应为 $\Delta(x_1)$，$\Delta(x_2)$，$\cdots$，$\Delta(x_N)$，然后根据测量模型给出的函数关系计算出它们对测量结果 y 的不确定度的贡献分别为 $\Delta_1(y)$，$\Delta_2(y)$，$\cdots$，$\Delta_N(y)$，最后用广义方和根法算得 y 的总的标准不确定度 $\Delta(y)$。$\Delta(y)$ 是由各标准不确定度(分量)合成而来，因而还是标准不确定度，称为合成标准不确定度。

广义方和根法是把各标准不确定度分量平方(方差)，求和之后再开方。如果求和各项相关，则求和还应加上相关项(协方差)再开平方，用公式表达为：

$$\Delta(y) = \sqrt{\sum_{i=1}^{N} \Delta_i^2(y) + 2\sum_{i=1}^{N-1} \sum_{j=i+1}^{N} r(x_i, x_j)\Delta_i(y)\Delta_j(y)} \qquad (1-2-20)$$

式中：$r(x_i, x_j)$ 是相关系数。若 x_i 和 x_j 完全相关，该项的相关系数为 1；若完全不相关，则相关系数为 0。若所有的输入量都是独立的，所有协方差项都为零，则式(1-2-20)变为：

$$\Delta(y) = \sqrt{\Delta_1^2(y) + \Delta_2^2(y) + \cdots + \Delta_N^2(y)}$$

(2)相关的概念

把各个标准不确定度综合为合成标准不确定度时，要考虑这些分量之间的相关性。

在两个随机变量之间，当它们变化时，表现出存在某种相依的关系，这种关系往往也并非其中的某一个为变量而另一个为因变量，而是由它们在某种程度上受同样的影响而导致相依。在这种情况下，这两个量就是相关的，或非独立的。例如，都是由于温度所引起的两个不确定度分量，由同一观测员所导致的两个不确定度分量，由同一标准器所产生的两个不确定度分量等。有时，两个本来不相关的变量，但对于它们都进行了温度修正，而这个修正的依据是由同一温度计测出的，因此它们的修正量就相关了，从而修正后的这两个变量也就相关了。

两个变量之间互相依赖的程度用相关系数 r 表示，r 的取值为 0 ~ 1 之间任何可能的值。

比较式(1-2-19)和式(1-2-20)，显然式(1-2-20)简单得多。在实际测量中，通过合理地选择输入量和设计测量方案，尽量使各输入量互相独立，使协方差项不出现。以下讨

论中，假设各输入量独立无关。

（3）不确定度传播系数

为了计算合成标准不确定度，首先要算出测量结果 y 的不确定度分量 $\Delta_i(y)$。$\Delta_i(y)$ 是当某一自变量 x_i 有一个微小变化量（不确定度）$\Delta(x_i)$ 时所引起函数 y 的变化量。显然，这是偏微分问题。

$$y = f(x_1, x_2, \cdots)$$

$$\Delta_i(y) = \frac{\partial y}{\partial x_i} \Delta(x_i) = C_i \cdot \Delta(x_i) \qquad (1-2-21)$$

式中：$C_i = \dfrac{\partial y}{\partial x_i}$ 叫做不确定度传播系数或灵敏度系数，它表示输出量 y 随第 i 个输入量 x_i 变化的灵敏程度，即输入量 x_i 变化一个单位时，输出量 y 相应的变化量。

2. 合成标准不确定度

（1）合成标准不确定度

① 当待测量是直接测量量，即 $Y = X$，此时 $C = \left| \dfrac{\partial y}{\partial x} \right| = 1$，所以合成标准不确定度：

$$\Delta(y) = \Delta(x) \qquad (1-2-22)$$

$\Delta(x)$ 的来源有 A 类、B 类，共数个标准不确定度分量 $\Delta_1(x)$，$\Delta_2(x)$，$\cdots$，如果这些分量是相互独立即不相关的，则：

$$\Delta(x) = \sqrt{\Delta_1^2(x) + \Delta_2^2(x) + \cdots} \qquad (1-2-23)$$

$\Delta_1(x)$，$\Delta_2(x)$，$\cdots$ 是标准不确定度，用方和根法合成后的 $\Delta(x)$ 仍是标准不确定度。在实际数据计算过程中，式（1-2-23）简化为 $\Delta(x) = \sqrt{\Delta_A^2(x) + \Delta_B^2(x)}$，式中 $\Delta_A(x)$ 用式（1-2-11）计算。

例 1.2.5 计算例 1.2.1 所测圆柱直径 D 的合成标准不确定度 $\Delta(D)$。

D 的不确定度有两个来源。为了便于计算，表示成方差（表 1-2-7）。

表 1-2-7 D 的不确定度分量

i	符号	类型	来源	$\Delta_i(D)$ /(10^{-3} mm)	$\Delta_i^2(D)$ /(10^{-3} mm)^2	ν
1	$\Delta_A(D)$	A（见例 1.2.1）	多次测量的分散性	0.187	0.035 0	4
2	$\Delta_B(D)$	B（见例 1.2.4）	千分尺的基本误差	2.21	5.333 3	∞

$\Delta_A(D)$ 和 $\Delta_B(D)$ 相互独立，按广义方和根法合成：

$$\Delta^2(D) = \Delta_A^2(D) + \Delta_B^2(D) = 5.368\ 3 \times 10^{-6}\ \text{mm}^2$$

$$\Delta(D) = \sqrt{5.368\ 3 \times 10^{-6}} = 2.32 \times 10^{-3}\ \text{mm}$$

本例中 $S(\overline{D}) \ll \Delta_{仪}/\sqrt{3}$，即多次测量的分散性远小于仪器基本误差的影响，仪器误差是不确定度的主要来源。今后计算中，在不确定度取 2 位的情况下，用方和根法合成两个分量时，如果一个分量比另一个分量的 1/10 还要小，该分量可以略去不计。如果 $S(D) \ll \Delta_{仪}/\sqrt{3}$，则表明多次测量的分散性已经被仪器的分辨能力所掩盖，在这种情况下，只测量一次就够了，没有必要做多次测量。

②被测量 y 是间接测量量，即 $y=f(x)$，此时 $C=\left|\dfrac{\partial y}{\partial x}\right|$，则经过传播得到标准不确定度：

$$\Delta(y)=C\cdot\Delta(x)=\left|\frac{\partial y}{\partial x}\right|\Delta(x) \qquad (1-2-24)$$

实际上，①是②的特例。

③普遍的情况是，y 是 N 个直接测量的函数，即 $y=f(x_1,x_2,\cdots,x_N)$，若输入量彼此无关，则合成不确定度：

$$\Delta(y)=\sqrt{\sum_{i=1}^{N}\Delta_i^2(y)} \qquad (1-2-25)$$

其中 $\Delta_i(y)=C_i\cdot\Delta(x_i)$，$C_i=\left|\dfrac{\partial y}{\partial x_i}\right|$。

（2）合成标准不确定度的计算步骤

①计算输入量估计值的标准不确定度 $\Delta(x_i)$：由 x_i 的 A 类和 B 类（可能不止一个）标准不确定度合成。$\Delta(x_i)$ 有 N 个（$i=1,2,\cdots,N$）。

②计算 y 的合成标准不确定度：若输入独立无关，则 $\Delta(y)=\sqrt{\displaystyle\sum_{i=1}^{N}\Delta_i^2(y)}$。

3. 合成标准量不确定度的自由度

$\Delta(y)$ 是由各标准不确定度分量用广义方和根法合成得到的，其自由度 ν 也就由各标准不确定度分量的自由度求得：

$$\nu=\nu_{eff}=\frac{\Delta^4(y)}{\displaystyle\sum\frac{\Delta_i^4(y)}{\nu_i}} \qquad (1-2-26)$$

式中 ν_i 为 $\Delta(x_i)$ 的自由度。

式（1-2-26）叫做韦尔奇-萨特斯韦特（Welch-Satterthwaite）公式，ν_{eff} 是 $\Delta(y)$ 的有效自由度。当计算出 ν_{eff} 不是整数时，取最接近的较小整数。显然，只有已得到各不确定度分量的自由度 ν_i，才能算出 ν_{eff}，否则就不能报告自由度 ν_{eff}。

例 1.2.6　计算例 1.2.5 中合成标准不确定度 $\Delta(D)$ 的自由度 $\nu(D)$。

由式（1-2-26），

$$\nu(D)=\nu_{eff}=\frac{\Delta^4(y)}{\displaystyle\sum\frac{\Delta_i^4}{\nu_i}}=\frac{\Delta^4(D)}{\dfrac{\Delta_1^4(D)}{\nu_1}+\dfrac{\Delta_2^4(D)}{\nu_2}}$$

$$=\frac{(5.368\,3\times10^{-6})^2}{\dfrac{(0.035\,0\times10^{-6})^2}{4}+\dfrac{(5.333\times10^{-6})^2}{\infty}}=\infty$$

从本例也可以看出，例 1.2.5 的计算中若略去 $\Delta_A(D)$，对合成标准不确定度的自由度 $\nu(D)$ 的计算没有影响。

4. 扩展不确定度

扩展不确定度 U 是表明测量结果分散区间的参数，它所给出的置信区间有更高的置信水平，合成标准不确定度 $\Delta(y)$ 乘以包含因子 k，就得到扩展不确定度：

$$U = k \cdot \Delta(y) \qquad (1-2-27)$$

关于 k 值的获取,分别有以下两种情况:

(1)算得 $\Delta(y)$ 的有效自由度 ν_{eff}

根据测量所要求的置信概率 p 和算出的 ν_{eff},查 t 分布置信概率 $t_p(\nu)$ 表,通常包含因子就等于 $t_p(\nu)$,并记为 k_p,此时式(1-2-27)写成:

$$U_p = k_p \cdot \Delta(y)$$

置信概率 p 作为下标时用小数表示,例如 $U_{0.95}$、$U_{0.99}$、$k_{0.99}$。

这种情况下,测量最终结果中除报告输出估计值 y 和扩展不确定度 U_p 外,还应报告自由度 ν_{eff}、置信概率 p 或包含因子 k。在实际数据计算中,都取 $p=0.95$,$\nu=\infty$,则 $k_{0.95}=1.96$。

例 1.2.7 计算例 1.2.5 中圆柱直径测量结果的扩展不确定度 $U_{0.95}$,并报告直径 D 的测量结果。

根据例 1.2.6 的计算结果,$\nu(D)=\infty$,查表 1-2-10 得到 $k_{0.95}=1.960$。于是有:

$$U_{0.95}(D)=k_{0.95} \cdot \Delta(D)=1.960 \times 2.32 \times 10^{-3}\ \text{mm}=4.547 \times 10^{-3}\ \text{mm}$$

圆柱直径 D 的测量结果报告:

$$D=14.015\ 0\ \text{mm},\ U_{0.95}=0.004\ 5\ \text{mm},\ \nu=\infty$$

或 $\qquad\qquad\qquad D=(14.015\ 0 \pm 0.004\ 5)\ \text{mm},\ \nu=\infty,\ p=95\%$

(2)缺少自由度的信息

此时取 $k=2$ 或 $k=3$。在大多数情况下,$k=2$ 时区间的置信概率约为 95%,$k=3$ 时区间的置信概率约为 99%。

在这种情况下,测量最终结果中,除报告输出估计值 y、扩展不确定度 U,还必须报告包含因子 k。

例如某时间量的测量结果表示为:

$$\tau=500.153\ 3\ \mu\text{s},\ U=0.002\ 3\ \mu\text{s},\ k=2$$
$$\tau=500.153\ 3(0.002\ 3)\ \mu\text{s},\ k=2$$

5. 测量结果和不确定度的有效位

①测量结果的最终值(指测量报告上的)的修约间隔与其测量不确定度的修约间隔相等。

②扩展不确定度和相对不确定度的有效位数,本课程中规定一律取 2 位。

③$\Delta(y)$、$\Delta(x_i)$ 等运算过程中的量值,应多取 1 位,即都取 3 位。

6. 例题

例 1.2.8 求例 1.2.1 和例 1.2.4 中被测圆柱的体积及其扩展不确定度 $U_{0.95}$。

千分尺量程:$0 \sim 25$ mm,允差:0.004 mm。

零点读数(5 次测量的平均值):$D_0=0.037\ 4$ mm。

$$s(D)=\sqrt{\dfrac{\displaystyle\sum_{k=1}^{n}(D_k-\overline{D})^2}{n-1}}=0.418 \times 10^{-3}\ \text{mm}$$

$$s(H)=\sqrt{\dfrac{\displaystyle\sum_{k=1}^{n}(H_k-\overline{H})^2}{n-1}}=0.738 \times 10^{-3}\ \text{mm}$$

$$s(\overline{D}) = \frac{s(D)}{\sqrt{n}} = 0.187 \times 10^{-3} \text{ mm}$$

$$s(\overline{H}) = \frac{s(H)}{\sqrt{n}} = 0.233 \times 10^{-3} \text{ mm}$$

$$\Delta_A(D) = s(\overline{D}) = 0.187 \times 10^{-3} \text{ mm}$$

$$\Delta_A(H) = s(\overline{H}) = 0.233 \times 10^{-3} \text{ mm}$$

$\Delta_A(D)$ 的自由度 $\nu = n - 1 = 4$，$\Delta_A(H)$ 的自由度 $\nu = 9$。

表 1 - 2 - 8　测量数据

测量圆柱的直径 D			测量圆柱的高 H	
序号 k	互垂直方向直径测得值	D_k/mm	序号 k	H_k/mm
1	14.053	14.052 5	1	20.051
	2		2	1
2	3	25	3	0
	2		4	1
3	3	30	5	2
	3		6	2
4	2	20	7	1
	2		8	1
5	2	20	9	0
	2		10	0
平均		$\overline{D} = 14.052\ 4$	平均	$\overline{H} = 20.050\ 9$
经修正零点误差后		$D = 14.015\ 0$		$H = 20.013\ 5$

（1）计算圆柱的体积 V：

$$V = \frac{1}{4}\pi D^2 H = 3\ 087.444 \text{ mm}^3。$$

（2）计算体积 V 的扩展不确定度 $U_{0.95}$。

①V 的不确定 $\Delta(V)$ 有两个分量：$\Delta_1(V)$ 来自直径 D 的不确定度 $\Delta(D)$；$\Delta_2(V)$ 来自高 H 的不确定度 $\Delta(H)$。

②计算分量 $\Delta_1^2(V)$：

见例 1.2.5、例 1.2.6，忽略多次测量的分散性，得到：

$$\Delta^2(D) = \Delta_B^2(D) = 5.33 \times 10^{-6} \text{ mm}^2, \nu(D) = \infty$$

求灵敏度系数：$C_1 = \dfrac{\partial V}{\partial D} = \dfrac{1}{2}\pi DH = \dfrac{1}{2} \times 3.142 \times 14.015\ 0 \times 20.013\ 5 = 441 \text{ mm}^2$

$$\Delta_1^2(V) = C_1^2 \cdot \Delta^2(D) = 441^2 \times 5.33 \times 10^{-6} = 1.04 \text{ mm}^6, \nu_1 = \nu(D) = \infty$$

③计算分量 $\Delta_2^2(V)$：

$\Delta_A(H) \ll \Delta_B(H)$，略去 $\Delta_A(H)$。

$$\Delta^2(H) = \Delta_B^2(H) = \left(\frac{a}{\sqrt{3}}\right)^2 = 5.33 \times 10^{-6} \text{ mm}^2, \nu(H) = \infty$$

求灵敏度系数：$C_2 = \dfrac{\partial V}{\partial H} = \dfrac{1}{4}\pi D^2 = \dfrac{1}{4} \times 3.142 \times 14.0150^2 = 154 \text{ mm}^2$；

$\Delta_2^2(V) = C_2^2 \cdot \Delta^2(H) = 154^2 \times 5.33 \times 10^{-6} = 0.127 \text{ mm}^6$，$\nu_1 = \nu(H) = \infty$。

④计算 V 的合成标准不确定度 $\Delta(V)$ 和 $\Delta(V)$ 的自由度：

体积 V 的标准不确定度分量如表 $1-2-9$ 所示。

表 $1-2-9$　体积 V 的标准不确定度分量列表

i	符号	类型	来源	传递系数 C_i/mm^2	$\Delta_i^2(V)$ $/\text{mm}^6$	自由度 ν
1	$\Delta_1(V)$	合成标准不确定度	来自 D 的测量不确定度 $\Delta^2(D) = 5.33 \times 10^{-6} \text{ mm}^2$	441	1.04	∞
2	$\Delta_2(V)$	合成标准不确定度	来自 H 的测量不确定度 $\Delta^2(H) = 5.33 \times 10^{-6} \text{ mm}^2$	154	0.127	∞

$\Delta_1(V)$ 和 $\Delta_2(V)$ 相互独立，所以：

$$\Delta(V) = \sqrt{\Delta_1^2(V) + \Delta_2^2(V)} = \sqrt{1.04 + 0.127} = 1.08 \text{ mm}^3$$

$\Delta(V)$ 的自由度 $\nu = \nu(V) = \nu_{eff} = \dfrac{\Delta^4(y)}{\sum \dfrac{\Delta_i^4}{\nu_i}} = \dfrac{\Delta^4(V)}{\dfrac{\Delta_1^4(V)}{\nu_1} + \dfrac{\Delta_2^4(V)}{\nu_2}} = \dfrac{1.08^4}{\dfrac{1.04^2}{\infty} + \dfrac{0.127^2}{\infty}} = \infty$

⑤计算 V 的扩展不确定度 $U_{0.95}$：

从表 $1-2-10$ 查得对应于 $\nu = \infty$，$p = 95\%$ 的 k_p 值为 $k_{0.95} = 1.96$；

$$U_{0.95} = k_{0.95} \times \Delta(V) = 1.96 \times 1.08 = 2.12 \text{ mm}^3。$$

（3）写出实验结果：

$$V = 3087.4 \text{ mm}^3，U_{0.95} = 2.12 \text{ mm}^3，\nu = \infty$$

$$V = 3087.4(2.12) \text{ mm}^3，\nu = \infty，p = 95\%$$

或　　　　　　$$V = (3087.4 \pm 2.12) \text{ mm}^3，\nu = \infty，p = 95\%$$

（4）关于合成不确定度 $\Delta(V)$ 的计算。

根据测量模型的函数关系，在采用不确定度传播合成时，许多情况（例如函数为乘除关系）不必求灵敏度系数 C_i，而是可以用它们的相对标准不确定度按下式计算更为方便：

$$\left[\frac{\Delta(y)}{y}\right]^2 = \sum \left[c_i \frac{\Delta(x_i)}{x_i}\right]^2 \qquad (1-2-28)$$

式中系数 c_i 由对函数式 $Y = f(X_1, X_2, \cdots, X_N)$ 先取对数，再对 X_i 求偏导数得到。

本例的函数关系是 $V = \dfrac{1}{4}\pi D^2 H$，根据式 $(1-2-28)$ 有：

$$\left[\frac{\Delta(V)}{V}\right]^2 = \left[2\frac{\Delta(D)}{D}\right]^2 + \left[\frac{\Delta(H)}{H}\right]^2$$

$$= 2^2 \times \frac{5.33 \times 10^{-6}}{14.0150^2} + \frac{5.33 \times 10^{-6}}{20.0135^2} = 1.22 \times 10^{-7}$$

$$\frac{\Delta(V)}{V} = \sqrt{1.22 \times 10^{-7}} = 0.000349 = 0.0349\%$$

$$\Delta(V) = 3\ 087.444 \times 0.034\ 9\% = 1.08\ \text{mm}^3$$

与(2)中④合成标准不确定度 $\Delta(V)$ 的计算结果相同。

表 1-2-10　t 分布在不同概率 p 与自由度 ν 的 $t_p(\nu)$ 值

自由度 ν	$p \times 100$					
	68.27	90	95	95.45	99	99.73
1	1.84	6.31	12.71	13.97	63.66	235.80
2	1.32	2.92	4.30	4.53	9.92	19.21
3	1.20	2.35	3.18	3.31	5.84	9.22
4	1.14	2.13	2.78	2.87	4.60	6.62
5	1.11	2.02	2.57	2.65	4.03	5.51
6	1.09	1.94	2.45	2.52	3.71	4.90
7	1.08	1.89	2.36	2.43	3.50	4.53
8	1.07	1.86	2.31	2.37	3.36	4.28
9	1.06	1.83	2.26	2.32	3.25	4.09
10	1.05	1.81	2.23	2.28	3.17	3.96
11	1.05	1.80	2.20	2.25	3.11	3.85
12	1.04	1.78	2.18	2.23	3.05	3.76
13	1.04	1.17	2.16	2.21	3.01	3.69
14	1.04	1.76	2.14	2.20	2.98	3.64
15	1.03	1.75	2.13	2.18	2.95	3.59
16	1.03	1.75	2.12	2.17	2.92	3.54
17	1.03	1.74	2.11	2.16	2.90	3.51
18	1.03	1.73	2.10	2.15	2.88	3.48
19	1.03	1.73	2.09	2.14	2.86	3.45
20	1.03	1.72	2.09	2.13	2.85	3.42
25	1.02	1.71	2.06	2.11	2.79	3.33
30	1.02	1.70	2.04	2.09	2.75	3.27
35	1.01	1.70	2.03	2.07	2.72	3.23
40	1.01	1.68	2.02	2.06	2.70	3.20
45	1.01	1.68	2.01	2.06	2.69	3.18
50	1.01	1.68	2.01	2.05	2.68	3.16
100	1.005	1.660	1.984	2.025	2.626	3.077
∞	1.000	1.645	1.960	2.000	2.576	3.000

α：对期望 μ，总体标准 σ 的正态分布描述某量 z，当 $k = 1, 2, 3$ 时，区间 $\mu \pm k\sigma$ 分别包括分布的 68.27%、95.45%、99.73%。

1.3　数据处理方法

数据处理是指从获得的数据得出结果的加工过程,包括记录、整理、计算、分析等处理方法。用简明而严格的方法把实验数据所代表的事物内在的规律提炼出来,就是数据处理。正确处理实验数据是实验能力的基本训练之一。根据不同的实验内容、不同的要求,可采用不同的数据处理方法。本节介绍物理实验中较常用的数据处理方法。

1.3.1　列表法

获得数据后的第一项工作就是记录,欲使测量结果一目了然、避免混乱、避免丢失数据、便于查对和比较,列表法是最好的方法。制作一份适当的表格,把被测量和测量的数据一一对应地排列在表中,就是列表法。

1. 列表法的优点

①能够简单地反映出相关物理量之间的对应关系,清楚明了地显示出测量数值的变化情况。

②较容易从排列的数据中发现个别有错误的数据。

③为进一步用其他方法处理数据创造了有利条件。

2. 列表规则

①用直尺画线制表,力求工整。

②对应关系清楚简洁,行列整齐,一目了然。

③表中所列为物理量的数值(纯数),表的栏头应是物理量的符号及单位的符号,例如:$a(\mathrm{m\cdot s^{-2}})$、$I(10^{-3}\,\mathrm{A})$等,其中物理量的符号用斜体字,单位的符号用正体字。为避免手写正、斜体混乱,本课程规定了手写时物理量用汉字表示,例如:加速度$(\mathrm{m\cdot s^{-2}})$、电流$(10^{-3}\,\mathrm{A})$。

④提供必要的说明和参数,包括表格名称、主要测量仪器的规格(型号、量程、准确度级别或最大允许误差等)、有关的环境参数(如温度、湿度等)、引用的常量和物理量等。

3. 应用举例

例 1.3.1　用列表法报告测得值(表1－3－1)。

表1－3－1　用伏安法测量电阻

测量序号 k	电压 U_k/V	电流 I_k/mA
1	0	0
2	2.00	3.85
3	4.00	8.15
4	6.00	12.05
5	8.00	15.80
6	10.00	19.90

注:伏特计1.0级,量程15 V,内阻15 kΩ;毫安表1.0级,量程20 mA,内阻1.2 Ω。

列表法还可用于数据计算，此时应预留相应的格位，并在其标题栏中写出计算公式。

例 1.3.2　列表报告测得值，并计算标准偏差。见例 1.2.1。

4. 列表常见错误

①没有提供必要的说明或说明不完全，造成后续计算中一些数据来源不明，或丢失了日后重复实验的某些条件。

②横排数据，不便于前后比较（纵排不仅数据趋势一目了然，而且可以在首行之后仅记变化的尾数，见表 1-2-8）。

③栏头概念含糊或错误，例如将"U_k/V"写成"U_k 或 V"等。

④数据取位过少，丢失有效数字，给继续处理数据带来困难。

⑤表格断成两截，不能一目了然。

要按照列表规则养成良好的列表习惯，避免出现以上错误。

列表法是最基本的数据处理方法，一个好的数据处理表格，往往就是一份简明的实验报告，因此，在表格设计上要舍得下工夫。

1.3.2　作图法

在研究两个物理量之间的关系时，把测得的一系列相互对应的数据及变化的情况用曲线表示出来，这就是作图法。

1. 作图法的优点

①能够形象、直观、简便地显示出物理量的相互关系以及函数的极值、拐点、突变或周期等特征。

②具有取平均的效果。因为每个数据都存在测量不确定度，所以曲线不可能通过每一个测量点。但对曲线，测量点是靠近和均匀分布的，故曲线具有多次测量取平均的效果。

③有助于发现测量中的个别错误数据。虽然曲线不可能通过所有的数据点，但不在曲线上的点都应是靠近曲线才合理。如果某一个点离曲线明显地远了，说明这个数据错了，要分析产生错误的原因，必要时可重新测量或剔除该测量点的数据。

④作图法是一种基本的数据处理方法，不仅可以用于分析物理量之间的关系，求经验公式，还可以求物理量的值。但受图纸大小的限制，一般只有 3~4 位有效数字，且连线具有较大的主观性。所以用作图法求值时，一般不再计算不确定度。

在报告实验结果时，一条正确的曲线往往胜过许多文字的描述，它能使实验中各物理量间的关系一目了然。所以只要有可能，实验结果就要用曲线表达出来。

2. 作图规则

①列表。按列表规则，将作图的有关数据列成完整的表格，注意名称、符号及有效数字的规范使用。

②选择坐标纸。作图必须用坐标纸。根据物理量的函数关系选择适合的坐标纸，最常用的是直角坐标纸，此外还有对数坐标纸、半对数坐标纸、极坐标纸等。本节以直角坐标为例介绍作图法，其他坐标可参考本节原则进行。

坐标纸的大小要根据测量数据的有效位数和实验结果的要求来决定，原则是以不损失实验数据的有效数字和能包括全部实验点作为最低要求，即坐标纸的最小分格与实验数据的最后一位准确数字相当。在某些情况下，例如数据的有效位太少使得图形太小，还要适当放大以便于观察，同时也有利于避免由于作图而引入附加的误差；若有效位数多，又不宜把该轴取得过长，则应适当牺牲有效位，以求纵横比适度(1/2～2)。

③标出坐标轴的名称和标度。通常的横轴代表自变量，纵轴代表因变量，在坐标轴上标明所代表物理量的名称(或符号)和单位，标注方法与表的栏头相同，即量的符号(可用汉字)加上单位的符号。横轴和纵轴的标度比例可以不同，其交点的标度值不一定是零。选择原点的标度值来调整图形的位置，使曲线不偏于坐标的一边或一角；选择适当的分度比例来调整图形的大小，使图形充满图纸。分度比例要便于换算和描点，例如，不要用4格代表1(单位)或用1格代表3(单位)，一般取1，2，5，10，…，标度值按整数等间距(间隔不要太稀或太密，以便于读数)标在坐标轴上。

④描点和连线。根据测量数据，用削尖的铅笔在图纸上用"＋"或"×"标出各测量点，使各测量数据落在"＋"或"×"的交叉点之上。同一图上的不同曲线应当使用不同的符号，如"＋"、"×"、"⊙"、"△"、"□"等。

用透明的直尺或曲线板把数据点连成直线或光滑曲线。连线应反映出两物理量关系的变化趋势，而不应强求通过每一个数据点，但应使在曲线两旁的点有较匀称的分布，使曲线有取平均的作用。用曲线板连线的要领是：看准4个点，连中间2点间的曲线，依次后移，完成整个曲线。

⑤在图上空旷位置写出完整的图名、绘制人姓名及绘制日期，所标文字应当用仿宋体。

3. 求直线的斜率和截距

直线方程具有形式 $y = b_0 + b_1 x$。只要求出斜率 b_1 和截距 b_0，就可以得到关于物理量 x、y 的经验公式。在许多实验中也通过求斜率或截距来求得物理量。

例 1.3.3 测定有一固定转轴的刚体的转动惯量 J，该刚体受到动力矩 M 和阻力矩 M_μ 的作用，根据转动定量 $M - M_\mu = J\beta$，写成 $M = M_\mu + J\beta$，设阻力矩为常量，这就是一个直线方程。改变动力矩 M，测得一系列相应的角加速度 β，作 M-β 曲线，求出斜率和截距，就得到了转动惯量和阻力矩。

(1)求斜率

直线方程

$$y = b_0 + b_1 x$$

斜率

$$b_1 = \frac{y_2 - y_1}{x_2 - x_1} \qquad\qquad (1-3-1)$$

在曲线上取 $p_1(x_1, y_1)$ 和 $p_2(x_2, y_2)$ 两点代入式(1-3-1)，即可求得斜率。求斜率时要注意：

①p_1、p_2 必须是直线上的点，且不可取测量点；

②p_1、p_2 在测量范围以内，且相距应尽量远；

③p_1、p_2 用不同于作图描点的符号标出，例如用"△"或"□"，标上字母符号 p_1 或 p_2 及坐标值，读数和计算时注意正确使用有效数字；

④在实验报告上写出计算斜率的完整过程。

(2)求截距

截距 b_0 是对应于 $x = 0$ 的 y 值。在曲线上另取一点 $p_3(x_3, y_3)$，将 x_3、y_3 值和式(1-3-1)

代入直线方程,求得:

$$b_0 = y_3 - \frac{y_2 - y_1}{x_2 - x_1} x_3 \qquad\qquad (1-3-2)$$

如果作图时 x 轴标度从零开始,截距 b_0 也可以从图上直接读出。

4. 应用举例

例 1.3.4 以例 1.3.1 伏安法测电阻为例,用作图法求电阻 R。

作图数据如表 1-3-2 所示。

表 1-3-2 作图数据列表

测量序号 k	x U_k/V	y I_k/mA
1	0	0
2	2.00	3.85
3	4.00	8.15
4	6.00	12.05
5	8.00	15.80
6	10.00	19.90

在直角坐标系上建立坐标,在横轴右端标上电压/V,以 1 mm 代表 0.1 V,原点标度值为 0,每隔 20 mm 依次标出 2.00,4.00,6.00,8.00,10.00;在纵轴上端标上电流/mA,以 1 mm 代表 0.2 mA,原点标度值为 0,每隔 25 mm 依次标出 5.00,10.00,15.00,20.00,如图 1-3-1 所示。

削尖铅笔,按照表 1-3-2 的数据,用符号"+"描出各测量点,然后用透明的直尺画一条直线,连线时注意使 6 个测量点靠近直线且匀称地分布在该直线两侧。

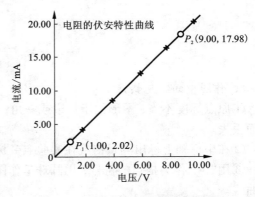

图 1-3-1 电阻的伏安特性曲线

在曲线上方空白处写上图名"电阻的伏安特性曲线"。

为求斜率,在曲线上取两点用"○"标出,并在旁边写上符号和坐标值 $P_1(1.00, 2.02)$ 和 $P_2(9.00, 17.98)$。

斜率

$$b_1 = \frac{y_2 - y_1}{x_2 - x_1} = \frac{17.98 - 2.02}{9.00 - 1.00} = 1.995$$

电阻

$$R = \frac{1}{b_1} = \frac{1}{1.995} = 0.501 \text{ k}\Omega$$

5. 曲线改直

按相关物理量作成曲线虽然直观，但要判断具体函数关系却比较困难。通过适当的变换，将曲线改成直线，再作图分析，就方便得多，而且容易求得有关的参数。

例 1.3.5　带等量异号电荷的无限长同轴圆柱面之间的静电场中，某点 A 的电场强度 E 的大小和 A 点到轴线的距离 r 成反比。现用实验来验证 $E \propto (1/r)$。实验中不能直接测电场强度，只能测 A 点的电位 U，根据场强和电位的关系 $E = \dfrac{\mathrm{d}U}{\mathrm{d}r}$，从 $E \propto (1/r)$ 可推出 $E \propto \ln r$。实验数据处理时作 r-U 图线（以 U 为横轴，r 为纵轴），得到一条曲线，很难看出它们有怎样的函数关系[图 1-3-2(a)]。若仍以 U 为横轴，而以 $\ln r$ 为纵轴，则图线为一条直线[图 1-3-2(b)]，这就证明了 $U \propto \ln r$，从而验证了 $E \propto (1/r)$ 的关系。

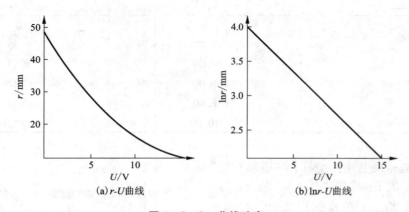

(a) r-U 曲线　　　　　　　　　(b) $\ln r$-U 曲线

图 1-3-2　曲线改直

6. 作图中的常见错误

①原点标度不当，图形偏于一边或一角；坐标比例不当，图形太小或部分实验点超出图纸而丢失。

②在坐标轴上标出测量值或在实验点旁标出其坐标值。

③用"●"作为描点的符号，用圆珠笔作图或者没有把铅笔削尖，徒手连曲线或者用直尺连曲线。

④求斜率、截距使用了测量点。应注意，即使曲线通过了测量点，该点也不可用来求斜率和截距。

最后应该指出，不要以为作图法仅仅是做完实验之后处理数据的一种方法，从分析实验任务设计方案时就可以运用作图法的思想。例 1.3.4 就巧妙地绕开了阻力矩的影响求得了转动惯量。作图法适用于物理实验的全过程。在教学中，作图法对于物理思维、实验方法和技能训练有着特殊的地位和作用。

1.3.3　逐差法

当两物理量呈线性关系时，常用逐差法来计算因变量变化的平均值；当函数关系为多项式形式时，也可用逐差法来求多项式的系数。逐差法也称为环差法。

1. 逐差法的优点

①充分利用测量数据，更好地发挥了多次测量取平均值的效果。

②绕过某些定值未知量。

③可验证表达式或求多项式的系数。

2. 逐差法的适用条件

①两物理量 x、y 之间的关系可表示为多项式形式。

例如：$y = b_0 + b_1 x$，

$\qquad y = b_0 + b_1 x + b_2 x^2$，

$\qquad y = b_0 + b_1 x + b_2 x^2 + b_3 x^3$。

②自变量 x 必须是等间距变化，且较因变量 y 有更高的测量准确度，以致通常 x 的测量不确定度忽略不计。

3. 逐项逐差

逐项逐差就是把因变量 y 的测量数据逐项相减，用来检查 y 对于 x 是否呈线性关系，否则用多次逐差来检查多项式的幂次。

（1）一次逐差

若 $y = b_0 + b_1 x$，测得一系列对应的数据

$$x_1, \ x_2, \ \cdots, \ x_k, \ \cdots, \ x_n \qquad\qquad (1-3-3)$$
$$y_1, \ y_2, \ \cdots, \ y_k, \ \cdots, \ y_n$$

逐项逐差，得到：

$$y_2 - y_1 = \Delta y_1$$
$$y_3 - y_2 = \Delta y_2$$
$$\vdots \qquad \vdots$$
$$y_{k+1} - y_k = \Delta y_k$$

因为 y 对于 x 呈线性关系，且 x 为等间距变化，故 $\Delta y_k =$ 常量。所以，若对实验测量值进行逐项逐差，得到：

$$\Delta y_k \approx 常量$$

则证明 y 对于 x 呈线性关系。

（2）二次逐差

若 $y = b_0 + b_1 x + b_2 x^2$，则逐项逐差后所得结果 $\Delta y_k \neq$ 常量，遂将 Δy_k 再作一次逐项逐差（称为二次逐差）：

$$\Delta y_2 - \Delta y_1 = \Delta' y_1$$
$$\Delta y_3 - \Delta y_2 = \Delta' y_2$$
$$\vdots \qquad \vdots$$
$$\Delta y_{k+1} - \Delta y_k = \Delta' y_k$$

同理，若二次逐差结果 $\Delta' y_k \approx$ 常量，则可证明 y 对于 x 为二次幂的关系。依次类推，还可以进行三次逐差或更高次逐差。

4. 分组进行逐差求多项式的系数

用逐差法来求因变量变化的平均值或求多项式的系数时，不能用逐项逐差，而是把 n 项测量值分为上、下两组，用下组中的每一个数据与上组中对应的数据一一相减。

（1）但 y 对于 x 为线性关系 $y = b_0 + b_1 x$ 时，用一次逐差即可求系数 b_0 和 b_1。

①求系数 b_1。测得值如式（1-3-3），共有 n 项对应值。分为上、下两组，每组有 $l = n/2$。隔 l 项相减作逐差：

$$y_k = b_0 + b_1 x \qquad\qquad (1-3-4)$$
$$y_{k+1} = b_0 + b_1 x_{k+1}$$

两式相减得到：

$$y_{k+1} - y_k = b_1 (x_{k+1} - x_k)$$

上式左边为因变量隔 l 项的逐差值，记为 $\delta_l y_k$；右边括号中为 l 倍自变量间隔，记为 $l(x_2 - x_1)$，则上式写为：

$$\delta_l y_k = b_1 \cdot l(x_2 - x_1) \qquad\qquad (1-3-5)$$

从 $k = 1$ 到 $k = l$ 共可得到 l 个 $\delta_l y_i$ 值，取平均记为 $\overline{\delta_l y}$，代入式（1-3-5），求得系数 b_1 的值：

$$b_1 = \frac{\overline{\delta_l y}}{l(x_2 - x_1)} \qquad\qquad (1-3-6)$$

②求系数 b_0。将系数 b_1 值代入式（1-3-4），有：

$$y_1 = b_0 + b_1 x_1$$
$$y_2 = b_0 + b_1 x_2$$
$$\vdots \qquad \vdots$$

一共有 n 个 y_k，每个 y_k 都可以求出一个 b_0，n 个 b_0 取平均值，即为所求系数 b_0 的值：

$$b_0 = \frac{1}{n} \sum_{k=1}^{n} (y_k - b_1 x_k)$$

$$b_0 = \frac{1}{n} \sum_{k=1}^{n} y_k - b_1 \frac{1}{n} \sum_{k=1}^{n} x_k$$

$$b_0 = \bar{y} - b_1 \cdot \bar{x} \qquad\qquad (1-3-7)$$

（2）若 $y = b_0 + b_1 x + b_2 x^2$，求系数时，则须将第一次逐差得到的 $\delta_l y_k$ 再分成上、下两组，进行第二次逐差，从而求得系数 b_2，然后依次求出 b_1 和 b_0。

依次类推，也可以进行多次逐差求高次项的系数，但实际上很少使用。

（3）系数 b_1 和 b_0 的标准偏差。

① b_1 的标准偏差。根据式（1-3-6），b_1 由 $\overline{\delta_l y}$ 而来，故通常用求多次测量平均值标准偏差的公式（1-2-10）求出 $\overline{\delta_l y}$ 的标准偏差 $s(\overline{\delta_l y})$，再用不确定度传播公式（1-2-21）求得系数 b_1 的标准偏差 $s(b_1)$。

② b_0 的标准偏差。由式（1-3-7）可见，b_0 的标准偏差由 $\bar{y}$ 和 b_1 的标准差合成得到。如前所述，计算过程中 x 的测量不确定度忽略不计。

5. 应用举例

例 1.3.6　仍以伏安法测电阻为例（见例 1.3.1），用逐差法求电阻 R。

$I = b_0 + b_1 U$，$R = 1/b_1$，共 6 项，$n = 6$，$l = n/2 = 3$，故隔 3 项逐差，$\delta_3 I_k = I_{k+3} - I_k$。

表 1-3-3 为逐差处理数据的列表。

表 1 - 3 - 3　用逐差法处理数据

序号 k	$I_k/(10^{-3}\,\mathrm{A})$	$I_{k+3}/(10^{-3}\,\mathrm{A})$	$\delta_3 I_k/(10^{-3}\,\mathrm{A})$
1	0	12.05	12.05
2	3.85	15.80	11.95
3	8.15	19.90	11.75
			$\overline{\delta_3 I} = 11.917$

求系数 b_1：　　$b_1 = \dfrac{\overline{\delta_3 I}}{l(U_2 - U_1)} = \dfrac{11.917}{6} = 1.986$；

求被测量 R：　　$R = \dfrac{1}{b_1} = 0.5035\ \mathrm{k\Omega} = 503.5\ \Omega$；

求 b_1 的标准偏差：　　$s(\overline{\delta_3 I}) = \sqrt{\dfrac{\sum\limits_{k=1}^{3}(\delta_3 I_k - \overline{\delta_3 I})^2}{l(l-1)}} = 0.0882$，

$$s(b_1) = \frac{s(\overline{\delta_3 I})}{l(U_2 - U_1)} = \frac{0.0882}{3 \times 2} = 0.0147$$；

求 R 的标准偏差：　　$\dfrac{s(R)}{R} = \dfrac{s(b_1)}{b_1} = \dfrac{0.0147}{1.986} = 0.00740$，

$$s(R) = 503.5 \times 0.740\% = 3.7\ \Omega$$。

6. 逐差法中常见错误

(1)求系数时使用了逐项逐差

例 1.3.6 中，若用逐项逐差求电流变化的平均值，则算式为

$$\frac{(I_2 - I_1) + (I_3 - I_2) + \cdots + (I_6 - I_5)}{5} = \frac{I_6 - I_1}{5}$$

显然，中间各测量值都被抵消掉了，只用了第一次和最后一次测量值，失去了多次测量取平均值的意义。

(2)奇数项时(n = 奇数)，上组少分一项

假设上例中共测了 9 次，$n = 9$，应分为上组 5 项，下组 4 项，隔 5 项逐差后得到 4 项。若按上组少一项分组，则是隔 4 项逐差，似乎最后可多得到一项为 $I_9 - I_5$。但仔细考察可见，该项和第一项 $I_5 - I_1$ 的 I_5 抵消掉了，仍旧是没有利用 I_5。所以，凡 n 为奇数时，应上组多一项，作隔 $l = \dfrac{n+1}{2}$ 项逐差。

(3)列表表达不清楚

表中应表达出是隔几项逐差，反映出 l、y_k、y_{k+1} 和 $\delta_l y_k$ 之间的对应关系。

1.3.4　最小二乘法和一元线性回归

从测量数据中寻求经验方程或提取参数，称为回归问题，是实验数据处理的重要内容。用作图法获得直线的斜率和截距就是回归问题的一种处理方法，但连线带有相当大的主观成分，结果会因人而异；用逐差法求多项式的系数也是一种回归方法，但它又受到自变量必须

等间距变化的限制。本节介绍处理回归问题的另一种方法——最小二乘法。

1. 拟合直线的途径

(1)问题的提出

假定变量 x 和 y 之间存在着线性相关的关系，回归方程为一条直线：

$$y = b_0 + b_1 x \qquad (1-3-8)$$

由实验测得的一组数据是 x_k、$y_k(k = 1, 2, \cdots, n)$，我们的任务是根据这组数据拟合出式(1-3-8)的直线，即确定其系数 b_1、b_0。

我们讨论最简单的情况，假设：

①系统误差已经修正；

②n 次测量的条件相同，所以其误差符合正态分布，这样才可以使用最小二乘原理；

③只有 y_k 存在误差，即把误差较小的作为变量 x，使不确定度的计算变得简单。

(2)解决问题的途径——最小二乘原理

由于测量的分散性，实验点不可能都落在一条直线上，如图 1-3-3 所示。相对于我们所拟合的直线，某个测量值 y_k 在 y 方向上偏离了 v_k，v_k 就是残差：

$$v_k = y_k - y = y_k - (b_0 + b_1 x) \qquad (1-3-9)$$

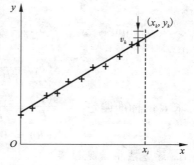

图 1-3-3　y_t 的残差

联想到贝赛尔公式(1-2-6)，如果 $\sum\limits_{k=1}^{n} v_k^2$ 的值小，那么标准偏差 $s(y)$ 就小，能够使 $s(y)$ 最小的直线就是我们所要拟合的直线。这就是最小二乘原理。

最小二乘原理：最佳值乃是能够使各次测量值残差的平方和为最小值的那个值。

由式(1-3-9)可见，b_0 和 b_1 决定 v_k 的大小，能够使 $\sum\limits_{k=1}^{n} v_k^2$ 为最小值的 b_0、b_1 值就是回归方程的系数。

2. 回归方程的系数

(1)用最小二乘原理求回归方程的系数。

$$\sum_{k=1}^{n} v_k^2 = \sum_{k=1}^{n} (y_k - b_0 - b_1 x_k)^2 \qquad (1-3-10)$$

使 $\sum\limits_{k=1}^{n} v_k^2$ 为极小值，极小值条件是一阶导数等于零和二阶导数大于零。这里 x_k、y_k 是测量值，变量是 b_0 和 b_1，式(1-3-10)分别对 b_0 和 b_1 求偏导数，并令它们的一阶导数等于零：

$$\begin{cases} \dfrac{\partial}{\partial b_0}\left(\sum\limits_{k=1}^{n} v_k^2 \right) = -2 \sum\limits_{k=1}^{n} (y_k - b_0 - b_1 x_k) = 0 \\[3mm] \dfrac{\partial}{\partial b_1}\left(\sum\limits_{k=1}^{n} v_k^2 \right) = -2 \sum\limits_{k=1}^{n} (y_k - b_0 - b_1 x_k) x_k = 0 \end{cases} \qquad (1-3-11)$$

整理后得：

$$\begin{cases} \bar{x} b_1 + b_0 = \bar{y} \\[2mm] \overline{x^2} b_1 + \bar{x} b_0 = \overline{xy} \end{cases} \qquad (1-3-12)$$

其中 $\bar{x} = \dfrac{1}{n}\sum\limits_{k=1}^{n} x_k$，$\bar{y} = \dfrac{1}{n}\sum\limits_{k=1}^{n} y_k$，$\overline{x^2} = \dfrac{1}{n}\sum\limits_{k=1}^{n} x_k^2$，$\overline{xy} = \dfrac{1}{n}\sum\limits_{k=1}^{n} x_k y_k$，解联立方程 $(1-3-12)$，得到：

$$b_1 = \frac{\bar{x}\cdot\bar{y} - \overline{xy}}{\overline{x}^2 - \overline{x^2}} \qquad (1-3-13)$$

$$b_0 = \bar{y} - b_1\bar{x} \qquad (1-3-14)$$

式 $(1-3-10)$ 对 b_0 和 b_1 再求一次导数，得到 $\sum\limits_{k=1}^{n} v_k^2$ 的二阶导数大于零。这样，式 $(1-3-13)$ 和式 $(1-3-14)$ 给出的 b_0 和 b_1 对应于 $\sum\limits_{k=1}^{n} v_k^2$ 的极小值，即为回归直线的斜率和截距的最佳估计值，于是就求得了回归方程 $(1-3-8)$。

（2）为了便于记忆和用计算器或计算机编程计算，引入符号：

$$L_{xy} = \sum_{k=1}^{n} (x_k - \bar{x})(y_k - \bar{y})$$

$$L_{xx} = \sum_{k=1}^{n} (x_k - \bar{x})^2 \qquad (1-3-15)$$

$$L_{yy} = \sum_{k=1}^{n} (y_k - \bar{y})^2$$

很容易证明：

$$L_{xy} = n(\overline{xy} - \bar{x}\cdot\bar{y}) = \sum_{k=1}^{n} x_k y_k - \frac{1}{n}\left(\sum_{k=1}^{n} x_k\right)\left(\sum_{k=1}^{n} y_k\right)$$

$$L_{xx} = n(\overline{x^2} - \bar{x}^2) = \sum_{k=1}^{n} x_k^2 - \frac{1}{n}\left(\sum_{k=1}^{n} x_k\right)^2 \qquad (1-3-16)$$

$$L_{yy} = n(\overline{y^2} - \bar{y}^2) = \sum_{k=1}^{n} y_k^2 - \frac{1}{n}\left(\sum_{k=1}^{n} y_k\right)^2$$

于是有：

$$b_1 = \frac{L_{xy}}{L_{xx}} \qquad (1-3-17)$$

（3）测量点的重心。

由式 $(1-3-14)$，得到 $\bar{y} = b_0 + b_1\bar{x}$，可见回归直线通过 $(\bar{x}, \bar{y})$ 点。点 $(\bar{x}, \bar{y})$ 称为 (x_k, y_k) 的重心。理解这点，有助于用作图法处理数据时的连线。

3. 回归方程系数的标准偏差

（1）y_k 的标准偏差

由式 $(1-3-10)$，我们很容易求得 y_k 的标准偏差：

$$s(y) = \sqrt{\frac{\sum\limits_{k=1}^{n} v_k^2}{n-2}} = \sqrt{\frac{\sum\limits_{k=1}^{n} (y_k - b_0 - b_1 x_k)^2}{n-2}} \qquad (1-3-18)$$

式中分母 $n-2$ 是自由度，可以作如下解释：两点决定一条直线，只需要测量两个点，即可解出直线的斜率和截距，现在多测了 $n-2$ 个点，所以 $n-2$ 是自由度。

$s(y)$ 是因变量 y_k 的标准偏差，在满足本节开始的三个假设的条件下，我们可以对照测量列的标准偏差的意义来理解 $s(y)$：对于自变量的某一个取值，因变量是直线上相应的一个点，在重复条件下作任意次测量，实测点落在与直线上相应的距离在 $s(y)$ 范围以内的概率是 68.3%。$s(y)$ 描述了测量点对于直线的分散性。

（2）回归方程系数的标准偏差

① b_1 的标准偏差 $s(b_1)$。我们的任务是从 $s(y)$ 求出 b_1 和 b_0 的标准偏差，所以首先要找到 b_1 和 y_k 之间的关系。由式（1-3-17）以及式（1-3-16），推导整理得到：

$$b_1 = \frac{L_{xy}}{L_{xx}} = \frac{\sum_{k=1}^{n} (x_k - \bar{x})(y_k - \bar{y})}{\sum_{k=1}^{n} (x_k - \bar{x})^2} = \sum_{k=1}^{n} \frac{(x_k - \bar{x})}{\sum_{k=1}^{n} (x_k - \bar{x})^2} y_k \qquad (1-3-19)$$

按照不确定度的传播与合成的方法，可求 b_1 的标准偏差。注意到式（1-3-19），b_1 由多项带有系数的 y_k 求和得到，所以 $s(b_1)$ 具有方和根的形式，方差 $s^2(b_1)$ 为：

$$s^2(b_1) = \sum_{k=1}^{n} \left[\left(\frac{\partial b_1}{\partial y_k} \right)^2 \cdot s^2(y) \right]$$

将式（1-3-19）代入上式，整理后开方得到：

$$s(b_1) = \frac{s(y)}{\sqrt{L_{xx}}} \qquad (1-3-20)$$

② b_0 的标准偏差 $s(b_0)$。同理可推导出：

$$s(b_0) = \sqrt{\overline{x^2}} \cdot s(b_1) \qquad (1-3-21)$$

（3）讨论

① $s(b_0)$ 是截距 b_0 的标准偏差。如果得到 $s(b_0) > b_0$，即截距比它本身的标准不确定度还要小，则表明在 68.3% 的置信水平上 b_0 等于零，回归直线通过原点。

② 从式（1-3-20）可以看出，当 L_{xx} 较大时，$s(b_1)$ 就较小。根据式（1-3-15），若 x 的取值比较分散，L_{xy} 就大。这就告诉我们，在求回归直线时，自变量 x 取点不要集中，要在尽可能大的范围内进行测量，以减小斜率的不确定度 $s(b_1)$。

③ 从式（1-3-21）可以看出，$s(b_0)$ 不仅与 $s(b_1)$ 有关，而且还直接受 x 的影响，若 $\sqrt{x}$ 数值大，$s(b_0)$ 就会被"放大"。可见，在拟合直线（当然也包括用作图法处理数据）时，如果所取的测量点既远离原点且又密集，则测量结果会很糟糕。

4. 相关系数

定义一元线性回归的相关系数：

$$r = \frac{L_{xy}}{\sqrt{L_{xx} L_{yy}}} \qquad (1-3-22)$$

（1）相关系数的正负

对照式（1-3-22）和式（1-3-17），可见 r 与 b_1 同号，即 $r > 0$，则 $b_1 > 0$，回归直线的斜率为正，称为正相关；$r < 0$，则 $b_1 < 0$，回归直线的斜率为负，称为负相关。

（2）相关系数的数值

x、y 完全不相关时，$r = 0$；全部实验点都在回归直线上时，$|r| = 1$。r 的数值只在 -1 与 $+1$ 之间，即 $-1 \leqslant r \leqslant +1$。$r$ 数值的大小描述了实验点线性相关的程度。

（3）通过相关系数计算标准偏差

不同相关系数的数据点分布示意图如图 1 – 3 – 4 所示。

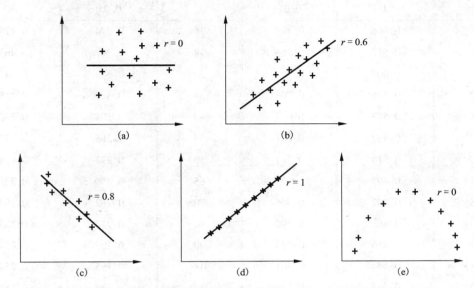

图 1 – 3 – 4　不同相关系数的数据点分布示意图

用相关系数计算标准偏差甚为方便，推导结果为：

$$s(y) = \sqrt{\frac{(1 - r^2) L_{yy}}{n - 2}} \qquad (1 - 3 - 23)$$

$$\frac{s(b_1)}{b_1} = \sqrt{\frac{\frac{1}{r^2} - 1}{n - 2}} \qquad (1 - 3 - 24)$$

应注意式（1 – 3 – 24）的计算结果是斜率的相对标准偏差。

相关系数在数据处理计算中有特殊的地位，以至带有线性回归功能的计算器上就设有功能键 r，实验数据输入完毕，人们也习惯首先读出相关系数来检查相关的显著性水平。表 1 – 3 – 4 中列出了相关系数的检验数据。

表 1 – 3 – 4　相关系数的检验表

$n - 2$	a		$n - 2$	a	
	0.05	0.01		0.05	0.01
1	0.997	1.000	20	0.423	0.537
2	0.950	1.000	21	0.423	0.537
3	0.878	0.959	22	0.404	0.515
4	0.811	0.917	23	0.396	0.505
5	0.754	0.874	24	0.388	0.496
6	0.707	0.834	25	0.381	0.487

$n-2$	a		$n-2$	a	
	0.05	0.01		0.05	0.01
7	0.666	0.798	26	0.374	0.478
8	0.632	0.765	28	0.361	0.463
9	0.602	0.735	30	0.349	0.449
10	0.576	0.708	35	0.325	0.418
11	0.553	0.684	40	0.304	0.393
12	0.532	0.661	45	0.288	0.372
13	0.514	0.641	50	0.273	0.354
14	0.497	0.623	65	0.250	0.325
15	0.482	0.606	70	0.232	0.302
16	0.468	0.590	80	0.217	0.283
17	0.456	0.575	90	0.205	0.267
18	0.444	0.561	100	0.195	0.254
19	0.433	0.549	200	0.138	0.181

注：a 为相关的显著水平；$n-2$ 为自由度。

5. 应用举例

例 1.3.7 将例 1.3.1 用伏安法测量电阻的数据用最小二乘法作线性回归处理。

用回归法处理伏安法测电阻的数据如表 1 - 3 - 5 所示。

表 1 - 3 - 5　用回归法处理伏安法测电阻数据

序号 k	$x_k = U_k/V$	$y_k = I_k/mA$	x_k^2	y_k^2	$x_k y_k$
1	0.00	0.00	0.00	0.00	0.00
2	2.00	3.85	4.00	14.82	7.70
3	4.00	8.15	16.00	66.42	32.60
4	6.00	12.05	36.00	145.20	72.30
5	8.00	15.80	64.00	249.64	126.40
6	10.00	19.90	100.00	396.01	199.00
和	$\sum\limits_{k=1}^{6} x_k = 30.00$	$\sum\limits_{k=1}^{6} y_k = 59.75$	$\sum\limits_{k=1}^{6} x_k^2 = 220.00$	$\sum\limits_{k=1}^{6} y_k^2 = 872.10$	$\sum\limits_{k=1}^{6} x_k y_k = 438.00$
和的平方	$\left(\sum\limits_{k=1}^{6} x_k\right)^2 = 900.00$	$\left(\sum\limits_{k=1}^{6} y_k\right)^2 = 3\,570.06$			
平均	$\bar{x} = 5.00$	$\bar{y} = 9.958\,3$	$\overline{x_k^2} = 36.67$		

$$L_{xy} = \sum_{k=1}^{6} x_k y_k - \frac{1}{n} \left(\sum_{k=1}^{6} x_k \right) \left(\sum_{k=1}^{6} y_k \right) = 139.25$$

$$L_{xx} = \sum_{k=1}^{6} x_k^2 - \frac{1}{n} \left(\sum_{k=1}^{6} x_k \right)^2 = 70$$

$$L_{yy} = \sum_{k=1}^{6} y_k^2 - \frac{1}{n} \left(\sum_{k=1}^{6} y_k \right)^2 = 277.088$$

（1）相关系数

$$r = \frac{L_{xy}}{\sqrt{L_{xx} L_{yy}}} = 0.999\,856$$

由表 1 – 3 – 4 查得 $k = 6$，$a = 0.01$ 时，$r = 0.917$ 为显著性标准，现得到 $r = 0.999\,856 >$ 0.917，表明 I 与 U 显著相关，即回归直线的直线性很好。

（2）求系数

$$b_1 = \frac{L_{xy}}{L_{xx}} = 1.989\,3$$

$$b_0 = \bar{y} - b_1 \bar{x} = 0.011\,90$$

（3）求系数的标准偏差

$$\frac{s(b_1)}{b_1} = \sqrt{\frac{\frac{1}{r^2} - 1}{n - 2}} = 0.849 \times 10^{-3}$$

$$s(b_1) = 0.016\,9$$

$$s(b_0) = \sqrt{\overline{x^2}} \cdot s(b_1) = 0.102,\ s(b_0) > b_0,\ \text{直线通过原点}$$

（4）求电阻及其标准偏差

$$R = \frac{1}{b_1} = 502.69\ \Omega$$

$$\frac{s(R)}{R} = \frac{s(b_1)}{b_1} = 0.849 \times 10^{-3},\ s(R) = 502.69 \times 0.084\,9\% = 4.27\ \Omega,\ \nu = 4$$

（5）说明

在相关性很好的情况下，r 接近于 1，则式（1 – 3 – 24）中分子 $\frac{1}{r^2} - 1$ 为零，以致不能计算出 $s(b_1)$ 和 $s(b_0)$。所以表 1 – 3 – 5 中的各项计算求和、平方、平均等要保留到比 r 值所含的"9"的个数还要多 2 ~ 3 位数字。例 1.3.7 中 $r = 0.999\,856$，小数点后面连续有 3 个"9"，故求回归方程系数的运算（包括表 1 – 3 – 5）取 5 ~ 6 位数字。中间运算过程亦如此，直到计算出合成不确定度或扩展不确定度之后，再把不确定度取为 2 位有效数字，以及把测量结果修约到与不确定度的末位对齐。

1.4 电磁学实验基础知识

电磁学实验是物理实验的一个重要组成部分。通过实验，要求学生掌握常用电学量(如电流、电压、电阻、电动势和磁感应强度等)的典型测量方法，例如模拟法、伏安法、电桥法、补偿法、示波法与冲击法等，熟悉常用电磁测量仪器(如直读式仪表、电桥、电位差计、示波器等)的性能和操作技术，使学生获得必要的电磁学实验知识以及实验技能，培养学生看懂电路图、正确连接电路和分析判断实验故障的能力。

下面介绍常用电磁学仪器、仪表的性能及使用方法，指出电磁学操作规程及简单电路的连接规则。

1.4.1 电源

电源分为交流电源和直流电源两种。

1. 交流电源

用符号"AC"或"～"表示交流电。常用交流电源有两种：一种是单相220 V、频率为50 Hz，多用于照明和一般用电器；另一种是三相380 V，频率为50 Hz，多用于开动机器、电动机等动力用电。还可以通过变压器得到不同大小的交流电压。为了防止电压的波动，在实验室中常用交流稳压器来获得较稳定的交流电压。交流电源符号用"—⊝—"表示。

2. 直流电源

用符号"DC"或"—"表示直流电。实验室常用的直流电源有晶体管直流稳压电源、干电池和直流稳流电源。晶体管稳压电源电压稳定，内阻小，使用方便，其输出电压有固定的，也有连续可调的。干电池电压稳定，内阻小，使用方便，但其容量(一般以安培小时计算)有限，要经常注意更换。直流稳流电源在一定的负载阻值范围，能给出一定的恒定电流，电流大小连续可调。直流电源用符号"⊣⊢"表示，一般长线代表电源的正极，短线代表电源的负极。电流从电源正极流出，经过导线和用电器流入电源的负极。所以，使用直流电源时，正负极不能搞错。

使用电源要严防短路，短路时外电路电阻极小，以致电流极大，容易使电路烧毁、电源损坏。使用高压电要防止触电，注意用电安全。另外，各种电源都有额定功率，不允许实际输出功率超过额定输出功率。

1.4.2 电表

实验室使用的电表大都是磁电式电表，它具有准确度高、稳定性好和受温度影响小等优点。

磁电式电表的内部构造如图1-4-1所示。在马蹄形永久磁铁的两极上连着两半圆形的极掌，极掌之间装有圆柱形软铁芯，它的作用是使极掌和铁芯间的空隙中磁场加强，并且使磁力线以圆柱的轴为中心呈均匀辐射状。在圆柱形铁芯和极掌间有一个长方形线圈，线圈的转轴上固定着指针和"游丝"。"游丝"的另一端固定在仪表内部的支架上。这一基本结构称为"表头"。当有电流通过线圈时，线圈就受电磁力矩作用而偏转，同时"游丝"因形变而产生反扭力矩，当电磁力矩与"游丝"的反扭力矩平衡时，线圈达到一定的偏转角。此偏转角的大小与所通入的电流成正比，电流方向不同，偏转的方向也不同。这就是磁电式电表的基本工作原理。

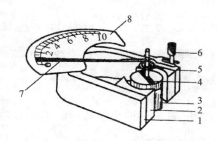

图 1-4-1　磁电式电表的内部构造图
1—永久磁铁；2—极掌；3—铁芯；4—线圈；
5—游丝；6—调零螺丝；7—指针；8—刻度盘

1. 指针式检流计

指针式检流计主要用于检测电路中有无电流通过，使用时，常串联一个可变电阻（称保护电阻），以免过大电流损坏电表。它的指针零点在中央，便于检出不同方向的直流电。

指针式检流计主要规格是：

(1)电流计常数。即偏转一小格代表的电流值，实验时常用的有每小格 10^{-4} A，每小格 10^{-6} A 和每小格 10^{-9} A 几种。

(2)内阻。一般在 100 Ω 左右。

2. 电流表

由磁电式表头并联一个阻值很小的分流电阻构成，并联的分流电阻的阻值不同，得到不同量程的电流表。电流表串联在电路中测量电流的大小。

电流表的主要规格是：

(1)量程。指针偏转满刻度时的电流值。

(2)内阻。表头内阻与分流电阻并联后的等效电阻。量程越大的内阻越小，一般微安内阻为 1 000 ~ 3 000 Ω，毫安表内阻为 100 ~ 200 Ω，安培表内阻在 1 Ω 以下。

3. 电压表

电压表由磁电式表头与一个大电阻串联而成，附加的大电阻起分压作用，绝大部分的电压降落在大电阻上。表头上串联附加电阻不同，得到不同量程的电压表。电压表并联在电路中测量两点间的电压。

电压表的主要规格是：

(1)量程。指针偏转满刻度时的电压值，有的电压表有多个量程。

(2)内阻。电表两接线柱间的电阻。同一电压表量程不同，其内阻也不同。但对同一电表来说，表头的满偏电流 I_g 是相同的，而 $1/I_g = R/U$，所以对同一个电压表的各个量程的每伏欧姆数相同，用 Ω/V 表示，通常称它为电表的电压灵敏度。这样，电压表中某一量程的内阻可由下式计算：

$$内阻 = 每伏欧姆数 \times 量程$$

4. 电表的准确度等级

我国国家标准规定电表准确度为 0.1、0.2、0.5、1.0、1.5、2.5 和 5.0 七级。准确度为 K 级的电表简称为 K 级电表。它的意思是：在规定工作条件下使用该电表测量，其测量值的最大基本误差（用绝对误差表示）为：

$$\Delta X_m = \pm A_m \cdot K\%$$

式中：A_m 是所用表的量程。计算不确定度时，常将 ΔX_m 作为不确定度的 B 类分量。

对于多量程电表，由于级别已确定，则量程越大，最大基本误差也越大。如对 0.5 级的电流表，若量程为 30 mA 时，最大基本误差为 $\Delta I_m = \pm 30 \times 0.5\% = 0.15$ mA，当量程为 150 mA 时，则 $\Delta I_m = \pm 150 \times 0.5\% = 0.75$ mA。若用此电流表去测 30 mA 的电流，则选 30 mA

挡，相对误差为 $\frac{\Delta I_m}{I} = \frac{0.15}{30} = 0.5\%$，选 150 mA 挡，相对误差为 $\frac{\Delta I_m}{I} = \frac{0.75}{30} = 2.5\%$。因此，必须选择与测量值接近的量程读数。对同一级别同一量程的电表，由于最大基本误差确定，因此，读数愈小，相对误差愈大。

5. 万用电表

万用电表是一种比较常用的电学仪器，它的用途很广，可用来测量交、直流电压，直流电流，电阻及音频电平等，还可用于检查电路。它结构简单，使用方便，但准确度稍低。

万用电表可分为指针式和数字式两类。它们的型号很多，但其结构和原理基本相同。下面以 MF-500 型万用电表为例，说明指针式万用电表的使用方法和注意事项。

MF-500 型万用电表面板如图 1-4-2 所示。

使用方法：

（1）使用之前须调整调零器"S_3"，使指针准确地指示在标度尺的零位上。

（2）直流电压测量：将测试杆短杆分别插在插口"K_1"和"K_2"内，转换开关旋钮"S_1"至"$\underline{\vee}$"位置上，开关旋钮"S_2"至所欲测量直流电压的相应量限位置上，再将测试杆长杆跨接在被测电路两端。当不能预计被测直流电压大约数值时，可将开关旋钮旋在最大量限的位置上，然后根据指示值之大约数值，再选择适当的量限位置，使指针得到最大的偏转度。

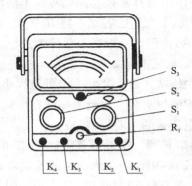

图 1-4-2　MF-500 型万用表面板图

测量直流电压时，当指针向相反方向偏转时，只需将测试杆的"+"、"-"极互换即可。读数见"≃"刻度。测量 2 500 V 时将测试杆短杆插在"K_1"和"K_4"插口中。

（3）交流电压测量：将开关旋钮"S_1"旋至"$\underline{\vee}$"位置上，开关旋钮"S_2"旋至所欲测量交流电压的相应量限位置上，测量方法与直流电压测量相似。50 V 及 50 V 以上各量限的指示见"≃"刻度，10 V 量限见"10 $\underline{\vee}$"专业刻度。

由于整流系仪表的指示值是交流电压的平均值，仪表指示值是按正弦波形交流电压的有效值校正，对被测交流电压的波形失真应在任意瞬时值与基本正弦波上相应的瞬时值间的差别不超过基本波形振幅的 ±1%，当被测电压为非正弦波时，仪表的指示值将因波形失真而引起误差。

（4）直流电流测量：将开关旋钮"S_2"旋至"$\underline{A}$"位置上，开关旋钮"S_1"旋到需要测量直流电流值相应的量限位置上，然后将测试杆串联在被测电路中（注意电流应从仪表的"+"端流入，否则指针反向偏转），就可显示被测电路中的直流电流值。指示值见"≃"刻度。测量过程中仪表与电路的接触应保持良好，并应注意切勿将测试杆直接跨接在直流电压的两端，以防止仪表因过负载而损坏。

（5）电阻测量：将开关旋钮"S_2"旋到"Ω"，开关旋钮"S_1"旋到"Ω"量限内，先将两端测试杆短路，使指针向满度偏转，然后调节电位器"R_1"使指针指示在欧姆标度尺"0 Ω"位置上，再将测试杆分开，测量未知电阻的阻值。指示值见"Ω"刻度。为了提高测试精度，指针所指示被测电阻之值应尽可能指示在刻度中间一段，即全刻度起始的 20%～80% 弧度。

当短路测试杆调节电位器"R_1"不能使指针指示到欧姆零位时，表示电池电压不足，故应立刻更换电池。仪表长期搁置不用时，应将电池取出。

（6）音频电平测量：测量方法与测量交流电压相似，将测试杆插在"K_1"、"K_3"插口内，转换开关旋钮"S_1"、"S_2"分别放在"$\underline{V}$"和相应的交流电压量限位置上。音频电平刻度是根据 0 dB = 1 mW，600 Ω 输送标准而设计。标度尺指示值是从 −10 ~ +22 dB，当被测之量大于 +22 dB 时，应在 50 $\underline{V}$ 或 250 $\underline{V}$ 量限进行测量，指示值应按表 1 − 4 − 1 所示数据进行修正。

表 1 − 4 − 1　音频电平测量数据修正

量限	按电平刻度增加值	电平的范围
50 $\underline{V}$	14	+4 ~ +36 dB
250 $\underline{V}$	28	+18 ~ +50 dB

音频电平与电压、功率的关系为下式所示：

$$1 \text{ dB} = 10 \lg P_2/P_1 = 200 \lg U_2/U_1。$$

式中：P_1 为在 600 Ω 负荷阻抗上 0 dB 的标准功率 = 1 mW；U_1 为在 600 Ω 负荷阻抗上消耗功率为 1 mV 时的相应电压，即 $U_1 = \sqrt{PZ} = \sqrt{0.001 \times 600} = 0.775$ V；P_2、U_2 为被测功率和电压。

指示值见"dB"刻度。

注意：

（1）仪表在测试时，不能旋转开关旋钮。

（2）当被测量不能确定其大约数值时，应将量程转换开关旋到最大量限的位置上，然后再选择适当的量限，使指针得到最大的偏转。

（3）测量直流电流时，仪表应串联在被测电路中，禁止将仪表直接跨接在被测电路的电压两端，以防止仪表过负荷而损坏。

（4）测量电路中的电阻阻值时，应将被测电路的电源断开，如果电路中有电容器，应先将其放电后才能测量。切勿在电路带电情况下测量电阻。

（5）仪表每次使用完毕，应将开关旋钮"S_1"、"S_2"都旋到"0"位置。

（6）测量交直流 2 500 V 量限时，应将测试杆一端固定接在电路地电位上，将测试杆的另一端去接触被测高压电源，测试过程中应严格执行高压操作规程，双手必须戴高压绝缘手套，地板上应铺置高压绝缘胶板，测试时应谨慎从事。

（7）仪表应经常保持清洁和干燥，以免影响准确度和损坏仪表。

6. 使用电表注意事项

（1）选择合适的量程。根据待测电流或电压的大小，选择合适的量程。如果量程选择过大，则指针偏转过小，测量误差较大；若量程选择过小，则过大的电流或电压会损坏电表。一般选择量程的原则是：使得指针偏转 2/3 满度左右为好。在不知道被测电流或电压的大小时，应选用较大的量程，然后再根据指针的偏转情况选择合适的量程。

（2）接线方法正确。电流表只能测量电流，绝不可用来测量电压；电压表只能测量电压，绝不可用来测量电流。电流表应串联在电路中使用；电压表应并联在电路中使用。接线时要注意电表接线柱的"＋"、"－"。"＋"端表示电流流入端(接电路高电位点)，"－"端为电流输出端(接电路低电位点)。切不可把极性接反，否则会撞坏指针或烧杯线圈。对于检流计，可以不考虑"＋"、"－"极性。

（3）在测量前应检查指针和零位是否对准，如没有对准可用调零螺丝调到指针为零。

（4）读数时应正确判断指针的位置。为了避免视差，必须使视线垂直于刻度面读数。精密电表尺旁附有镜面，指针与其像重合时所对准的刻度才是电表的读数。

（5）使用任何电表都应注意盘面上的标记符号及所代表的意义。

根据我国规定，电气仪表主要技术性能都以一定的符号表示，并标记在仪器面板上，表1－4－2列出了一些常用电气仪表面板上的标记。

表1－4－2　常用电气仪表面板上的标记

名　称	符　号	名　称	符　号
指示测量仪表的一般符号	○	磁电系仪表	⋂ 或 ⋒
检流计	↑	静电系仪表	⊥
安培表	A	直流	—
毫安表	mA	交流(单相)	～
微安表	μA	交直两用	≃
伏特表	V	电表级别(表示误差)，例1.5%(1.5级)	1.5
毫伏表	mV	防潮(湿)分为A、B、C等级	△B
千伏表	kV	标度尺为垂直放置	⊥或↓
欧姆表	Ω	标度尺为水平放置	或→
兆欧表	MΩ	绝缘强度试验电压为2 kV	或 2 kV
负端钮	－		
正端钮	＋	接地	⏚
公共端钮	＊	调零器	⌒
电表级别(表示误差)，例1.5%(1.5级)	1.5	Ⅱ级防外磁场及电场	Ⅱ 〔Ⅱ〕

1.4.3　电阻

电阻种类较多，下面仅介绍实验室常用的两种。

1. 电阻箱

实验室常把电阻箱作标准电阻使用。电阻箱由一系列合金丝绕制的阻值准确的电阻组成，装在一个匣子里，把阻值标在匣子的面板上，用塞或转盘选择不同的电阻值。

图1－4－3是ZX21型旋转式电阻箱的外形。旋钮在不同部位，表示着不同电阻值的各旋钮的电阻相互串联。所以，总电阻值为各旋钮读数之和。

电阻箱的主要规格如下：

（1）总电阻：即最大电阻，图 1-4-3 所示电
阻箱的总电阻为 99 999.9 Ω。

（2）额定功率：电阻箱中每个电阻的功率额
定值，一般电阻箱的额定功率为 0.25 W。可以由
它计算额定电流，如用 1 000 Ω 挡的电阻时，允
许的直流为：

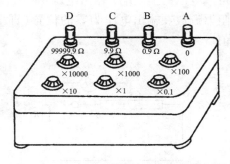

$$I = \sqrt{\frac{W}{R}} = \sqrt{\frac{0.25}{1\ 000}} = 0.016\ A$$

图 1-4-3 ZX21 型旋转式电阻箱外形图

可见，电阻值愈大的挡，容许电流愈小，过大的
电流会使电阻发热，从而使电阻值不准确，甚至烧毁。

（3）准确度等级：电阻箱根据其误差大小分为若干个准确度等级。一般分为 0.01，0.02，
0.05，0.1，0.2，0.5，1.0 七个等级。若电阻箱为 0.2 级，则电阻箱的相对误差为 $\Delta R/R \leqslant$
0.2%，因此 $\Delta R \leqslant R \times 0.2\%$。

（4）旋钮的接触电阻：不同等级的电阻箱的接触电阻不一样，同一电阻箱上不同旋钮的
接触电阻也不一样。电阻越低的旋钮要求接触电阻越小。为了减少旋钮的接触电阻和接线电
阻对示数的影响，若只需用 0.9 Ω 或 9.9 Ω 以下的电阻值时，应选用"0"与"0.9"或"0"与
"9.9 Ω"接线柱。

2. 滑线式变阻器

滑线式变阻器的外形如图 1-4-4 所示。它是由一根涂有绝缘漆的电阻丝密绕在绝缘瓷
管上，电阻丝两端分别与瓷管上接线柱 A、B 相连，瓷管上方装有一根金属杆，两端装有接线
柱 C_1、C_2，杆上套着一个滑动触头 C 与密绕的电阻丝接通，当滑动接触头在电阻上移动时，
C 与电阻丝的接触点也随之改变。

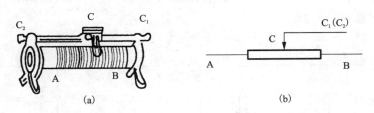

(a)   (b)

图 1-4-4 滑线式变阻器

滑线变阻器主要规格如下：

（1）总阻值：AB 两端之间的总电阻。

（2）额定电流：滑线变阻器上允许通过的最大电流。

滑线式变阻器有两种用途：

（1）作限流器用。如图 1-4-5 所示，将变阻器任一固定端 A 或 B 和滑动头 C 串联在线
路中，用以改变回路中的电流强度。在未通电之前，应把电阻值放大到最大位置；通电后，
逐渐改变 C 位置，直到需要的电流值。

（2）作分压器用。如图 1-4-6 所示，总电压加在 A、B 两端，即全部电阻丝上，AC 之间

是可调电压的输出端,输出电压 0 ~ U_{AB} 连续可调。为了安全起见,在未通电之前,须将滑线变阻器调放在输出电压为零的位置(即 AC 重合),然后调节滑动头 C,使电压升至所需要的值。

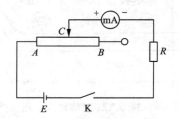

图 1 - 4 - 5　滑线式变阻器作限流器用

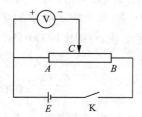

图 1 - 4 - 6　滑线式变阻器作分压器用

1.4.4　开关

开关在电路中的功能是用来接通和切断电源,或者变换电路。实验室常用的开关有单刀单向、单刀双向、双刀双向或双刀换向等,它们的符号如图 1 - 4 - 7 所示。

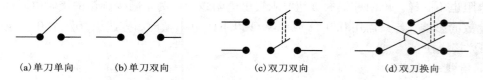

(a)单刀单向　　(b)单刀双向　　　　(c)双刀双向　　　　(d)双刀换向

图 1 - 4 - 7　4 种开关的符号

双刀换向开关的作用可用图 1 - 4 - 8 来说明。开关的双刀扳向 B、B′ 时[图 1 - 4 - 8 (a)],A 与 B 以及 A′ 与 B′ 接通,电流沿 ABC′RCB′ 流动,流过电阻 R 的电流方向为 P→O;当双刀扳向 CC′ 时[图 1 - 4 - 8(b)],电流沿 ACRC′A′ 流动,使得流过电阻 R 的电流改变了方向,即 O→P。"换向"即为此意。

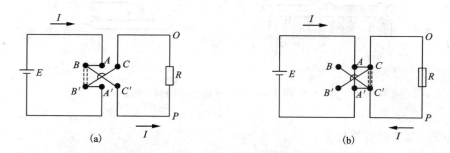

图 1 - 4 - 8　双刀换向开关的作用原理

1.4.5　电学实验操作规程

(1)根据实验线路和具体设备,在接线前首先估计电路中可能出现的电流和电压的大小,初步判断所用电表和其他实验器件的规格是否适用。在把握不大的情况下,尽可能先用大量程,最后根据实际情况改用适当的量程。

（2）合理安排仪器。参照线路图，通常把需要经常操作的仪器放在近处，需要读数的仪器放在眼前，根据走线合理、操作方便、实验安全的原则布置仪器。

（3）按回路接线法接线和查线。按线路图，从电源正极开始，经过一个回路，回到电源的负极。再从已接好的回路中某段分压的高电位点出发接下一个并联回路，然后回到低电位点，这样一个回路一个回路接线。查线也按回路查，接线时还要注意走线整齐美观。

（4）预置安全位置。在接通电源前，应检查电源、电表极性连接是否正确，量程是否正确，电阻箱数值是否正确，变阻器的滑动位置是否正确等，直到一切调整好，再请教师复查，经同意后，再接上电源。

（5）接通电源要做瞬态试验。先试通电源，及时根据仪表示数等现象判断有无异常。若有异常，应立即断电进行检查。若情况正常才可以正式开始实验。

（6）实验因故中断或暂停（如更换线路的某一部分或改变电表量程等），都必须断开电源开关。实验中发生事故或非常现象，应立即切断电源，并向教师报告。

（7）不管电路中有无高压，要养成避免用手或身体接触电路中导体的习惯。

（8）实验完毕，应断开电源开关，将实验数据给教师检查，认为合格后，方可拔去电源，拆除线路，并整理好仪器。

1.5　光学实验常规

光学实验和力学、电学实验相比，有它自己的特点，主要是实验学习和理论学习联系得更加紧密。实验中出现的各种现象、操作中的许多步骤都需要联系理论来指导，如果不弄清原理，盲目的操作只能是事倍功半，甚至得不到实验结果，所以希望大家加强预习。另外，课堂讲解的内容也只有通过实际观察、测量、联系实验现象才能有较透彻的理解。

做光学实验时，为了安全使用光学元件和仪器，必须遵守以下操作规则。

（1）必须在了解仪器的使用方法和操作要求以后，才能使用仪器。

（2）轻拿轻放，耐心细致，不能强拧硬扳，更不能随意拆卸仪器。对仪器各可动机械部分，如旋钮、狭缝、刻度盘、转台等，必须要先弄清其作用后再开始操作。

（3）光学元件很多是由玻璃制成的，如透镜、反射镜、棱镜、光栅等。使用时切忌用手触摸元件的光学表面，光学表面是经精细抛光的，应保持清洁和干燥。如必须用手拿光学元件时，只能接触其磨砂面，如透镜的边缘，棱镜的上、下底面等（图 1-5-1）。

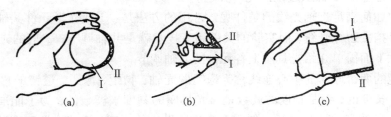

图 1-5-1　手持光学元件的方式
Ⅰ—光学面；Ⅱ—磨砂面

（4）在暗室工作时，关灯前应牢记仪器用具的位置。在黑暗环境中拿取仪器或用具时，应将手贴着桌面缓缓移动，以免碰落仪器或用具。

（5）仪器表面上如有灰尘，应用实验室专备的干燥脱脂棉轻轻拭去或用橡皮球吹掉。

（6）仪器表面上若有轻微的污痕或指印，可用清洁的镜头纸轻轻拂去，不能加压擦拭，更不能用手帕、普通纸片、衣服等擦拭。光学表面的严重污痕、指印等，应由专业实验人员用乙醚、丙酮或酒精清洗。所有镀膜光学表面均不能接触或擦拭。

（7）防止唾液或其他溶液溅落在光学仪器表面上。

（8）仪器用毕，应放回箱（盒）内或加罩，防止灰尘污染。

（9）使用激光做光源时，勿使激光直接射入眼睛，以防损伤视网膜。

1.6　透镜成像规律

透镜是组成各种光学仪器的基本光学元件，掌握透镜的成像规律，学会光路的分析和调节技术，对于了解光学仪器的构造和正确使用是有益的。在物理课中，将透镜当做薄透镜来处理，因此，实验结果与理论计算结果是有一定出入的。

薄透镜是指透镜中心厚度 d 比透镜焦距 f 小得多的透镜。透镜分为两大类：一类是凸透镜，对光线起汇聚作用，所以也叫汇聚透镜；另一类是凹透镜，对光线起发散作用，也叫发散透镜。

在近轴条件下对薄透镜成像规律，我们常用下面的公式来分析：

$$\frac{1}{u} = \frac{1}{v} = \frac{1}{f} \qquad\qquad (1-6-1)$$

$$\beta = \frac{y'}{y} = -\frac{v}{u} \qquad\qquad (1-6-2)$$

式中各量的意义及它们的符号规则如下：

u：物距，实物为正，虚物为负；

v：像距，实像为正，虚像为负；

f：焦距，凸透镜为正，凹透镜为负；

β：线放大率；

y、y'：物、像的大小，光轴之上为正，光轴之下为负。

式（1-6-1）、式（1-6-2）成立的条件是光线靠近光轴并且与光轴的夹角很小，即所谓的近轴光线，这时 u、v 都从透镜的光心算起。

在实验中如何满足近轴光线的条件呢？常用的方法是：①使光学元件共轴；②在透镜之前加一光阑以挡去边缘光线，而实验的关键调节技术就是共轴调节，一般的光学实验都在光具座上进行。下面简单介绍光具座上各元件的共轴调节。

构成透镜的两个球面的中心连线称为透镜的光轴；物距、像距、透镜的移动距离等都是沿光轴计算其长度的，但是长度的读数是靠光具座的刻度来读数的，为了能准确测量，透镜的光轴应该与光具座的导轨平行。如用多个透镜做实验，各个透镜应调到有共同的光轴，且光轴与导轨平行。调节方法如下：

（1）粗调：夹好透镜、物、屏后，先将它们靠拢，调节高低、左右，使光源、物的中心、透镜的中心，屏幕中央大致在一条与导轨平行的直线上，并使物、透镜、屏的平面互相平行并且垂直于导轨。

（2）细调：依靠成像规律或其他仪器来调节。例如，利用位移法测量凸透镜焦距的实验中（$f = \dfrac{A^2 - l^2}{4A}$），如果物的中心偏离透镜的光轴，那么在移动透镜的过程中，像的中心位置会变，即大像和小像的中心不重合，这时可根据像偏移的方向，调整物的中心。

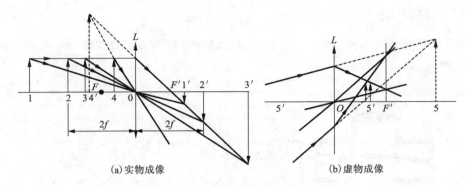

(a)实物成像　　　　　　　　　　　　　　　(b)虚物成像

图 1 - 6 - 1　薄透镜成像光路图

薄透镜成像规律可用光路图表示，如图 1 - 6 - 1 所示。图中实线箭头表示实物或实像，虚线箭头表示虚物或虚像；带撇的数字表示像的编号，不带撇的数字表示物的编号。

由图 1 - 6 - 1 可以看出物距及物的性质变化时相应的像距及像的性质的变化规律，读者可以自己总结，填好表 1 - 6 - 1。

表 1 - 6 - 1　薄透镜成像规律

物的位置	成像范围	放大或缩小	正立或倒立
$u > 2f$			
$u = 2f$			
$f < u < 2f$			

1.7　常用光学仪器

光学实验中常常接触到测微目镜、读数显微镜、望远镜、激光器、分光计、迈克尔逊干涉仪等仪器。分光计、迈克尔逊干涉仪本教材有专门的实验，读者可参阅。现在分别介绍其他几种光学仪器的性质和使用方法。

1.7.1　消除视差

物理实验中调节望远镜、读数显微镜等都有视差问题，在调节过程中可以采用下面的方法来消除它们的视差。

先旋动目镜，使分划板上的刻度成像最清晰(分划板刻度有多种形状，如十字叉丝，本字线，x、y 坐标轴等）；然后调节物镜与被测物体之间的距离（对显微镜），或改变物镜与分划板（包括目镜）之间的距离（对望远镜），使从目镜中观察到的被测物体成像最清晰，应反复微调物镜与目镜，直到眼睛上下、左右晃动时分划板的刻度像与物体的像之间无相对运动，这时就消除了视差。消除了视差的物体的像与分划板是重合的，均在目镜的物方焦平面附近，其确切的位置因人的眼睛而异。实验中消除视差是测量前不可缺少的操作步骤。

1.7.2　测微目镜

测微目镜是测量微小长度的仪器，在实验室的许多仪器上都有这样一个部件，如读数显微镜等。

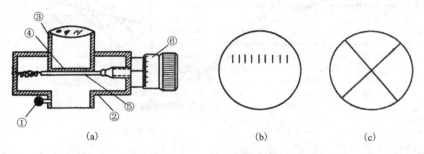

图 1-7-1　测微目镜

1. 仪器结构

测微目镜种类很多，常见的有丝杆式测微目镜，如图 1-7-1(a) 所示。其中①是紧固螺钉，②是壳体，③是目镜管（目镜就安装在其末端），④是固定分划板，⑤是活动分划板，⑥是读数鼓轮。固定分划板、活动分划板分别由图 1-7-1(b)、图 1-7-1(c) 所示。固定分划板上每小格为 1 mm，共 8 格。活动分划板做平动，在视场中可以看到叉丝交点与两竖直的平行线在固定分划板的刻尺上移动。

2. 使用方法

(1) 安装测微目镜：旋松螺钉①后，装入目镜筒内，使目镜与测微目镜的端面相接触，然后拧紧螺钉①。

(2) 调节仪器的升降机构，在目镜视场中观察到清晰的像。

(3) 调节目镜，使活动分划板分划线清晰；再调节仪器的升降机构，使被测物在视场中重新清晰成像。

(4) 转动壳体，使分划板上的双刻线垂直于所测的方向。

(5) 读数：十字叉丝交点瞄准被测点，双刻线在固定分划板刻线尺上的读数，再加上读数鼓轮（分度值为 0.01 mm）上的读数，就是十字叉丝交点坐标 x_i，则被测物长 $l = |x_i - x_{i-1}|$。

注意：在记录 x_i 的过程中手轮只能向一个方向旋转，否则将产生回程误差。

1.7.3　读数显微镜

读数显微镜在物理实验室常被用来完成下列测试工作：

(1) 既可测量长度，也可作低倍放大镜使用，如测直径、线宽等。

（2）配备测微目镜和物方测微器，还可测量显微镜的放大率和平板玻璃的折射率。

（3）根据需要用作其他测试、观察装置。

实验室中常见的读数显微镜有两种型号，一种是 JCD_3 型，另一种是 JCD_2 型。JCD_2 型的仪器结构与 JCD_3 型差不多，详细介绍安排在牛顿环实验中。本节重点介绍 JCD_3 型读数显微镜的仪器结构与使用方法。

1. 仪器结构

JCD_3 型读数显微镜的镜结构如图 1 – 7 – 2 所示，其中半反射镜组是专为牛顿环实验配备的。

2. 使用方法

（1）调节反光镜，照亮目镜视场；调节光源，使目镜视场明亮均匀。

（2）旋转棱镜，使目镜处于最佳观察方位。

（3）旋转目镜，使分划线清晰，并清除视差（在目镜前移动眼睛，分划线没有分开的现象）。

（4）从下而上地使镜筒移动，直到从目镜中观察到被测物清晰的像为止。

（5）调节被测物位置，便于目镜内的纵向叉丝平移过程中的测量。

（6）转动测微鼓轮，记录读数。测微鼓轮转动的方向应保持同一方向，否则会引入回程误差。

（7）读数方法：毫米以上的整数在标尺上读出，毫米以下的小数在测微鼓轮上读出，两数之和即为纵叉丝的位置坐标。仪器读数精度为 0.01 mm。

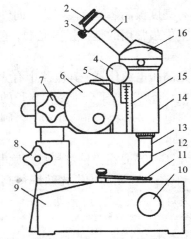

图 1 – 7 – 2　读数显微镜正视图

1—目镜接筒；2—目镜；3—锁紧螺钉；4—调焦手轮；
5—标尺；6—测微鼓轮；7—锁紧手轮Ⅰ；8—锁紧手轮Ⅱ；
9—底座；10—反光镜旋轮；11—压片；12—半反射镜组；
13—物镜组；14—镜筒；15—刻度尺；16—棱镜室

1.7.4　望远镜

能使入射的平行光仍然保持平行射出的光学系统，称为望远镜系统或望远镜。

最简单的望远镜由物镜和目镜两部分组成，如图 1 – 7 – 3 所示。显然，物镜的像方焦点应与目镜的物方焦点重合，其光学间距 $\Delta = 0$。望远镜的放大率 $\mu = f_1'/f_2$，f_1' 为物镜的像方焦距，f_2 为目镜的物方焦距。要提高望远镜的放大倍数，应增大它的物镜焦距，但因受到分辨率及像差等因素的约束，其放大倍数不能无限增大。

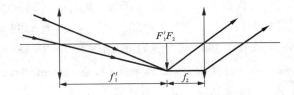

图 1 – 7 – 3　望远镜原理图

望远镜在物理实验中应用广泛。使用时，先旋动目镜，使目镜中分划板十字叉丝线的像清晰；然后就是调焦，调整物镜与目镜的相对距离，使物镜的第二焦点与目镜的第一焦点重合。调焦可以通过转动调焦手轮或伸缩目镜，或者采用较精细的自准法等。

1.8　实验室常见光源

1. 激光器

激光器是利用受激辐射原理，使光在某些激发的物质中放大并发射。按被激发的物质分类，它可以分为固体(红宝石、玻璃、钇铝石榴石等)、气体(氦、氖、氩、二氧化碳等)、半导体和液体等。

激光具有亮度极高、单色性好、方向性极好的特点，而且空间相干性、时间相干性都很高。在实验室中最常用的是氦氖激光器，它的频率很稳定，功率为 mW 数量级，辐射波长为 6 328.0 Å。

激光器是高压电源仪器，其电路中有大容量的电容器，所以激光器断电后，必须使其输出端短路放电，否则，高压会维持相当长的时间，有造成触电的危险。

激光管通电前务必搞清正、负极，否则接通电源后会损坏管子。

2. 低压钠灯

低压钠灯(Gp20Na)是由钠蒸气弧光放电发光。在可见光部分有两条较强的谱线：5 896 Å 及 5 890 Å。它是单色光源中发光效率很高的一种。灯管配有镇流器，从点燃到正常工作约需 10 min，关灯后待冷却方可移动。

3. 水银灯

水银灯是一种水银蒸气放电光源，在可见光范围内的光谱成分是几条分离的强谱线：6 123.5、5790.7、5 769.6、4 916.0、4 358.3、4046.8、3650.2(单位为 Å)。水银灯管要求与一扼流圈串接，以限制电流的急剧增长，防止烧坏灯管。水银灯点燃后如突然断电，灯管仍然发烫，如又立即接通电源常常不能点燃，要等灯管冷却到一定程度之后才能点燃，一般约需 10 min 左右。

水银灯辐射紫外线较强，为防止眼睛受伤，不要直视水银灯。

习　题

1. 指出下列各数是几位有效数字。

(1)0.002　　　　　　(2)1.002　　　　　　(3)1.00

(4)981.120　　　　　(5)500　　　　　　　(6)38×10^4

(7)0.001 350　　　　(8)1.6×10^{-3}　　　(9)π

2. 某一长度为 $L = 3.58$ mm，试用 cm、m、km、μm 为单位表示其结果。

3. 用有效数字运算规则求以下结果。

(1)57.34 - 3.574　　　　　　　　(2)6.245 + 101

(3)403 + 2.56×10^3　　　　　　　(4)4.06×10^3 - 175

(5)3 572 $\times \pi$　　　　　　　　　(6)4.143 $\times$ 0.150

(7)$36 \times 10^3 \times 0.175$　　　　　(8)$2.6^2 \times 5 326$

(9) $24.3 \div 0.1$

(10) $\dfrac{8.042\ 1}{6.038 - 6.034}$

4. 确定下列各结果的有效数字位数。

(1) $\sin 30°10'$

(2) $\cos 48°06'$

(3) $\sqrt[3]{278}$

(4) $318^{0.6}$

(5) $\lg 1.984$

(6) $\ln 4\ 562$

5. 以下是一组测量数据，单位为 mm，请用函数计算器计算算术平均值与标准偏差。

12.314, 12.321, 12.317, 12.330, 12.309, 12.328, 12.331, 12.320, 12.318

6. 用精密天平称一物体的质量，共称 10 次，其结果为：$m_i = 3.612\ 7$, $3.612\ 5$, $3.612\ 2$, $3.612\ 1$, $3.612\ 0$, $3.612\ 6$, $3.612\ 5$, $3.612\ 3$, $3.612\ 4$, $3.612\ 4$ g，试计算 m 的算术平均值与标准偏差，若该测量的 B 类不确定度为 $\Delta_B = 0.10$ mg，试计算 m 的不确定度。

7. 将下面错误的式子选出来并改正。

(1) $l = 3.586 \pm 0.10$ （mm）

(2) $P = 31\ 690 \pm 200$ （kg）

(3) $d = 10.43 \pm 0.13$

(4) $t = 18.547 \pm 0.312$ （s）

(5) $R = 6\ 371\ 000 \pm 2\ 000$ （km）

8. 计算 $\rho = \dfrac{4M}{\pi D^2 H}$ 的结果及不确定度 Δ_ρ，并分析直接测量值 M、D、H 的不确定度对间接测量值 ρ 的影响（提示：分析间接测量不确定度合成公式中哪一项影响大），其中 $M = (236.124 \pm 0.002)$ g，$D = (2.345 \pm 0.005)$ cm，$H = (8.21 \pm 0.01)$ cm。写出 ρ 的结果表达式。

9. 使用电表时应该注意什么？

10. 做光学实验时，应遵守哪些操作细则？

第 2 章　基础训练实验

实验 1　基本测量

一、长度测量

长度是基本的物理量之一。测量长度的仪器和量具，不仅在生产过程和科学实验中被广泛使用，而且有关长度测量的方法、原理和技术，在其他物理量测量中也具有普遍意义。因为许多其他物理量的测量(如温度计、压力表以及各种指针式电表的示值)，最终都是转化为长度(刻度)而进行读数的。

常用的长度测量仪器有米尺、游标卡尺、千分尺和读数显微镜等。表征这些仪器主要规格的量有量程和分度值等。量程表示仪器的测量范围；分度值表示仪器所能准确读出的最小数值，习惯称为精度。在工程技术和科学研究中，经常需要测量不同精度要求的长度，应针对不同要求选择不同长度的测量仪器。本实验我们练习如何正确使用游标卡尺和千分尺。

(一)实验要求

(1)了解游标的刻度和螺旋测微原理。
(2)熟练掌握游标卡尺和千分尺的读数方法，必须一次读出所测数据。经过计算才能得到结果者，不能算作会读数，也就没有达到起码要求。
(3)练习有效数字和不确定度的计算。

(二)实验目的

(1)用游标卡尺测圆柱体的体积。
(2)用千分尺测钢球的体积。

(三)实验仪器与用具

游标卡尺，千分尺，圆柱体与小钢球等。
下面对游标卡尺和千分尺的构造和读数原理进行介绍。

1. 游标卡尺

由于米尺的分度值(1 mm)不够小，常不能满足测量精度的需要。若要把米尺估读的那一位数值准确地读出来，可在尺身(即米尺)旁加一把游标而构成游标卡尺。游标卡尺有几种规格，一般按分度值的大小来区分，大致有 0.1 mm、0.05 mm 和 0.02 mm 等。

（1）结构

游标卡尺结构如图 2 - 1 - 1 所示，它主要由尺身和游标两部分构成。尺身为一根普通的钢质米尺，其最小刻度为 1 mm，其上连有量爪 A 和 A′。游标可紧贴尺身滑动，游标上也有刻度线，连有量爪 B、B′ 和深度尺 C。AB 构成外量爪，可以测量直径、长度和高度等；A′B′ 构成内量爪，可以测量内径；深度尺 C 可以测量深度；螺钉 F 用于固定游标。

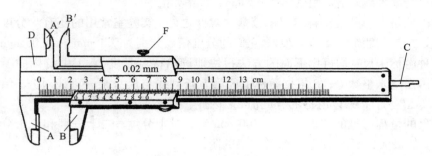

图 2 - 1 - 1　游标卡尺

（2）游标卡尺的读数原理

游标卡尺在构造上的主要特点是：游标上总共有 n 个分格，其长度与尺身上的 $(n-1)$ 个分格的长度相等。若用 x 代表游标上一个分格的长度，用 y 代表尺身上一个分格的长度，则有：

$$nx = (n-1)y \qquad\qquad (2-1-1)$$

那么，尺身和游标上每一分格长度的差为：

$$\delta = y - x = \frac{1}{n}y \qquad\qquad (2-1-2)$$

这一差值是游标卡尺能读准的最小数值，即游标卡尺的分度值。

下面以实验室常用的五十分度游标（即 $n=50$）为例来说明游标卡尺的读数原理。如图 2 - 1 - 2 所示，这种卡尺的游标上有 50 个小分格，其长度正好与尺身上 49 个小格的长度相等，即正好为 49 mm。由于尺身一个分格的长度 y 为 1 mm，故由式（2 - 1 - 2）知，$\delta = 0.02$ mm，即游标上每小格的长度比尺身上每小格的长度短 0.02 mm。

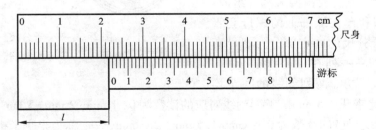

图 2 - 1 - 2　游标卡尺的读数

在测量时，当待测物体用量爪卡紧后，它的长度就是尺身与游标上两条零刻线之间的距离 l，具体数值则由游标上零刻线的位置读出。这一数值包括两部分，其中以毫米为单位的

整数部分 l' 可以从游标零刻线左边尺身上的刻线读出。图 2-1-2 所示的情况，$l'=21$ mm，至于第 21 mm 刻线与游标零刻线间的小数部分 Δl 则从游标上读出，这时应看游标上哪一条刻线与尺身上的刻线对齐，图中是游标上第 36 条刻线与尺身上某一刻线对齐。从这一位置起，尺身和游标各往左数 36 小格，它们的长度差就是 Δl，显然 $\Delta l = 36 \times \delta = 0.72$ mm。所以，测量结果是 $l = l' + \Delta l = 21.72$ mm。为了便于直接读数，在游标上刻有 0，1，2，3…标度。假设游标上标有"4"的刻线与尺身上某一刻线对齐，则可直接读出 $\Delta l = 0.40$ mm；若再往右边的一条线与尺身某刻线对齐，则 $\Delta l = 0.42$ mm，如此类推。

以上讨论的是五十分度游标卡尺的读数。除此之外，实验室常用的还有十分度游标卡尺（$n = 10$）以及二十分度游标尺（$n = 20$），它们的分度值 δ 分别为 0.1 mm 和 0.05 mm。

无论哪种游标卡尺，均可用下面的方法很快地读出待测长度 l：①由游标的零刻线的位置在尺身上读出毫米整数 l'；②根据游标上的第 k 条刻线与尺身某一刻线对齐，给出毫米以下的读数 Δl，Δl 等于 k 乘以游标的分度值 δ。因此，测量值 $l = l' + k\delta$。

游标卡尺的量程常见的有 125 mm、300 mm 等，对十分度、二十分度和五十分度游标卡尺，仪器示值的最大（极限）误差可参考本书的附录。

（3）使用方法和注意事项

①检测零点。在用游标卡尺测量之前，先应把量爪 A、B 合拢，检查游标的零刻线是否与尺身的零刻线对齐。如果不能对齐，应记下零点读数，即"测量值 l = 未做零点修正的读数值 l_1 - 零点读数 l_0"，其中 l_0 可正可负。

②用游标卡尺卡住被测物体时，松紧要适度，以免损伤卡尺或被测物体。但需要把卡尺从被测物体上取下后才能读数时，一定要先把固定螺钉拧紧。

③在测量时应卡正被测物体，测环或孔的内径，要找到最大值，否则会增大测量误差。

④卡尺在使用时严禁磕碰，以免损坏量爪或深度尺。若长期不用时，应涂以脱水黄油，置于避光干燥处封存。

2. 千分尺

（1）结构

千分尺是一种比游标卡尺更精密的长度测量仪器，常用于测量较小的长度，如金属丝的直径、薄板的厚度等。其结构如图 2-1-3 所示。它主要由两大部分组成：其中尺架、测砧和套在螺杆上的螺母套管连在一起构成千分尺的固定部分。螺母套管上有两列刻线：一列在中心线的上方，另一列在中心线下方，两列刻线的间距均

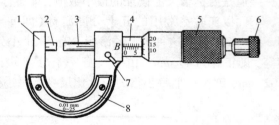

图 2-1-3　千分尺

1—尺架；2—测砧；3—测微螺杆；4—螺母套管；
5—微分筒；6—棘轮；7—锁紧手柄；8—绝热板

为 1 mm，但彼此错开 0.5 mm。下列刻线对应的读数为 0，1 mm，2 mm，3 mm，…，称为毫米指示线；上列刻线对应的读数为 0.5 mm，1.5 mm，2.5 mm，…，称为半毫米指示线。也有千分尺毫米指示线在上方，半毫米指示线在下方的。另一部分为活动部分，它包括测微螺杆、微分筒和尾部的棘轮。转动棘轮可带动微分筒转动，从而使测微螺杆沿轴前进或后退。在前进方向受阻（已卡住被测物）时，若继续旋进棘轮，测微螺杆不再前进，并发出"咔咔"的响声，示意测砧与测微螺杆间的两测量面与被测物已适当接触。图 2-1-3 中 7 为锁紧手柄，

用来固定两测量面间的距离。

（2）测微原理

微分筒的边缘被分成 50 等份，当微分筒旋转 1 周时，测微螺杆就沿轴向运动 0.5 mm（即一个螺距）。显然，微分筒每旋转一小格，测微螺杆运动 0.5 mm/50 = 0.01 mm，这就是千分尺的最小分度值。可见，利用测微螺旋装置后，使测砧与测微螺杆间的长度可以量准到 0.01 mm，再加上对最小分度的 1/10 估读，故可读到毫米的千分位。

实验室常用千分尺的量程为 25 mm，分度值为 0.01 mm，仪器的示值极限误差见附录。

（3）千分尺的读数方法

测量物体长度时，应轻轻转动棘轮，使两测量面与待测物接触，当听到"咔咔"响声即可读数。设此时各指示线的位置如图 2 - 1 - 4(a) 所示，读数顺序如下：先根据微分筒边缘线读出螺母套管上毫米与半毫米的读数 $l' = 3$ mm；再根据螺母套管中心线读出微分筒上 0.5 mm 以内的读估值 $\Delta l = 0.185$ mm；其中最后一位"5"是估计读数，则最后结果为 $l = l' + \Delta l = 3.185$ mm。当然，实际记录时不要写出上述中间过程，而应直接写出最后结果。

关于千分尺的读数有两点必须注意：①要特别留心微分筒边缘线是否过了半毫米指示线。如图 2 - 1 - 4(b) 中，不应读作 3.185 mm，而应读作 3.685 mm，因微分筒边缘线已过了半毫米线。②当微分筒的边缘线压在螺母套管上的某一刻线上时，应根据微分筒的读数来判断它是否超过螺母套管的这一刻线。如图 2 - 1 - 4(c) 中，不应读作 2.479 mm，而应读作 1.979 mm。因为通过微分筒的读数可以判断微分筒的边缘线实际上并未超过螺母套管的 2 mm 指示线，即螺母套管读数 l' 应读出 1.5 mm。

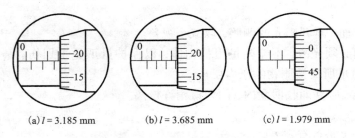

(a) $l = 3.185$ mm　　　(b) $l = 3.685$ mm　　　(c) $l = 1.979$ mm

图 2 - 1 - 4　千分尺的读数

（4）使用方法和注意事项

①检查零点。在用千分尺测量前，先缓慢旋转棘轮，直到听到"咔咔"响声，表明测微螺杆和测砧已直接接触。此时，微分筒上的零线应与螺母套管的中心线正好对齐。如果不能对齐，就应记下零点读数。显然，测量值 l = 读数值 l_1 - 零点读数 l_0，其中 l_0 可正可负。图 2 - 1 - 5 所示为两个零点读数的例子。

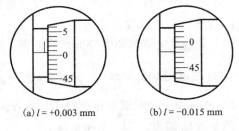

(a) $l = +0.003$ mm　　　(b) $l = -0.015$ mm

图 2 - 1 - 5　千分尺的零点读数

②测微螺杆接近待测物（或测砧）时不要直接旋转微分筒，而应慢慢旋转棘轮，以免测量压力过大而使测微螺杆的螺纹发生形变。

③测量完毕后，两测量面间应预留有不小于 0.5 mm 的间隙，以免受热膨胀时使测微螺

杆的精密螺纹受损。

　　④千分尺长期不用时，应在易锈表面涂以脱水黄油，置于避光干燥处封存。

（四）预习思考题

　　（1）如何正确使用游标卡尺，怎样处理其零差？

　　（2）用千分尺测量物体，当测微螺杆即将接触到被测物时，应调节何部件？使用完毕后，千分尺应保持何状态？怎样用千分尺的零差来修正读数？

（五）实验原理

　　（1）用游标卡尺测出圆柱的外径 D、高度 H，则它的体积为：

$$V = \frac{\pi}{4} D^2 H$$

　　（2）用千分尺测出小钢球的直径 D，则它的体积为：

$$V = \frac{\pi}{6} D^3$$

（六）实验内容、操作步骤及注意事项

1. 游标卡尺

　　（1）松开固定螺丝 F，检查是否有零差。

　　（2）测量圆柱体的直径和高度。

注意：

　　（1）要正视尺面，避开阳光的侧照，以减小视差。

　　（2）被测表面必须光滑，不能测量粗糙物体，以保护量爪免于划伤、磨损。不许被测物在量爪内移动，量爪所夹被测物的压力要小。

　　（3）使用完毕，应立即收回盒内，两刀口稍许松离。

2. 千分尺

　　（1）检查千分尺是否有零差。

　　（2）用千分尺测小钢球的直径。

注意：

　　（1）测微螺杆接近待测物时，不要直接旋转微分筒，而应旋转棘轮，以免测量压力过大，致使测微螺杆上的螺纹发生形变。

　　（2）用完后应使测微螺杆间留有间隙，避免因热膨胀而损坏螺纹，并立即放回盒内。

（七）数据记录及处理

1. 用游标卡尺测圆柱体直径 D、高 H，并计算体积

数据表格如表 2-1-1 所示。

零点读数（D_0、H_0）：

仪器误差：

表 2 − 1 − 1 数据表格

测量次数	直径 D/cm		高 H/cm	
	D_i	$D_i - \overline{D}$	H_i	$H_i - \overline{D}$
1				
2				
3				
4				
5				
平均	$\overline{D} =$	/	$\overline{H}$	/

$$S_{\overline{D}} = \sqrt{\dfrac{\sum\limits_{i=1}^{5}(D_i - \overline{D})^2}{5(5-1)}} = \underline{\hspace{2cm}} \text{cm}$$

$$S_{\overline{H}} = \sqrt{\dfrac{\sum\limits_{i=1}^{5}(H_i - \overline{H})^2}{5(5-1)}} = \underline{\hspace{2cm}} \text{cm}$$

$$\Delta_D = \sqrt{S_{\overline{D}}^2 + \dfrac{\Delta_{仪}^2}{3}} = \underline{\hspace{2cm}} \text{cm}$$

$$\Delta_H = \sqrt{S_{\overline{H}}^2 + \dfrac{\Delta_{仪}^2}{3}} = \underline{\hspace{2cm}} \text{cm}$$

$$V = \dfrac{1}{4}\pi(\overline{D} - D_0)^2(\overline{H} - H_0) = \underline{\hspace{2cm}} \text{cm}^3$$

$$E_V = \dfrac{\Delta_V}{V} = \sqrt{\left(\dfrac{\Delta_H}{H}\right) + 4\left(\dfrac{\Delta_D}{D}\right)^2} = \underline{\hspace{2cm}}$$

$$\Delta_V = VE_V = \underline{\hspace{2cm}} \text{cm}^3$$

$$V = V \pm 1.96\Delta_V = \underline{\hspace{2cm}} \text{cm}^3$$

2. 用千分尺测小钢球的直径 D 并计算体积

数据表格如表 2 − 1 − 2 所示。

零点读数 D_0：

仪器误差：

表 2 − 1 − 2 数据表格

测量次数	直径 D/cm	
	D_i	$D_i - \overline{D}$
1		
2		
3		
4		
5		
平均	$\overline{D}$	/

$$S_{\overline{D}} = \sqrt{\frac{\sum\limits_{i=1}^{5}(D_i - \overline{D})^2}{5(5-1)}} = \underline{\hspace{3cm}} \text{ mm}$$

$$\Delta_D = \sqrt{S_{\overline{D}}^2 + \frac{\Delta_{仪}^2}{3}} = \underline{\hspace{3cm}} \text{ mm}$$

$$V = \frac{1}{6}\pi(\overline{D} - D_0)^3 = \underline{\hspace{3cm}} \text{ mm}^3$$

$$E_V = \frac{\Delta_V}{V} = 3\frac{\Delta_D}{D} = \underline{\hspace{3cm}}$$

$$\Delta_V = VE_V = \underline{\hspace{3cm}} \text{ mm}^3$$

$$V = V \pm 1.96\Delta_V = \underline{\hspace{3cm}} \text{ mm}^3$$

(八)思考题

(1)在长度的基本测量中,对读数位数的取法有何要求?

(2)游标卡尺与千分尺是用什么方法来提高仪器精度的?

(3)欲测一个约为 1 mm 微小长度,若用米尺、游标尺、千分尺测量,可分别读出几位有效数字?

(4)怎样测圆柱体的密度?

二、物体密度的测量

(一)实验要求

(1)学习使用物理天平。

(2)掌握测量规则物体密度的方法。

(3)掌握用流体静力称衡法测量不规则物体的密度和液体密度。

(二)实验目的

测量物体的密度。

(三)实验仪器及用具

物理天平,待测物体,游标卡尺,螺旋测微计,烧杯,温度计,玻璃棒,镊子等。
以下为物理天平的构造原理与使用方法。

1. 构造原理

物理天平的实质是一个等臂杠杆。其构造如图 2-1-6 所示,主要由底座、支柱和横梁 3 大部分组成。

底座上有调节水平的调节螺母和水准仪。支柱在底座的中央,内附有升降杆,通过启动旋钮能使升降杆上的横梁上升或下降,支柱下端附有标尺。横梁上装有 3 个刀口,中间主刀口置于支柱顶端的玛瑙垫上，作为横梁的支点，两侧刀口各悬挂一个秤盘；横梁下端中部固定一指针，升起横梁时，指针尖端在支柱下方标尺前摆动；启动旋钮使横梁下降时有制动架托住，以免损伤刀口；横梁两端有平衡螺母，为空载调节平衡时用；横梁上装有游码，用于 1.00 g 以下的称衡；支柱左方装有烧杯托盘，可托住不被称衡的物体。

物理天平的规格由两个参量表示：

（1）感量

它是指天平平衡时，使指针偏转 1 分格，在一端所增加的质量。感量越小，天平的灵敏度越高。常用物理天平的感量有 10 mg/分格、50 mg/分格。有时也用灵敏度表示天平的规格，它和感量互为倒数。感量为 10 mg/分格的天平，其灵敏度为 0.1 分格/mg。

（2）称量

它是指天平允许称衡的最大质量，常用的有 0～500 g 和 0～1 000 g 等。

物理天平均带有与其准确度相配套的一盒砝码。

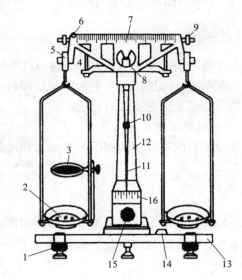

图 2－1－6　物理天平

1—调节螺母；2—秤盘；3—托架；4—支架；5—挂钩；
6—游码；7—游码标尺；8—刀口、刀垫；9—平衡螺母；
10—感量调节器；11—读数指针；12—支柱；
13—底座；14—水准仪；15—启动旋钮；16—指针标尺

2．使用方法

（1）调水平

使用前应调节底座调节螺母，直至水准仪显示水平，以保证支柱铅直。

（2）调零点

将横梁上副刀口调整好并将游码移至零点处，转动启动旋钮升起横梁，观察指针摆动情况。若指针在标尺中线左右对称摆动，说明天平零点已调好。若不对称应立即放下横梁，调节横梁两端的平衡螺母，再观察，直至调好为止。

（3）称衡

一般将物体放在左盘，砝码放在右盘，升起横梁观察平衡。若不平衡按操作程序反复增减砝码直至平衡为止。平衡时，砝码与游码读数之和即为物体的质量。

注意事项：

（1）应保持天平的干燥、清洁，尽可能放置在固定的实验台上，不宜经常搬动。

（2）称衡中使用启动旋钮要轻升轻放，切勿突然升起和放下，以免刀口撞击。被测物体和砝码应尽量放在托盘中央。

（3）被称物体的质量不能超过天平的称量。

（4）调节平衡螺母、加减砝码、更换被测物、移动游码时，必须将横梁放下。

（5）加减砝码、移动游码必须用砝码镊子，严禁用手直接操作。天平使用完毕，将横梁放下，砝码放入砝码盒，托盘架从副刀口取下置于横梁两端：

（6）天平台附件均标有数字序号，它们与天平应保持严格配套，绝对不允许随意更换。

（四）实验原理

密度是物质的基本特性之一，它与物质的纯度有关。对物体密度进行测量不仅为许多实验工作所需要，而且在工业上常用来做原料成分的分析和纯度的鉴定。因此，学会一些测量密度的方法是十分必要和有用的。

1. 规则物体密度的测量

单位体积的物体所具有的质量称为物质的密度。若一物体的质量为 m，体积为 V，则其密度为：

$$\rho = \frac{m}{V} \tag{2-1-3}$$

当物体是一个形状简单并且规整的固体时，可以测量其外形尺寸，计算其体积，用天平测出质量，就可以得到密度。如果物体是一个直径为 d，高度为 h 的圆柱体，其密度可表示为：

$$\rho = \frac{4m}{\pi d^2 h} \tag{2-1-4}$$

2. 不规则的物体密度的测量

对于形状不规则的物体，采用静力称衡法间接地测量体积 V。根据阿基米德原理，物体在液体中所受到的浮力，等于物体在空气中的质量 W 与物体浸没在液体中的视重 W_1 之差，即等于物体所排开的同体积的液体的质量：

$$W - W_1 = \rho_0 V g \tag{2-1-5}$$

考虑到 $W = mg$、$W_1 = m_1 g$，所以式（2-1-5）可写为：

$$V = \frac{m - m_1}{\rho_0} \tag{2-1-6}$$

将 V 代入式（2-1-3）得到：

$$\rho = \frac{m}{m - m_1} \rho_0 \tag{2-1-7}$$

式中 m 和 m_1 是该物体在空气中和浸没在液体中称衡时相应的天平砝码质量，ρ_0 为液体密度（实验中 ρ_0 为水的密度）。

如果待测物体的密度小于水的密度，可以在物体上拴一个相对密度大于 1 的重物，然后使重物和待测物体一同浸没在水中进行称衡，如图 2-1-7（a）所示，此时相应的砝码质量为 m_2。再将待测物体提到水面之上，使重物仍然浸没在水中，再进行称衡，如图 2-1-7（b）所示，此时相应的砝码质量为 m_3，这样，待测物体在水中所受的浮力为 $F = (m_3 - m_2)g$，则物体密度：

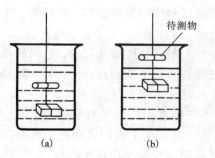

图 2-1-7　物体密度测量方法

$$\rho = \frac{m}{m_3 - m_2}\rho_0 \qquad\qquad (2-1-8)$$

3. 液体静力称衡法测液体密度

体积为 V 的重物在空气中称衡为 m，浸没在已知密度 ρ_0 的液体中（常采用水）称衡为 m_1，又将此重物再浸没在密度为 ρ' 的待测液体中称衡为 m'，则重物在待测液体中受到的浮力为 $(m-m')g$，此浮力等于 $\rho'gV$。考虑到 $(m-m')g = \rho_0 gV$，得待测液体的密度：

$$\rho' = \frac{m-m'}{m-m_1}\rho_0 \qquad\qquad (2-1-9)$$

（五）实验内容与步骤

1. 测一个圆柱体的密度

（1）调整、学习使用物理天平，称出圆柱体的质量 m。

（2）用螺旋测微计测圆柱体外径，在不同部位测量。

（3）用游标卡尺测圆柱体高度，在不同立位测量。

2. 用流体静力称衡法测不规则物体的密度

（1）称出物体在空气中的质量 m。

（2）盛有大半杯水的烧杯放在天平左边的托架上，将用细线挂在天平左边小钩上的物体浸没在水中，用玻璃棒除去物体上的气泡，称出物体在水中的质量 m_1。

3. 测密度小于水的不规则物体的密度（选做）

（1）称出物体在空气中的质量 m。

（2）按图 $2-1-7(a)$、图 $2-1-7(b)$ 称出 m_2 和 m_3。

4. 测液体密度（选做）

重复 2 中（1）和（2）步骤，然后把盛有待测液体的烧杯放在天平左边托架上，用吸水纸吸去物体上的水，把物体浸没在待测液体中，称出 m_1。

在实验过程中应适时地测量水的温度和室温，由附录查出在该温度下纯水的密度 ρ_0。

注意事项：

（1）使用天平一定要遵守天平的使用规则。

（2）待测物体悬在液体中称量时，切勿与杯壁或杯底接触，也不允许局部露出液面。

（3）物体浸没在液体中时，物体上的气泡必须清除干净。

（六）数据记录及处理

1. 测圆柱体密度

数据表格如表 $2-1-3$、表 $2-1-4$ 所示。

圆柱体的质量 $m = $ _____ ± _____ g。

表 $2-1-3$　数据表格

直径 $d/(\times 10^{-2}\text{ m})$									平均值 $\bar{d}$
上端			中端			下端			
d_1	d_2	d_3	d_4	d_5	d_6	d_7	d_8	d_9	

表 2 – 1 – 4   数据表格

高度 $h/(\times 10^{-2}$ m$)$					平均值 $\bar{h}$
h_1	h_2	h_3	h_4	h_5	

2. 测不规则物体密度

物体在空气中的质量 $m =$ _____ ± _____ g。

物体在水中的质量 $m_1 =$ _____ ± _____ g。

纯水温度 $t =$ _____ ℃。

纯水在 t ℃时的密度 $\rho_0 =$ _____ kg/m^3。

（七）思考题

（1）用物理天平称衡物体时能不能把物体放在右盘而把砝码放在左盘？天平启动时能不能加减砝码？能不能用手拿取砝码？

（2）测量密度用的水是不是应该使用蒸馏水？用刚从水龙头里放出来的自来水可以吗？挂物体的线是用棉线、尼龙线还是细钢丝好？

实验 2　万用表的使用

万用表亦称多用表，是把多量程的交、直流电流、电压以及欧姆表组合在一起的电工仪表。多用表种类繁多，基本上可分为两大类：指针式和数字显示式。

（一）实验要求

（1）初步了解万用表的结构和原理。
（2）掌握万用表的使用方法，特别是欧姆挡的使用方法。

（二）实验目的

（1）练习使用万用表。
（2）用万用表测电压和电阻。

（三）实验仪器及用具

500 型指针式万用表，直流电源，滑线变阻器，变压器，电阻和导线若干。

本实验中所采用的 500 型指针式万用表是一种高灵敏度、多量程携带式整流系仪表，它共有 24 个测量量限，能分别测量交、直流电压，直流电流、直流电阻及音频电平，适宜于无线电、电信及电工中的测量、维修之用。它主要由表头、转换开关、测量电路 3 部分组成。外形如图 2 - 2 - 1 所示。

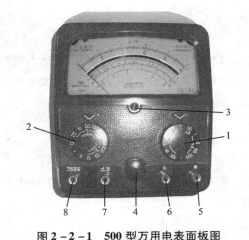

图 2 - 2 - 1　500 型万用电表面板图
1、2—电流、电压、电阻测量挡选择旋钮；
3—仪表指针零位调整器；4—电阻挡零位调整器；
5、6—测量表棒插孔；7—音频电平专用棒插孔；
8—交、直流 2 500 V 高电压专用插孔

使用方法如下：

（1）零位的调整：使用之前应注意指针是否指在零位；若不指在零位，应调整零位调节器使指针指零。

（2）直流电压测量：将测量杆红色短杆插在正插口，黑色短杆插在负插口，将选择旋钮旋至对应的位置上，即功能选择置于"$\underline{V}$"，量程选择到"$\underline{V}$"，并选择合适的量程。如果不能确定被测电压的大概值，应先将量程选择旋至最大量限上，根据电表指针的偏转情况，再选择合适的"$\underline{V}$"挡。

（3）交流电压测量：将功能选择置于"$\underline{V}$"，量程选择拨到"$\underline{V}$"，其余同（2）。除 10 V 挡用专业刻度 10 V 读数外，其余均用"≈"标记的刻度线读数。

（4）电阻测量：将功能选择置于"Ω"，量程选择拨到适当位置。先将测量杆两端短路，调节电位器（即电阻挡零位调整器）使指针在 0 Ω 位置上，再将测量杆分开，测量未知电阻值，用 Ω 标记的刻度线读数，被测值为读数乘以所选量程的数量级。为了提高测量的准确度，指针最好

指在中间一段刻度位置,即全刻度的20% ~80% 弧度。每次改变量程时,都要重新"校零"。

本仪表适合在室温 0 ~ 40℃,相对湿度为 85% 以下的环境中工作。主要性能如表 2 - 2 - 1 所示。

表 2 - 2 - 1　仪表主要性能参数

量程	测量范围	灵敏度	精密等级	基本误差
直流电压	0 ~ 2.5 V ~ 10 V ~ 50 V ~ 250 V ~ 500 V	20 kΩ/V	2.5	±2.5%
	2 500 V	4 kΩ/V	4.0	±4%
交流电压	0 ~ 10 V ~ 50 V ~ 250 V ~ 500 V	4 kΩ/V	4.0	±4%
	2 500 V	4 kΩ/V	5.0	±5%
直流电流	0 ~ 50 μA ~ 1 mA ~ 10 mA ~ 500 mA		2.5	±2.5%
电阻	0 ~ 2 kΩ ~ 20 kΩ ~ 200 kΩ ~ 2 MΩ ~ 20 MΩ	—	2.5	±2.5%
音频电平	− 10 ~ +22 dB	—	—	—

(四)预习思考题

(1)用万用表测电流时,应如何接入电路? 注意什么?
(2)用万用表测电阻时,应如何接入电路? 注意什么?

(五)实验原理

1. 直流电流挡

如图 2 - 2 - 2 所示,系采用闭路抽头转换式分流电路来改变电流的量程。测量电流从" + "、" − "两端进出,分流电阻与表头组成一闭合电流。改变转换开关的位置,就改变了分流器的电阻,从而也就改变了电流量程。

2. 直流电压挡

如图 2 - 2 - 3 所示,被测电压加在" + "、" − "两端。各分压电阻采用串联抽头方式,量程越大,分压器电阻也越大。

伏特计的内阻愈高,从被测电流取用的电流愈小,对被测电路的影响也就愈小。电表的灵敏度,就是用电表的总内阻除以电压量程来表明这一特征的。如 500 型万用表在直流电压 50 V 挡上,电表的总内阻为 1 000 kΩ,则该挡的灵敏度为 $\dfrac{1\ 000\ \text{kΩ}}{50\ \text{V}} = 20\ \text{kΩ/V}$。

3. 交流电压挡

如图 2 - 2 - 4,由于磁电式仪表只能测量直流,测量交流时,则必须附有整流元件,即图中的半导体二极管 D_1 和 D_2。二极管只允许一个方向的电流通过,反方向的电流不能通过。被测交流电压也是在" + "、" − "两端。在正半周时,设电流从" + "端流进,经二极管 D_1 部分电流经表头流出;在负半周时,电流直接经 D_2 从" + "端流出。可见,通过表头的是半波电流,读数应为该电流的平均值。为此表中有一交流调整电位器(图 2 - 2 - 4 中的 2.2 kΩ 电阻),用来改变表盘刻度。这样,指示读数便被拆换为正弦电压的有效值。至于量程的改变,则和测量直流电压时相同。R_1,R_2,…是分压器电阻。

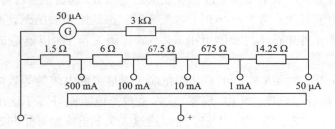

图 2 – 2 – 2　直流电流的测量

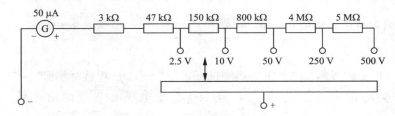

图 2 – 2 – 3　直流电压的测量

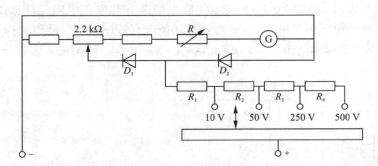

图 2 – 2 – 4　交流电压的测量

　　万用表交流电压挡的灵敏度一般比直流电压挡的低。500 型万用表的交流电压挡的灵敏度为 4 kΩ/V。

　　普通万用表只适合于测量频率为 45 ~ 1 000 Hz 的交流电压。

　　4. 直流电阻挡

　　当转换开关置于 Ω 挡时，多用表可用来测量电阻，它共有 ×1、×10、×100、×1k、×10k 五挡量程，测量结果用指针读数乘以所用倍率，即为被测电阻。欧姆计的原理线路如图 2 – 2 – 5 所示。根据全电路欧姆定律，有：

$$I_X = \frac{\varepsilon}{R_g + R' + R_X} \qquad (2-2-1)$$

由于 ε，R_g，R' 为定值，故：

$$I_X = f(R_X) \qquad (2-2-2)$$

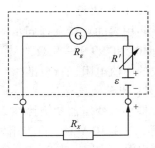

图 2 – 2 – 5　交流电压的测量

这样，只要将表头刻度盘电流读数改标成相应的电阻 R_x 的数值，就可用来测量电阻了，当 $R_x=0$ 时，通过电流最大；当 $R_x=\infty$ 时，电流为零。因此欧姆表的刻度同直流电流刻度方向是相反的。又由于工作电流 I 与被测电阻 R_x 不成比例关系，所以就造成了欧姆表的刻度不均匀的特点。

从图 2-2-5 分析，R_g+R' 实际上是从测量端子看进去的电表的等效内阻。将表棒短路调 R' 作"Ω 校正"即指针指满度，简称"校零"。如果被测电阻刚好等于这个电路的等效内阻时，电路的总电阻就比"校零"时增加 1 倍，所以通过表头的电流刚好是"校零"时的一半，即指针指在表面的正中，这就是表面的中心阻值，亦称为欧姆中心。因此，欧姆计的某挡总内阻即为该挡的欧姆刻度中心值。在设计和制作欧姆计时，它是一个关键数值。

（六）实验内容与注意事项

1．测量直流电压

按图 2-2-6 接好线路，将多用表功能选择置于"$\underline{\vee}$"，量程选择拨到"$\underline{\vee}$"，分别用 10 V 和 2.5 V 量程挡测量 U_{ab}，U_{bd}，U_{ad}，U_{bc} 及 U_{cd} 5 个电压并与理论值比较，将数据记入表 2-2-2 中。

2．测量电阻

如图 2-2-5 所示，将图 2-2-6 所示线路电源断开并取下电阻元件接线板（注意不能在不断电不拆线的情况下测量电阻）。将多用表功能选择置于"Ω"，量程选择用 ×100，×1k 和 ×10k 挡，分别测量标称值为 2k，24k 和 100k 的 3 个电阻，结果记入表 2-2-3 中。

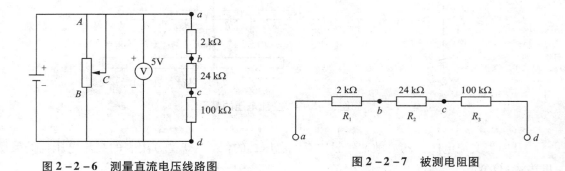

图 2-2-6　测量直流电压线路图　　　　　图 2-2-7　被测电阻图

3．校准欧姆计

多用表的功能选择同步骤 2，量程选择用 ×100 挡，将多用表的两测量棒分别与电阻箱上标有"0"和"99 999.9 Ω"字样的两接线柱连接，按表 2-2-4 中所列数据进行校准，并对该挡位的中值电阻进行校准。

4．测量交流电压

将小型变压器初级接在 220 V 交流电源上，多用表功能选择置于"$\underline{\vee}$"，量程选择拨到"$\underline{\vee}$"，并用 10 V 挡，将多用表两测量棒插入小型变压器次级输出的两插孔内，测出次级线圈的输出电压，记入表 2-2-5 中。

注意事项：

（1）多用表正在测量时，不能转动量程、功能转换旋钮，以免产生电弧烧坏开关触头。

（2）500 型万用表系采用左、右（即图 2－2－1 中 1，2）两只选择旋钮交替选择功能和量程，容易弄错，故使用时要小心、谨慎。若测量交流电压时选择旋钮选在"Ω"挡，就会立即烧坏仪表。

（3）电压、电流刻度在某些挡位需要折算，使用时要弄清楚其最小分度值表示的读数。

（4）测量电阻时，必须将被测电路中的电源切断，切勿带电测量电阻。

（5）使用交、直流 2 500 V̲ 量程进行测量时，应采用单手操作的方式进行，严防触电、电击事故发生。

（6）仪表用完后，应将选择旋钮 1，2 转到"·"位置上，使仪表测量偏转线圈短路，形成阻尼。

（七）数据记录及处理

表 2－2－2　直流电压的测量

测量对象	U_{ad}/Ω	U_{bd}/Ω	U_{cd}/Ω	U_{bc}/Ω	U_{ab}/Ω
多用表量程					
理论值					
测量值					

表 2－2－3　电阻的测量

测量对象	R_1/Ω	R_2/Ω	R_3/Ω
欧姆计量程			
标称值			
测量值			

表 2－2－4　校准欧姆计

欧姆计刻度/Ω	500	600	700	800	900	1 k	2 k	3 k	4 k
电阻箱的标称值/Ω									

中值电阻标称值 1 kΩ，电阻箱校准中值电阻值 = _____ kΩ。

表 2－2－5　交流电压的测量

变压器次级电压标称值/V					
测量值/V					

（八）思考题

（1）电表的等级如何确定？

（2）在测量电流和电阻时，应注意什么事项？

实验 3   示波器的调整与使用

阴极射线示波器，简称示波器，是常用的电子仪器之一。它可以将电压随时间变化的规律显示在荧光屏上，以便研究它。因此，一切可以转化为电压的电学量（如电流、电功率、阻抗等）、非电学量（如温度、位移、速度、压力、光强、磁场、频率等）以及它们随时间的变化过程，都可用示波器观察。由于电子射线惯性小，又能在荧光屏上显示出可见的图像，所以特别适用于观察测量瞬时变化过程。示波器是一种用途广泛的测量工具。

（一）实验要求

（1）掌握示波器显示波形的原理，并了解示波器的构造。
（2）学习使用示波器和信号发生器。

（二）实验目的

观察信号电压波形及测量其电压、频率和周期。

（三）实验仪器与器具

（1）YB4302 双踪示波器（见图 2-3-1）。

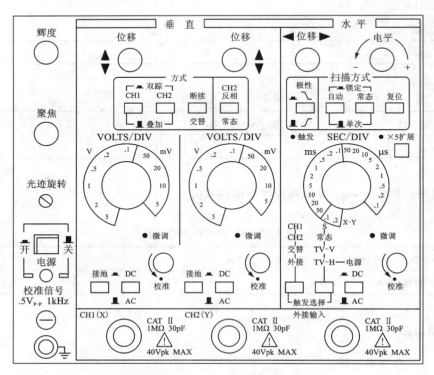

图 2-3-1   YB4302 双踪示波器

（2）探头。

（3）SP1642B 型函数信号发生器（见图 2 - 3 - 2）。

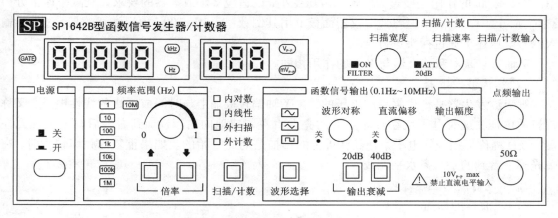

图 2 - 3 - 2　SP1642B 型函数信号发生器

（四）预习思考题

（1）荧光屏上所观察到的波形实际上是哪两个波形的合成？

（2）示波器显示完整稳定波形的充要条件是什么？

（五）实验原理

1. 示波器的结构

尽管示波器有各种不同的型号，但其基本结构都相同，都是由示波管、锯齿波发生器及 X、Y 轴电压放大器（包括衰减器）组成，如图 2 - 3 - 3 所示。示波管的结构和工作原理在电子的荷质比实验（参见本书实验 10）中有详细介绍，这里不再赘述。

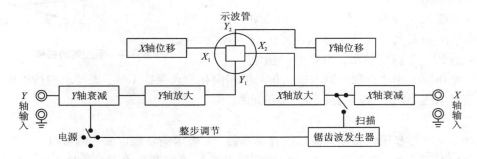

图 2 - 3 - 3　示波器基本结构组成

（1）电压放大器和衰减器

由于示波管本身的 X 及 Y 轴偏转板的灵敏度不高，当加于偏转板的信号电压较小时，电子束不能发生足够的偏转，以至屏上光点位移过小，不便观测，这就要求我们预先把小的信号电压加以放大再加到偏转板上。为此，设置 X 轴和 Y 轴的电压放大器。

从"Y 轴输入"与"地"两端接入的输入电压，经 Y 轴衰减器衰减后，作用于"Y 轴放大器"

（也称增幅器）。经放大后与"Y 轴位移"一起作用于 $Y_1 - Y_2$ 两偏转板，能使示波管屏上光点位移增大。

"衰减器"的作用是使过大的输入电压变小，以适应 Y 轴放大器的要求。衰减率通常分为 3 挡：1、1/10、1/100，但习惯上仪器面板上用其倒数：1、10、100，值得注意的是，过大的输入信号电压还可通过探头进行衰减。

X 轴的衰减器和放大器与 Y 轴的作用相同。

（2）锯齿波发生器

锯齿波发生器是产生锯齿波电压的，在 X 轴偏转板加上与时间成正比的线性电压，又称锯齿波电压，这时电子束在荧光屏上的亮点由左匀速地向右运动，到右端后马上又回到左端，该过程称为扫描。电子束在荧光屏上的扫描是周而复始的。如果重复的频率较大时，在荧光屏上看到的是一条水平亮线。

2. 示波器波形显示原理

（1）示波器的扫描

若将一个周期性的交变信号如正弦电压信号 $U_y = U_0 \sin \omega t$ 加到 Y 偏转板上而 X 偏转板不加信号电压，则荧光屏上的光点只是做上下方向的正弦振动，振动的频率较快，荧光屏上呈现一条竖直亮线。要在荧光屏上展现出正弦波形，这就需要光点沿 X 轴方向展开，必须在 X 偏转板上加随时间作线性变化的电压，即上述的锯齿波电压，又称扫描电压。

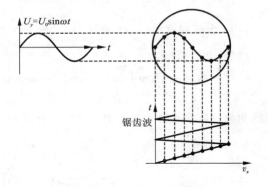

在 Y 轴偏转板上的信号电压与 X 轴偏转板上的扫描电压同时作用下，电子束既有 Y 方向的偏转，又有 X 方向的偏转，穿过偏转板的电子束就可在荧光屏上显示出信号电压的波形，若扫描电压和信号电压周期完全一致，则荧光屏上显示的图形是一个完整的正弦波，如图 2 - 3 - 4 所示。

（2）示波器的整步

要看到输入信号的一个完整波形，必须使扫描电压的周期大于或等于输入信号的周期。而欲看到一个稳定波形，则要求扫描电压周期每个相同的相位点都时刻与输入信号的相同相位点保持不变，即要求扫描电压周期 T_s 与输入信号电压周期 T_i 的关系必须是整倍量：

图 2 - 3 - 4　示波器的扫描

$$T_s = nT_i (n = 1, 2, 3, \cdots)$$

这就是示波器显示完整稳定波形的充要条件。n 表示完整稳定波形的数目。

一般情况下，被测信号周期 T_i 与扫描信号周期 T_s 难以调节成准确的整数倍，为此，采用输入信号去控制扫描信号的频率（或周期），使 $T_s = nT_i$ 严格成立，电路的这个控制作用称为整步（或称同步）。

（六）实验步骤与注意事项

（1）熟悉示波器上各旋钮的功能和用法（表 2 - 3 - 1）。

（2）示波器使用前检查各旋钮的位置和正常工作的波形图。

表 2 − 3 − 1　示波器各旋钮的功能和用法

控制机件	作用位置	控制机件	作用位置
垂直位移↑↓	居中	微调(CH)	CAL
水平位移⇌	居中	耦合方式	AC(EXT DC)
辉度	居中	触发源	CH1
垂直方式	CH1	时间/格	0.2 ms
扫描方式	AUTO	伏特/格	50 mV
DC − ⊥ − AC	⊥	扫描长度	顺时针旋到底

接通电源开关,大约 15 s 后出现扫描基线,调节"水平位移"、"垂直位移"钮,使扫迹移至荧光屏观测区的中央。调"辉度"旋钮使扫迹的亮度适中,调节"聚焦"旋钮使扫迹纤细清晰。用探头将本机 0.3 V、1 kHz 的校准信号连接到通道 1 输入端,输入耦合置于"AC"位置。将探头衰减比置于"×1",调节"电平"旋钮使仪器触发,使屏上显示幅度为 6 格,周期为 5 格的方波。

(3)观察待测信号波形

用导线连接函数信号发生器信号输出端(此信号当作未知信号)和示波器通道 1(或通道 2)输入端(注意:函数信号发生器任选一波形、频率和输出电压,通过示波器来观察波形,测频率、电压)。将示波器控制置于下列位置:

垂直位移	中间位置
水平位移	中间位置
辉度	居中
垂直方式	CH1(CH2)
交流 − 地 − 直流	AC
扫描方式	AUTO
微调	CAL
耦合方式	AC(EXT DC)
触发源	CH1(CH2)

调节"电平"旋钮,使荧光屏上显示稳定的波形,调节"伏特/格"旋钮,使波形幅度适当,调节"时间/格"挡位,使信号易于观测。

(4)测量

1)电压测量

在测量时一般把"VOLTS/DIV"开关的微调装置以顺时针方向旋至满度的校准位置,这样可以按"VOLTS/DIV"的指示值直接计算被测信号的电压幅值。

①交流电压的测量。当只需测量被测信号的交流成分时,应将 Y 轴输入耦合方式开关置"AC"位置,调节"VOLTS/DIV"开关,使波形在屏幕中显示的幅度适中,调节"电平"旋钮使波形稳定,分别调节 Y 轴和 X 轴位移,使波形显示值方便读取,如图 2 − 3 − 5 所示。根据"VOLTS/DIV"的指示值和波形在垂直方向显示的坐标(DIV),按下式读取:

$$U_{p-p} = V/\text{DIV} \times H(\text{DIV}) \qquad U_{\text{有效期}} = \frac{U_{p-p}}{2\sqrt{2}}$$

VOLTS/DIV：2 V，$U_{p-p} = 6.8$ V。

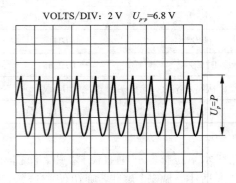

图 2 - 3 - 5　交流电压的测量

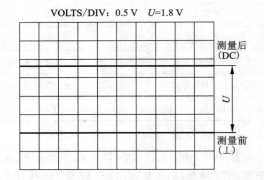

图 2 - 3 - 6　直流电压的测量

②直流电压的测量。当需要测量被测信号的直流成分的电压时，应先将 Y 轴耦合方式开关置"GND"位置，调节 Y 轴位移使扫描线在一个合适的位置上，再将耦合方式开关转换到"DC"位置，调节"电平"使波形同步。根据波形偏移原基线的垂直距离，用上述方法读取该信号的各个电压值，如图 2 - 3 - 6 所示。

VOLTS lDIV：0.5 V，$U = 1.8$ V。

2）时间测量

对某信号的周期或该信号任意两点间时间参数的测量，可首先按上述操作方法，使波形获得稳定同步后，根据该信号周期或需测量的两点间在水平方向的距离乘以"SEC/DIV"开关的指示值获得。当需要观察该信号的某一细节（如快跳变信号的上升或下降时间）时，如图 2 - 3 - 7 所示，可将"SEC/DIV"开关的扩展旋钮拉出，使显示的距离在水平方向得到 5 倍的扩展，调节 X 轴位移，使波形处于方便观察的位置，此时测得的时间值应除以 5。

3）频率测量

①周期倒数法。对于重复信号的频率测量，可先测出该信号的周期，再根据公式 $f(\text{Hz}) = \dfrac{1}{T(\text{s})}$ 计算出频率值。若被测信号的频率较高，即使将"SEC/DIV"开关已调至最快挡，屏幕中显示的波形仍然较密，为了提高测量精度，可根据 X 轴方向 10 DIV 内显示的周期数用下式计算：

$$f(\text{Hz}) = \frac{N(\text{周期数})}{\text{SEC/DIV 指示值} \times 10}$$

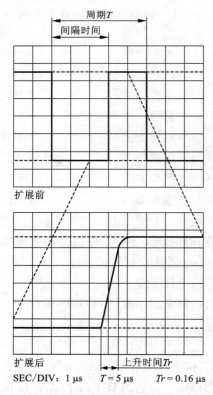

SEC/DIV：1 μs　$T = 5$ μs　$Tr = 0.16$ μs

图 2 - 3 - 7　时间的测量

②李萨如图法。如果 X 轴和 Y 轴偏转板同时加上频率分别为 f_x 和 f_y 的正弦电压，光点的运动是两个相互垂直的简谐振动的合成。若 f_x 与 f_y 的比值为简单整数比，则光点合成运动的轨迹是一个封闭的图形，称为李萨如图形。调节输入信号频率，当封闭图形稳定时，测出图形与坐标轴 X、Y 的切点数 N_x、N_y，按 $N_x f_x = N_x f_y$ 计算被测信号的频率。

将示波器进行 $X - Y$ 显示，借助一个频率已知的信号形成李萨如图形，如图 2 - 3 - 8 所示。

$f_x : f_y$	1:1	1:2	1:3	2:3	3:2	3:4	2:1
李萨如图形	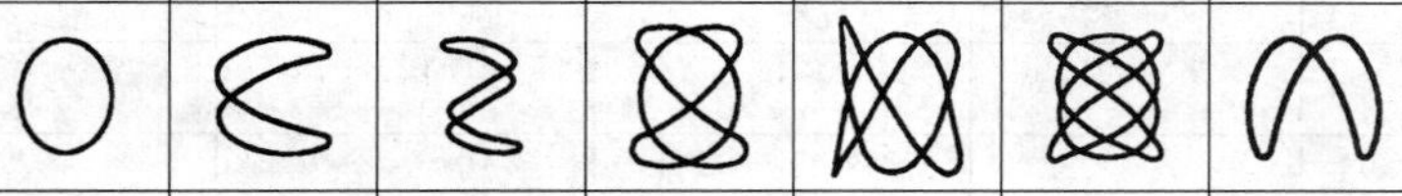						
N_x	1	1	1	2	3	3	2
N_y	1	2	3	3	2	4	1
f_x / Hz	100	100	100	100	100	100	100
f_y / Hz	100	200	300	150	$66\frac{2}{3}$	$133\frac{1}{2}$	50

图 2 - 3 - 8　李萨如图形

注意事项：

(1) 接入电源前，要检查电源电压和仪器规定的使用电压是否相符。

(2) 各旋钮转动时切忌用力过猛。

(3) 为了保护荧光屏不被灼伤，使用时，光点亮度不能太强，而且也不能让光点长时间停在荧光屏的一点上。

(4) 示波器应聚焦良好。

(七) 数据记录及处理

数据表格分别如表 2 - 3 - 2、表 2 - 3 - 3 所示。

表 2 - 3 - 2　观察与测量电压波形

波形	电压峰 - 峰值			周　期			频率 f_y / kHz
	V/div	div	U_{p-p}/V	ms/div	div	T_y/ms	

表 2 - 3 - 3　观察李萨如图形, 测正弦信号频率

李萨如图形	f_x/kHz	n_y	n_x	$f_y = \dfrac{n_x}{n_y} f_x$/kHz	$\overline{f_y}$/kHz

(八) 思考题

(1)用示波器观察正弦波时, 在荧光屏上出现下列现象, 试解释: ①屏上呈现一竖直亮线; ②屏上呈现一水平亮线; ③屏上呈现一光点。

(2)示波器电平旋钮的作用是什么? 什么时候需要调节它? 观察李萨如图形, 能否用它把图形稳定下来?

(3)欲用示波器观察回路电流随时间变化的波形, 应采用什么线路实现? 试绘出线路图并加以说明。

警告:

电源插头应有接地保护, 更换保险丝时必须断开输入电源, 非专业人员请勿打开盖板。维修请与专业维修人员联系。

实验 4　气体定律的验证

气体定律是热学的重要内容,它定量地揭示了气体的宏观性质。本实验采用了现代传感器技术测试气体的压强和温度,利用恒温循环水浴加热实验气体。这样可以使实验气体受热均匀,压强和温度测试方便,提高了实验的准确度。近年来,传感器技术已在生产生活的很多领域得到了广泛应用,例如用在生物、汽车、机器人、家用电器、医疗等方面。

(一)实验要求

(1)了解传感器测试温度和压强的技术及其在物理实验中的作用。
(2)研究气体温度、压强和体积之间的关系。

(二)实验目的

验证气体定律。

(三)实验仪器与用具

KD－QD－Ⅱ气体定律综合实验仪 1 台,实验装置 1 台,加热器和水循环电机 1 套。

1. KD－QD－Ⅱ气体定律综合实验仪面板

实验仪面板如图 2－4－1 所示。

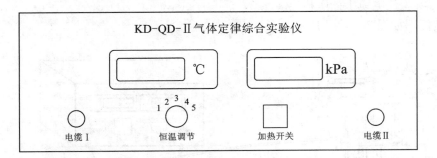

图 2－4－1　KD－QD－Ⅱ气体定律综合实验仪

2. 实验装置

如图 2－4－2 所示,实验装置由底座、支架、外筒、内筒、活塞、标尺、游码尺、把手、进水口、出水口、温度传感器、压力传感器、电缆座等组成。

旋转把手可调节活塞在内筒中的位置。其位置变化量可由与其相连的标尺和游标读出,温度传感器和压力传感器通过电缆座由电缆与实验仪电缆座Ⅱ相连,可测出内筒中气体(空气)的压强和温度。恒温水由进水口流入内筒和外筒之间的空隙再由出水口流出,可均匀改变筒中气体温度。

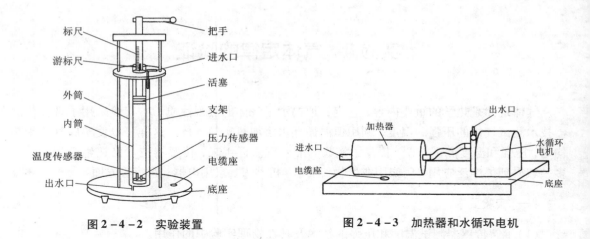

图 2 - 4 - 2 实验装置

图 2 - 4 - 3 加热器和水循环电机

3. 加热器和水循环电机

如图 2 - 4 - 3 所示,实验装置出水口流出的水由出水管连接到加热器的进水口,经恒温加热后由水循环电机输出,由进水管连接到实验装置的进水口,以加热内筒中的气体。

(四) 仪器的装配

(1) 循环水的注入方法。首先将实验装置的出水口与加热器的进水管连接好,将进水管临时固定(可由细绳等)在进水口上方的支架上,然后从进水口将水缓慢注入内筒之间的空隙,直至水位超过活塞的最高位置,最后将进水管与进水口小管连接好。

(2) 电缆的连接方法。用七芯电缆将实验装置和实验仪的电缆 II 插座相连,用五芯电缆将加热器与实验仪电缆 I 插座相连。

(3) 装配图如图 2 - 4 - 4 所示。

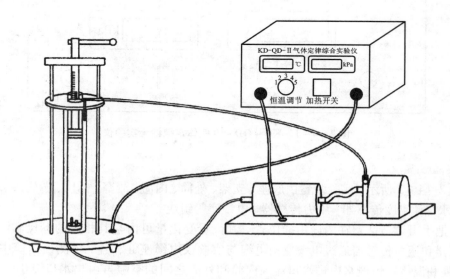

图 2 - 4 - 4 装配图

(五)预习思考题

(1)试述气体定律的内容及公式表达。

(2)本实验采用什么技术测量压强和温度? 利用什么方法加热实验气体?

(六)实验原理

在温度不太低、压强不太大的情况下,气体遵守以下三条基本定律:即玻意耳 – 马略特定律,盖·吕萨克定律和查理定律。

玻意耳 – 马略特定律反映了气体的体积随压强改变而改变的规律。一定质量的理想气体,在其温度保持不变时它的压强和体积成反比;或者说,其压强 P 与它的体积 V 的乘积为一常数,即:

$$PV = C(\text{常数})$$

或者

$$P_1 V_1 = P_2 V_2 = \cdots = P_n V_n$$

查理定律反映了气体压强随温度变化而变化的规律。一定质量的理想气体,当其体积保持不变时,它的压强变化与温度的变化成正比;或者说,其压强与温度的比值为一常量,即:

$$\frac{P_1}{T_1} = \frac{P_2}{T_2} = \cdots = \frac{P_n}{T_n} = B(\text{常数})$$

盖·吕萨克定律反映了气体体积随温度而变化的规律。一定质量的理想气体,在保持压强不变的情况下,它的体积变化与温度变化成正比;或者说,其体积与温度的比值为一常量,即:

$$\frac{V_1}{T_1} = \frac{V_2}{T_2} = \cdots = \frac{V_n}{T_n} = A(\text{常数})$$

以上三定律分别描述了理想气体的等温变化、等压变化和等容变化。式中: T 为绝对温度, $T(K) = 273.2 + t$,其中 t 为摄氏温度。

本实验利用温度传感器测量气体温度,利用压力传感器测量气体压强,气体体积利用公式 $V = sh$ 求得,其中: s 为活塞截面积, h 为活塞上(或下)移的距离。

(七)实验步骤与注意事项

1. 验证玻意耳 – 马略特定律

(1)按图 2 – 4 – 4 所示连接好实验仪器,并开启实验仪器电源。

(2)旋转把手使活塞处在最高位置。此时筒内气体体积为 $V_1 = 200.0 \text{ cm}^3$,活塞的截面积为 7.00 cm^2 。待实验仪器上的示值 T_1 (内筒中气体的温度)不变时,记下压力表上的压强 P_1 。

(3)保持 T 不变,缓慢旋转把手使活塞下移 1.00 cm ,此时筒内气体体积为 $V_2 = 200.0 - 1.00 \times 7.00 = 193.0 \text{ cm}^3$,同时记下压力表上的压强 P_2 。

(4)依次测量活塞下移 1.00 cm 时的体积和压强,共记录 5 次。

2. 验证查理定律

旋转把手使活塞处于最高位置,并保持不变。打开加热开关及水循环电机开关,加热循环水,使内筒中的气体温度逐渐升高。每升高 $2.0℃$ 记录一次相应的压强,共记录 5 次。

3. 验证盖·吕萨克定律

关闭加热开关停止加热,同时关闭水循环电机开关,使内筒中的气体温度逐渐下降。缓慢旋转把手,调节活塞的位置以保持压力表的示数不变(即内筒中气体压强不变),每变化 2℃记录一次活塞的位置 h,则该温度下的气体体积 $V = 200.0 - 7.00 \times h$,连续记录 5 次。

4. 描绘 $P - V$,$P - T$,$V - T$ 图像,分析实验结果

注意事项:

(1)气体状态的变化过程要缓慢,改变体积时,要缓慢旋转把手。

(2)实验装置未注水时不能打开加热开关。

(3)注水时,进水管位置要高于水位,水位要超过活塞最高位置。

(4)关闭加热开关和水循环电机开关后,温度会继续升高2℃左右,待其稳定后再开始记录数据。

(八)数据记录及处理

数据表格分别如表 2 - 4 - 1、表 2 - 4 - 2、表 2 - 4 - 3 所示。

表 2 - 4 - 1　数据表格

$t =$ _____ ℃(室温,不变)

	1	2	3	4	5
P/kPa					
h/cm					
V/cm^3					
PV					

表 2 - 4 - 2　数据表格

$V = 200 \text{ cm}^3$(不变)

	1	2	3	4	5
P/kPa					
$t/℃$					
T/K					
P/T					

表 2 - 4 - 3　数据表格

$P =$ _____ kPa(不变),游标分度值: 0.1 mm

	1	2	3	4	5
$t/℃$					
T/K					
h/cm					
V/cm^3					
V/T					

要求：作成 $P-V$，$P-T$，$V-T$ 图像，对实验结果进行误差分析，总结出实验结论。

（九）思考题

（1）实验中为什么要缓慢旋转活塞把手？

（2）等温线距 $P-V$ 坐标系原点的距离与气体温度有什么关系？为什么？

（3）请通过这个实验总结出一种物理学中常用的研究和处理问题的方法。

实验5　测金属丝的线膨胀系数

在工程结构的设计以及材料的加工、仪表的制造过程中，都必须考虑物体的"热胀冷缩"现象，因为这些因素直接影响结构的稳定性和仪表的精度。

金属的线膨胀是金属材料受热时，在一维方向上伸长的现象。线膨胀系数是选材的重要指标。特别是新材料的研制，都得对材料的线膨胀系数作测定。本实验中所用的光杠杆测微小长度的方法，参看"用拉伸法测金属丝的杨氏模量"实验。

（一）实验要求

（1）掌握一种测线膨胀系数的方法。
（2）了解光杠杆测定微小长度的原理和方法。
（3）掌握几种长度测量的方法及其误差分析。
（4）学习用作图法处理数据。

（二）实验目的

测定金属的线膨胀系数。

（三）实验仪器与用具

线膨胀仪，尺读望远镜，最小刻度为 0.2℃ 的温度计，钢卷尺。

（四）预习思考题

（1）望远镜的调节分哪几步？
（2）被测杆各点温度不一，应如何测量被测杆的温度？

（五）实验原理

当固体温度升高时，分子间的平均距离增大，其长度增加，这种现象称为线膨胀。长度的变化大小取决于温度的改变、材料的种类和材料原来的长度。实验表明，在一定的温度范围内，原长为 L 的物体，受热后其伸长量 ΔL 与其温度的增加量 Δt 近似成正比，与原长 L 亦成正比，即：

$$\Delta L = aL\Delta t \qquad\qquad (2-5-1)$$

式中：a 是固体的线膨胀系数。不同的材料，线膨胀系数不同。对同一材料，a 本身与温度稍有关，但从实用的观点来说，对于绝大多数的固体在不太大的温度变化范围内可以把它看做常数。表 2-5-1 是几种常见材料的线膨胀系数。

表 2 – 5 – 1　几种材料的线膨胀系数

材料	铜、铁、铝	普通玻璃、陶瓷	锻钢	熔凝石英	蜡
a(数量级)	$\sim 10^{-5}\,℃^{-1}$	$\sim 10^{-6}\,℃^{-1}$	$2 \times 10^{-5}\,℃^{-1}$	$\sim 10^{-7}\,℃^{-1}$	$\sim 10^{-6}\,℃^{-1}$

　　假设温度 t_1 时杆长 L，受热后温度到 t_2 时杆伸长量为 ΔL，则该材料在温度 $t_1 \sim t_2$ 的线膨胀系数为：

$$a = \frac{\Delta L}{L(t_2 - t_1)} \qquad (2 - 5 - 2)$$

可理解为当温度升高 1℃ 时，固体增加的长度和原长度的比，单位为（℃$^{-1}$）。

　　式(2 – 5 – 2)中 ΔL 是杆的微小伸长量，也是我们主要测量的量。其测量方法类同于实验 16 金属丝伸长量的测量方法，采用的是光杠杆放大法。光杠杆放大原理可参看实验 16。因此有：

$$\Delta L = \frac{b}{2D}(x_2 - x_1) \qquad (2 - 5 - 3)$$

式中：x_2、x_1 为 t_2 与 t_1 温度时标尺上对应的读数，D 为镜面到直尺的距离，b 为光杠杆前足尖连线与后足尖之间的垂直距离。

$$A = \frac{2D}{b} \qquad (2 - 5 - 4)$$

称为光杠杆的放大倍数。本实验中 D 为 1 ~ 2 m，b 为 7 ~ 8 cm，则放大倍数为 30 ~ 50 倍。适当增大 D，减小 b，可增大光杠杆的放大倍数（或称为提高光杠杆的灵敏度）。将式(2 – 5 – 3)代入式(2 – 5 – 2)，可得出光杠杆法测线膨胀系数的公式为：

$$a = \frac{(x_2 - x_1)b}{2LD(t_2 - t_1)} \qquad (2 - 5 - 5)$$

(六) 实验步骤

　　(1)用卷尺测量杆长 L，记录实验开始前温度 t_1，温度计放入管内适当的位置。

　　(2)光杠杆的两前足放于平台槽内，后足立于被测杆顶端，并使三足尖尽可能在一水平面上。

　　(3)望远镜的调节步骤、光杠杆系统的光路调节，可参看实验 16 实验步骤的第(2) ~ 第(5)步。

　　(4)接通电源加热被测杆。每隔 3℃ 记录一次标尺的读数。

　　(5)测量 D、b。

　　实验装置如图 2 – 5 – 1 所示。实验前先测量金属棒在室温的长度 L，再把被测棒慢慢放入线膨胀仪的孔中，直到被测棒的下端接触底面；调节温度计，使其下端长度为 15 ~ 20 cm，不要掉入加热孔内。另外，实验中仪器不能有任何变动或者受干扰。

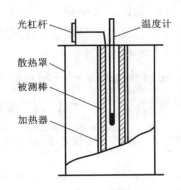

图 2 – 5 – 1　实验装置

(七)数据记录及处理

线膨胀仪编号: _____;光杠杆编号: _____。

待测材料: _____。

数据表格如表 2 – 5 – 2。

表 2 – 5 – 2   数据表格

温度 t_i/℃										
读数 x_i/mm										
$D =$ _____ cm			$L =$ _____ cm				$b =$ _____ cm			

在实验 16 的数据记录及处理部分,有用逐差法处理数据的实例,同学们可自行模仿,本实验不作要求。

本实验用作图法处理数据。以 x 为纵轴,温度 t 为横轴,作 $x – t$ 曲线。注意图上的有效数字位数一定要与实验数据的有效数字位数相同。坐标原点的选取要使曲线与纵轴交点落在横轴上方,便于处理数据。

由 $\Delta L = aL\Delta t$ 与 $\Delta L = \dfrac{b}{2D}\Delta x$,可得:

$$a = \frac{b}{2DL}\frac{\Delta x}{\Delta t} \qquad\qquad (2 – 5 – 6)$$

式中: $\dfrac{\Delta x}{\Delta t}$ 即为 $x – t$ 曲线的斜率,可在图上求出。

(八)误差分析

1. 系统误差

(1)铜棒温度不均匀,中间温度高,上部温度偏低,可能使 a 偏小。

(2)温度计的热惯性,在连续的观测中,实际温度高于读数温度,可使 a 值增大。

2. 误差的估算

由测量公式(2 – 5 – 5)可以导出 a 相对误差公式为:

$$\left(\frac{\Delta_a}{a}\right)^2 = \left(\frac{\Delta_{(x_2-x_1)}}{x_2-x_1}\right)^2 + \left(\frac{\Delta_b}{b}\right)^2 + \left(\frac{\Delta_D}{D}\right)^2 + \left(\frac{\Delta_L}{L}\right)^2 + \left(\frac{\Delta_{(t_2-t_1)}}{t_2-t_1}\right)^2 \qquad (2 – 5 – 7)$$

式中: Δ_L 由钢卷尺仪器误差估计,卷尺仪器误差取 $\Delta_仪 = 0.3$ mm。先计算出 S_L,再求出 $\Delta_L = \sqrt{S_L^2 + \dfrac{\Delta_仪^2}{3}}$; Δ_D 考虑到测量时钢卷尺有弯度,取 $\Delta_D = 0.3$ mm; Δ_b 由钢卷尺仪器误差估计。对于这 5 项分误差,先作粗略估算,弄清哪几项是主要的,在实验中应注意减少这些主要误差的产生。

(九) 思考题

(1) 本实验中, 式(2 – 5 – 7) 中哪一个量的测量误差对结果影响最大? 在操作时应注意什么?

(2) 本实验在温度连续变化的条件下进行时, 读标尺时应注意什么?

(3) 本实验能否任选若干组测量数据?

实验 6　分光计的调整与使用

分光计是一种精确测量角度的仪器，它常用来测量折射率、光波波长、色散率和观察光谱等。它是一种比较精密的仪器，调节时必须按照一定的步骤，仔细认真调整，才能得到较为准确的实验结果。初学者可能感到比较困难，但只要认真预习，做到心中有数，严格按步骤操作，掌握它也并不很难。

（一）实验要求

（1）了解分光计的基本结构和原理。
（2）掌握分光计的调整要求和调整方法。

（二）实验目的

（1）调整分光计，使其达到最佳工作状态，可进行精密测量。
（2）用调整好的分光计测三棱镜的顶角。

（三）实验仪器与用具

（1）水银灯光源（汞光灯）1 个。
（2）玻璃三棱镜 1 个。
（3）分光计 1 台。
分光计的结构如图 2 - 6 - 1 所示。
分光计主要由底座、望远镜、平行光管、载物台和读数圆盘 5 部分组成。
①分光计底座。底座中心有一固定转轴，望远镜、读数盘、载物台套在中心转轴上，可绕其旋转。
②望远镜。望远镜由物镜 Y 和目镜 C 组成，如图 2 - 6 - 2 所示。为了调节和测量，物镜和目镜之间装有分划板 P，分划板上刻有"十"形格子，它固定在 B 筒上。目镜可沿 B 筒前后移动以改变目镜与分划板的距离，使"十"形格子能调到目镜的焦平面上。物镜固定在 A 筒的另一端，是一个消色复合透镜。B 筒可沿 A 筒滑动，以改变"十"形格子与物镜的距离，使"十"形格子既能调到目镜焦平面上同时又能调到物镜焦平面上。我们所使用的目镜是阿贝尔目镜，在目镜和分划板间紧贴分划板下边胶粘着一块全反射小棱镜 R（此小棱镜遮去一部分视野），在分划板与小棱镜相接触的面上，镀有不透光的薄膜，并在薄膜上刻画出一个透光小十字。小十字的交点对称于分划板上边的十字线的交点，如图 2 - 6 - 2 所示。

在目镜调节管外装有一个"T"形接头，在接头中装有一个磨砂电珠（电压 6.3 V，由专用变压器供电）。电珠发出的光透过绿色滤光片 V 和目镜调节管 B 上的小方孔射到小棱镜上，经它全反射后，透过小十字方向转为沿望远镜轴线，从物镜 Y 射出。若被物镜外面的平面镜反射回来，将成绿色十字像落在分划板上。
③平行光管。它的作用是产生平行光。一端是一个消色的复合正透镜，另一端是可调狭

缝。如图 2 - 6 - 3 所示，狭缝和透镜的距离可通过伸缩狭缝套筒来调节，只要将狭缝调到透镜的焦平面上，则从狭缝进入的光经透镜后成为平行光。狭缝的宽度可通过缝宽螺钉来调节，狭缝的方向也可以通过狭缝套筒来调节。

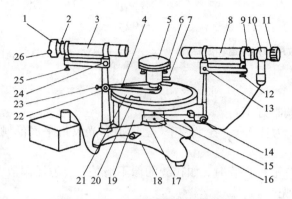

图 2 - 6 - 1　光学计的结构示意图

1—狭缝装置；2—狭缝装置锁紧螺钉；3—平行光管；
4—制动架（二）；5—载物台；6—载物台调节螺钉（3 只）；
7—载物台锁紧螺钉；8—望远镜；9—目镜锁紧螺钉；
10—阿贝尔自准直目镜；11—目镜调节手轮；
12—望远镜仰角调节螺钉；13—望远镜水平调节螺钉；
14—望远镜微调螺钉；15—转座与度盘止动螺钉；
16—望远镜止动螺钉；17—制动架（一）；18—底座；
19—转座；20—度盘；21—游标盘；22—游标盘微调螺钉；
23—游标盘止动螺钉；24—平行光管水平调节螺钉；
25—平行光管仰角调节螺钉；26—狭缝宽带调节手轮

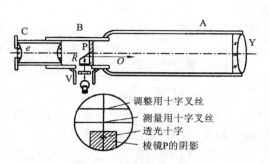

调整用十字叉丝
测量用十字叉丝
透光十字
棱镜P的阴影

图 2 - 6 - 2　阿贝尔目镜式望远镜

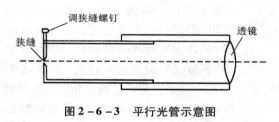

调狭缝螺钉
狭缝
透镜

图 2 - 6 - 3　平行光管示意图

④载物台。是一个用以放置棱镜、光栅等光学元件的旋转平台，平台下有 3 个调节螺钉，用以改变平台对中心转轴的倾斜度。

⑤读数圆盘。用来确定望远镜旋转的角度，读数圆盘有内、外两层，外盘和望远镜可通过螺钉相连，能随望远镜一起转动，上有 0 ~ 360°的圆刻度，最小刻度为 0.5°（30′）；内盘通过螺钉可与载物台相连，盘上相隔 180°处有 2 个对称的角游标 v_1 和 v_1，其中各有 30 个分格，相当于度盘上 29 个分度，故游标上每一分格对应为 1′（其精度为 1′）。在游标盘对径方向上设有 2 个角游标，这是因为读数时要读出 2 个游标处的读数值，然后取平均值。这样可以消除刻度盘和游标盘的圆心与仪器主轴的轴心不重合所引起的偏心误差。

读数方法与游标卡尺相似，这里读出的是角度。读数时，以角游标零线为准，读出刻度盘上的度值，再找游标上与刻度盘上刚好重合的刻线为所求之分值。如果游标零线落在半度刻线之外，则读数应加上 30′。举例如下：

图 2 - 6 - 4（a）是游标尺上 20 与刻度盘上的刻线重合，故读数为 119°20′。

图 2 - 6 - 4（b）是游标尺上 14 与刻度盘上的刻线重合，当零线过了刻度的半度线，故读数为 119°44′。

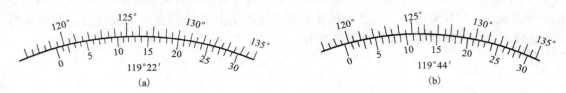

图 2 - 6 - 4　读数用的刻度盘和游标盘

(四)预习思考题

(1)达到什么要求时可认为分光计已经调整好了?

(2)调节望远镜光轴与旋转主轴垂直时,为什么要"各半调节"望远镜和光反射平面的倾斜?调其中之一能否达到目的?

(3)当已调节望远镜适合平行光,再调节平行光管时,如狭缝的像不清楚,应怎样调节?是否可调节望远镜的目镜筒来看清狭缝的像呢?

(五)实验原理(分光计的调整)

在用分光计进行测量前,必须将分光计各部分仔细调整,应满足以下几个要求。

(1)望远镜能接受平行光,且其轴线垂直于中心转轴。

(2)载物台平面水平且垂直于中心转轴。

(3)平行光管能发出平行光,且其轴线垂直于中心转轴。

分光计调整的关键是调好望远镜,其他调整可以望远镜为标准。

具体调整步骤如下(部件序号对应图 2 - 6 - 1)。

1. 目视调节(目测粗调)

首先用眼睛对分光计仔细观察并调节,调节平行光管光轴高低位置调节螺钉 25,使平行光管尽量水平;调节望远镜光轴高低位置调节螺钉 12,使望远镜光轴尽量水平;调节载物台下面的三个调平螺钉 6,使载物台尽量水平,直到肉眼看不出偏差为止,且使载物台面略低于望远镜下边缘。这一粗调很重要,做好了,才能比较顺利地进行下面的细调。

2. 调整望远镜

(1)调节望远镜适合于观察平行光

①根据观察者视力的情况,适当调整目镜,即把目镜调焦手轮 11 轻轻旋出,然后一边旋进,一边从目镜中观看,直到观察者看到分划板刻线,即"十"形格子叉丝清晰为止。

②接通电源,在目镜中应看到分划板下方的绿色光斑及透光十字架(参见图 2 - 6 - 2)。

③用三棱镜的抛光面紧贴望远镜物镜的镜筒前,旋进螺钉 9,沿轴向移动目镜筒,调节目镜与物镜的距离,使物镜后焦点与目镜前焦点重合,直到能清晰地看见反射回路的绿色"十"字像。然后,眼睛在目镜前稍微偏移后,如分划板上的十字丝与其反射的绿色亮"十"字像之间无相对位移即说明无视差。如有相对位移则说明有视差,这时稍微往复移动目镜,直至无视差为止,这样望远镜就适合于平行光,此时将望远镜的目镜锁紧螺钉 9 旋紧(注意:目镜调整好后,在整个实验过程中不要再调动目镜)。

(2)调整望远镜的光轴垂直于中心转轴

①把三棱镜放在载物台上,放置方位如图 2 - 6 - 5 所示。转动望远镜(或转动游标盘使

载物台转动），使望远镜的物镜分别对准三棱镜的光
学面。若绿"十"字像在三棱镜 3 个光学面中任意两
个光学面的视场中找到，则目视调节达到了要求；若
看不到绿"十"字像，或只能从一个面看到，则需重新
进行目视调节。

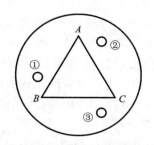

图 2 - 6 - 5 三棱镜放置示意图

①、②、③为载物平台下面的 3 个调平螺钉

②分半调节（细调）。由三棱镜任意两（粗调）光
学面都能从望远镜目镜视场中看到清晰的绿色"十"
字反射像，但是，"十"字像与分划板上面的十字丝一
般不重合。这时，为了能使分光计进行精确测量，必
须将绿"十"字反射像调到与分划板上面的十字丝重
合，即与透光十字架对称的位置，以满足望远镜的轴线垂直于中心转轴。

调节的过程采用分半调节法：先将望远镜对准光学面 AB，若绿"十"字像位于图 2 - 6 - 6
（a）中的位置，调节载物台下的调平螺丝①（参见图 2 - 6 - 5），使"十"字像上移一半（"十"
字像与调整用十字丝间的距离减少一半）至图 2 - 6 - 6（b）位置，再调节望远镜下面的水平调
节螺丝口，使"十"字像与调整用十字丝重合，如图 2 - 6 - 6（c）位置。将望远镜转至 AC 面，
此时绿"十"字像可能与调整用十字丝又不重合，应该再按上面的方法调节载物台的调平螺钉
②及望远镜的水平调节螺钉 12，使"十"字像重合于上部调整用十字丝。因为 AB、AC 两面相
互牵连，故应反复调节，直至望远镜不论对准哪一个面，"十"字像都能与分划板上面的调整
用十字丝完全重合。此时望远镜轴线以及载物台平面均垂直于中心轴，且三棱镜两光学面
AB、AC 也垂直于望远镜光轴。

注意：在后面的调整或读数过程中，不要再动望远镜的水平调节螺钉 12 和载物台下的 3
个调节螺钉 6。

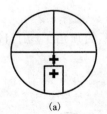 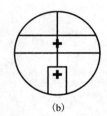 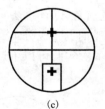

（a）　　　　　　　　　　（b）　　　　　　　　　　（c）

图 2 - 6 - 6 分半调节

3. 调节载物台平面与中心轴垂直

在第 2 步调整时已同步完成。

4. 调节平行光管

（1）调节平行光管使其产生平行光

将已调整好的望远镜作为标准，这时平行光射入望远镜必聚焦在十字线平面上，即要把
平行光管的狭缝调整到其透镜的焦平面上。调整方法如下：

①去掉目镜照明器上的光源，将望远镜管正对平行光管。

②从侧面和俯视两个方向用目视法调节平行光管光轴的高低位置调节螺钉 25，大致调到

与望远镜光轴一致。

③取去三棱镜，开启汞光灯，照亮平行光管的狭缝。从望远镜中观察狭缝的像，旋松螺钉 2，前后移动平行光管狭缝装置，直到看到边缘清晰而无视差的狭缝像为止。然后使用狭缝宽度调节手轮 26 调节狭缝的宽度，使从望远镜中看到它的像宽为 1 mm 左右。

（2）调整平行光管的光轴垂直中心转轴

调整平行管光轴的高低位置调节螺钉 25，使狭缝的像被望远镜分划板上的大十字丝的水平线上下平分；旋转狭缝机构，使狭缝的像与望远镜分划板的垂直线平行，注意不要破坏平行光管的调焦；然后将狭缝位置锁紧螺钉 2 旋紧；再利用望远镜左右移动微调螺钉 13，使分划板的垂直精度对准狭缝像的中心线，如图 2 - 6 - 7 所示。此后整个实验中不再变动平行光管。

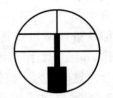

图 2 - 6 - 7　调整平行管光轴

完成上述操作步骤以后，分光计就可用来进行精密测量了。

（六）实验内容

1. 调整分光计（调整方法见原理部分）

（1）使望远镜对平行光聚焦。

（2）使望远镜光轴垂直于仪器公共轴。

（3）使载物台台面水平且垂直于中心轴。

（4）使平行光管射出平行光。

（5）使平行光管光轴垂直于仪器公共轴，且与望远镜等高同轴。

2. 调整三棱镜光学面垂直于望远镜光轴

分光计调整第（2）步时已完成。

3. 测量棱镜顶角 A（自准法）

在分光计调整时，完成分半调节后，就可以测量三棱镜的顶角了（用自准法测顶角时可不用平行光，即本次实验可以不调平行光管）。

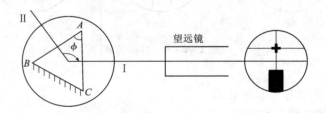

图 2 - 6 - 8　测棱镜顶角 A

测量方法：

（1）对两游标做一适当标记，分别称游标 A 和游标 B，切忌颠倒。

（2）将载物台锁紧螺钉 7 和游标盘止动螺钉 23 旋紧，固定平台；再将望远镜对准三棱镜 AC 面，使"十"字像与分划板上面的十字丝重合，如图 2 - 6 - 8 所示。

记下游标 A 的读数 α_1 和游标 B 的读数 β_1。

（3）转动望远镜（此时度盘 20 与望远镜固定在一起同时转动），将望远镜对准 AB 面，使"十"字像与分划板上面的十字丝重合，记下此时游标 A 的读数 α_2 和游标 B 的读数 β_2。同一游标两次读数之差 $|\alpha_1 - \alpha_2|$ 或 $|\beta_1 - \beta_2|$，即是望远镜转过的角度 ϕ，而 ϕ 是 A 角之补角。则三棱镜顶角 $A = 180°00' - \phi$。

其中：

$$\phi = \frac{1}{2}(|\alpha_1 - \alpha_2| + |\beta_1 - \beta_2|)$$

（4）稍微变动载物台的位置，重复测量 3 次，数据填入表 2 - 6 - 1。

表 2 - 6 - 1　1　数据表格

次数	A 游标			B 游标			ϕ
	α_1	α_2	$|\alpha_2 - \alpha_1|$	β_1	β_2	$|\beta_2 - \beta_1|$	
1							
2							
3							

（七）数据处理及注意事项

$\phi = (\phi_1 + \phi_2 + \phi_3)/3 = $ _____。

$\overline{A} = 180°00' - \overline{\phi} = $ _____。

注意事项：

（1）保持好光学仪器的光学面。

（2）光学仪器螺钉的调节动作要轻柔，锁紧螺钉锁住即可，不可用力，以免损坏器件。

（3）仪器要避免震动或撞击，以防止光学零件损坏和影响精度。

（4）在计算望远镜转过的角度时，要注意望远镜是否经过了刻度盘的零点。例如，当望远镜由图 2 - 6 - 8，中位置 I 转到位置 II 时，读数如表 2 - 6 - 2 所示。

表 2 - 6 - 2　直流电压测量

望远镜的位置	I	II
游标 A	$170°45'(\alpha_1)$	$290°43'(\alpha_2)$
游标 B	$355°45'(\beta_1)$	$115°43'(\beta_2)$

游标 A 未经过零点，望远镜转过的角度为：

$$\phi = |\alpha_2 - \alpha_1| = 119°58'。$$

游标 B 经过了零点，这时望远镜转过的角度应按下式计算：

$$\phi = |(360° + \beta_2) - \beta_1| = 119°58'$$

即上述公式中 $|\alpha_2 - \alpha_1|$、$|\beta_2 - \beta_1|$ 如果其中有一组角度的读数是经过了刻度盘的零点而读出

的，则 $|\alpha_2 - \alpha_1|$ 或 $|\beta_2 - \beta_1|$ 的读数差就会大于 $180°$。此时，应从 $360°$ 中减去此值，再代入

$A = 180° - \dfrac{1}{2}(|\alpha_2 - \alpha_1| + |\beta_2 - \beta_1|)$ 计算。

(八) 思考题

（1）测角 θ 时，望远镜由 α_1 经 O 转到 α_2，则望远镜转过的角度 $\theta = ?$，如 $\alpha_1 = 330°0'$，$\alpha_2 = 30°1'$，$\theta = ?$

（2）分光计为什么要设置两个读数游标？

（3）借助于三棱镜的光学反射面调节望远镜光轴使之垂直于分光计中心转轴时，为什么要求两面反射回来的绿"十"字像都要和"丰"形叉丝的上交点重合？

（4）为什么采用分半调节法能迅速地将"十"字像与分划板上面的十字丝重合？

（5）对分光计的调整，你能提出什么好方法吗？

第 3 章　基本实验

实验 7　用惠斯登桥测电阻

　　电桥是利用桥式电路制成的一种用比较法测电阻的仪器。即在平衡条件下，将待测电阻与标准电阻进行比较以确定其阻值。电桥电路具有结构简单、数据准确、测量方便等特点。在电学及非电学量的电测量中，电桥电路是应用最广泛的测量电路之一，在近代工业生产的检测技术和自动控制中得到广泛应用。

　　电桥分为直流电桥和交流电桥两大类，两大类型的电桥基本原理都相同。

　　本实验用直流电桥测电阻，其中主要介绍惠斯登电桥。此电桥适于测量 $1 \sim 10^6$ Ω 的中值电阻。

（一）实验要求

（1）理解惠斯登电桥的原理及桥式电路的特点。

（2）掌握用惠斯登电桥测电阻的方法。

（3）了解电桥灵敏度的概念，学习用交换法减小和修正测量误差。

（二）实验目的

测量未知电阻的阻值。

（三）实验仪器与用具

滑线式电桥，电阻箱，滑线变阻器，检流计，直流电源，待测电阻，开关，导线若干。

（四）预习思考题

（1）什么是电桥达到平衡？如何判断电桥达到平衡？

（2）在桥路中串联 R_K 起什么作用？实验时应怎样正确调节它？为什么？

（3）什么叫电桥灵敏度？怎样测量电桥的灵敏度？

（五）实验原理

1. 惠斯登电桥的基本原理

　　惠斯登电桥的基本线路如图 3 - 7 - 1 所示；R_1、R_2、R_x 和 R 分别接在四边形的 4 个臂上，检流计接在对角线 CD 间，用来判断 C、D 两点是否等电位，或者判断 C、D 有无电流流过。所谓桥就是指 C、D 两点这一对角线而言。

电桥没调平衡时，C、D 两点电位不等，则有电流流过检流计。为了限制过大电流损坏检流计，常串联一保护电阻 R_K。若各电阻选择（或调节）适当，可使 C、D 两点等电位，检流计指针指零。将 R_K 由大至小逐渐调至 0，再次调节使电桥平衡。

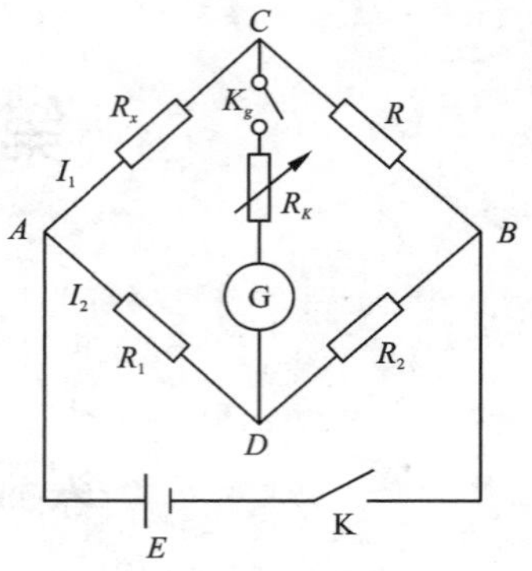

此时有：

$$I_1 R_x = I_2 R_1，\quad I_1 R = I_2 R_2$$

两式相除得：

$$\frac{R_x}{R} = \frac{R_1}{R_2}$$

或

$$R_x = \frac{R_1}{R_2} R \qquad\qquad (3-7-1)$$

式中若 R_1、R_2、R 可测出，则 R_x 可求出。

$\dfrac{R_1}{R_2}$ 称为倍率（或比率），若以 N 来表示，则

$$R_x = N \cdot R$$

一般将 N 值选 10 的整数次方，如取 N 等于 0.01，0.1，1，10，100，1 000 等。这样可以很方便地计算出 R_x。

2. 滑线式电桥

本实验中使用的滑线式电桥装置如图 3-7-2 所示。比较臂 R 是用电阻箱取值，AB 是长为 $L = 100.00$ cm 的均匀电阻丝，下面衬有米尺。d 与 d' 是两个相连的可滑动的弹片按键触头（调平衡时，只需按其中的一个），按下触头，将 L 分成 L_1 及 L_2，这样就构成了一个简单的惠斯登电桥。因电阻丝是某种材料制成的均匀电阻丝，故 R_1、R_2 分别与 L_1、L_2 成正比，因此 R_1 与 R_2 之比可写为：

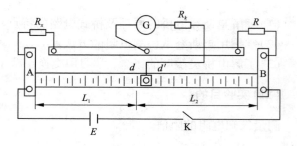

图 3-7-1　惠斯登电桥原理图

图 3-7-2　滑线式电桥装置

$$\frac{R_1}{R_2} = \frac{L_1}{L_2}$$

那么，当电桥平衡时，将上式代入 (3-7-1) 得：

$$R_x = \frac{L_1}{L_2} R \qquad\qquad (3-7-2)$$

显然，读出 R、L_1，算出 L_2，即可求出 R_x。如果取 $L_1 = L_2$，则 $R_x = R$。

实验时，调节电桥达到平衡有两种方法：一种是将比较臂 R 值保持不变，调节比率 N 值 (L_1，L_2)；另一种方法是取比率 N 为一定值，调节比较臂 R。在选取比率时，可以证明，当 $\dfrac{L_1}{L_2} = 1$ 时，测量电阻的相对误差最小。

如果滑线使用时间较久，中间一段可能有磨损，导致电阻分布不均匀，各接头处电阻也可能不同，这些因素会导致产生系统误差。为了消除这些系统误差，可将比率 N 值保持不变，将 R_x 与比较臂 R 交换位置，重新调节比较臂 R，使之平衡。若此时比较臂为 R'，即：

$$\frac{L_1}{L_2} = \frac{R'}{R_x} \tag{3-7-3}$$

由式（3-7-2）和式（3-7-3）得出：

$$R_x = \sqrt{R \cdot R'} \tag{3-7-4}$$

式（3-7-4）中没有出现 L_1、L_2，这就消除了由于电阻丝不均匀等因素造成的系统误差。

3. 电桥灵敏度

在实验中，电桥是否平衡是依据"桥"上的检流计的指针有无偏转来判断的。通常用的张丝式指针检流计电流常数为 10^{-6} A/格。如果通过它的电流小于 10^{-7} A 时，指针偏转小于 0.1 格，此时电桥中 U_{CD} 虽然不等于零，但人们已经很难察觉出来了，仍认为电桥是平衡的，这就意味着电桥不够灵敏，会给测量结果带来误差。

引入电桥灵敏度 S 的概念：

$$S = \frac{\Delta n}{\dfrac{\Delta R_x}{R_x}} \tag{3-7-5}$$

它表示电桥平衡后，R_x 的相对改变量 $\Delta R_x / R_x$ 所引起的检流计指针偏转格数为 Δn。当 $\Delta R_x / R_x$ 一定时，引起的 Δn 愈大，电桥灵敏度 S 愈大，对电桥平衡的判断愈容易，测量愈精确，误差愈小。在具体测量时待测电阻 R_x 是不可能改变的，可以用标准电阻（电阻箱）R 的相对改变量 $\Delta R/R$ 来代替 $\Delta R_x/R_x$。例如，$S = 100$ 格 $= 0.1$ 格/0.1% 就表示电桥平衡后 R 改变 0.1%，检测计指针偏转 0.1 格；R 改变小于 0.1%，检测计指针偏转小于 0.1 格，人们觉察不出，此时由电桥灵敏度限制带来的误差小于 0.1%。

从进一步理论推导可知：电桥灵敏度的高低与电源电压、检流计本身的灵敏度高低、桥臂各电阻及检流计内阻有关。

（六）实验内容与操作步骤

1. 用滑线式电桥测电阻

（1）首先用万用电表粗测出 R_x（或从电阻的标称值直接读出）。

（2）将检流计调零，按图 3-7-2 连接电路，移动弹片按键位置，使 $L_1 = L_2$，将 R 调到 R_x 的粗测值，即：使 $R = R_x$，R_K 调到最大。

（3）检查线路，确定无误后，接通检流计上的"电计"按钮，合上开关，然后采用跃接方式按下弹片按键的一个触头，使电桥接通，观察 G 的偏转情况。注意：此时检流计指针可能摆动很大，请迅速按下"短路"按钮，松开弹片按钮触头。在后面的操作过程中也要注意。

（4）调节 R 使 G 的偏转减到最小。注意：每次调节 R 之前，要松开触头，当 R 调节到位后，再按下触头，观察指针的偏转，即按下触头与调节 R 要交替操作，直至检流计偏转最小，同时要保证触点位置不变。调节 R 时，要仔细观察指针摆动的快慢、方向、偏转大小，从而判断出下一步是应增大 R 还是减小 R。如发现 R 改变 0.1 Ω 时，指针偏转格数改变量很小或指针不动，可考虑更换电池。

（5）将 R_K 逐渐调到最小，同时调节 R，使 G 的偏转为 0，记下电阻箱的示值 R。注意：当电桥灵敏度较高时，一般无法使指针完全指零，此时可以取偏转最小时的电阻箱的阻值。此时如果通过移动触头改变触点位置来使 G 的偏转完全为 0，此法不可取，因为移动量很小，无法准确读出，另外还会破坏后面交换测量的条件。

（6）将 R、R_x 交换位置，保持触点位置不变（即保持 L_1、L_2 不变），重复以上操作，使电桥平衡，记下电阻箱的示数 R'。

2. 测量电桥的灵敏度 S

当电桥平衡后，使比较臂 R 改变 ΔR，一般 $\Delta R = 0.1\ \Omega$，如指针偏转格数改变量很小，可增大 R 的改变量，破坏电桥平衡，读出检流计指针相应的偏转格数 Δn，就可根据式（3 - 7 - 5）计算出 S。

3. 用自组电桥测电阻

（1）将图 3 - 7 - 1 中的 R、R_1、R_2 用标准电阻箱取代，就构成了自组电桥，选择合适的 $\dfrac{R_1}{R_2}$ 值和 R，按照上面的方法，找到电桥平衡时的 R 值。

（2）交换 R、R_x 的位置，找到电桥平衡时的 R' 值。

（七）数据记录及处理

1. 用滑线式电桥测电阻

数据表格如表 3 - 7 - 1 所示。

表 3 - 7 - 1　数据表格

L_1/cm	L_2/cm	R/Ω	R'/Ω	$R_x = \sqrt{RR'}/\Omega$

电阻箱等级：

$\Delta R_{仪} = R \times 等级\% = $ _____；

$\Delta R'_{仪} = R' \times 等级\% = $ _____；

$\Delta R_x = \sqrt{\left(\dfrac{\partial R_x}{\partial R}\Delta R_{仪}\right)^2 + \left(\dfrac{\partial R_x}{\partial R'}\Delta R'_{仪}\right)^2} = \sqrt{\dfrac{R'}{2R}\Delta R_{仪}^2 + \dfrac{R}{2R'}\Delta R'^2_{仪}} = $ _____；

$R_x = \sqrt{RR'} \pm \Delta R_x = $ _____。

2. 测量电桥的灵敏度 S

数据表格如表 3 - 7 - 2 所示。

表 3 - 7 - 2　数据表格

R/Ω	$\Delta R/\Omega$	$\Delta n/格$	$S = \dfrac{\Delta n}{\Delta R/R}$
	0.1		

（八）思考题

（1）总结出电桥实验中出现下列现象的可能原因：

①检流计总往一边偏。

②检流计指针不动。

③调节 R 的最小挡，检流计指针不是偏左就是偏右，始终不能准确指零。

（2）滑线电桥中滑点选在什么位置测量结果误差最小？为什么？

（3）为什么本实验采用跃接法？

（4）用电桥测电阻和用伏安法测电阻各有何主要特点？

实验 8　模拟法描绘静电场

　　模拟法本质上是用一种易于实现、便于测量的物理状态或过程模拟不易实现、不便测量的状态和过程，要求这两种状态或过程有一一对应的两组物理量，且满足相似的数字形式及边界条件。

　　一般情况，模拟可分为物理模拟和数学模拟，对一些物理场的研究主要采用物理模拟（物理模拟就是保持同一物理本质的模拟），例如用光测弹性模拟工作内部应力的分布等。数字模拟也是一种研究物理场的方法，它是把不同本质的物理现象或过程，用同一个数学方程来描绘。对一个稳定的物理场，它的微分方程和边界条件一旦确定，其解是唯一的。对于两个不同本质的物理场，如果描述它们的微分方程和边界条件相同，则它们的解是一一对应的，只要对其中一种易于测量的场进行测绘，并得到结果，那么与它对应的另一个物理场的结果也就知道了。由于稳恒电流场易于实现测量，所以就用稳恒电流场来模拟与其具有相同数学形式的其他物理场。

　　大家还要明确，模拟法是在试验和测量难以直接进行，尤其是在理论难以计算时，采用的一种方法，它在工程设计中有着广泛的应用。

（一）实验要求

　　本实验用稳恒电流场分别模拟长同轴圆形电缆的静电场、劈尖形电极和聚焦、平行导线形成的静电场以及飞机机翼周围的速度场。具体要求达到：

　　（1）学习用模拟方法来测绘具有相同数学形式的物理场。

　　（2）描绘出分布曲线及场量的分布特点。

　　（3）加深对各物理场概念的理解。

　　（4）初步学会用模拟法测量和研究二维静电场。

（二）仪器设置

GVZ – 3 型导电微晶静电场描绘仪。

（三）预习思考题

　　（1）用电流场模拟静电场的理论依据是什么？

　　（2）等位线与电力线之间有何关系？

　　（3）如果电源电压 U_a 增加一倍，等位线和电力线的形状是否发生变化？电场强度和电位分布是否发生变化？为什么？

（四）实验原理

1. 模拟长同轴圆柱形电缆的静电场

稳恒电流场与静电场是两种不同性质的场，但是它们两者在一定条件下具有相似的空间分布，即两种场遵守规律在形式上相似，都可以引入电位 U，电场强度 $\boldsymbol{E} = -\nabla U$，都遵守高斯定律。

对于静电场，电场强度在无源区域满足以下积分关系：

$$\oint \boldsymbol{E} \cdot \mathrm{d}\boldsymbol{s} = 0, \quad \oint \boldsymbol{E} \cdot \mathrm{d}\boldsymbol{l} = 0$$

对于稳恒电流场，电流密度矢量 $\boldsymbol{j}$ 在无源区域内也满足类似的积分关系

$$\oint \boldsymbol{j} \cdot \mathrm{d}\boldsymbol{s} = 0, \quad \oint \boldsymbol{j} \cdot d\boldsymbol{l} = 0$$

由此可见 $\boldsymbol{E}$ 和 $\boldsymbol{j}$ 在各自区域中满足同样的数学规律。在相同边界条件下，具有相同的解析解。因此，可以用稳恒电流场来模拟静电场。

在模拟的条件上，要保证电极形状一定，电极电位不变，空间介质均匀，在任何一个考察点，均应有"$U_{稳恒} = U_{静电}$"或"$E_{稳恒} = E_{静电}$"。下面具体到本实验来讨论这种等效性。

（1）同轴电缆及其静电场分布

如图 3-8-1(a) 所示，在真空中有一半径为 r_a 的长圆柱形导体 A 和一内半径为 r_b 的长圆筒形导体 B，它们同轴放置，分别带等量异号电荷。由高斯定理知，在垂直于轴线的任一截面 S 内，都有均匀分布的辐射状电场线，这是一个与坐标 Z 无关的二维场。在二维场中，电场强度 E 平行于 xy 平面，其等位面为一簇同轴圆柱面。因此只要研究 S 面上的电场分布即可。

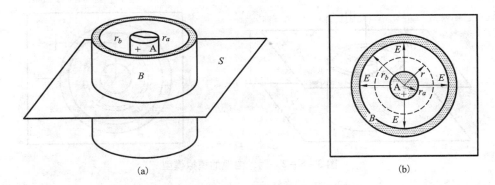

图 3-8-1　同轴电缆及其静电电场分布

由静电场中的高斯定理可知，距轴线的距离为 r 处[图 3-8-1(b)]的各点电场强度为：

$$E = \frac{\lambda}{2\pi\varepsilon_0 r}$$

式中：λ 为柱面单位长度的电荷量，其电位为：

$$U_r = U_a - \int_{r_a}^{r} \boldsymbol{E} \cdot \mathrm{d}\boldsymbol{s} = U_a - \frac{\lambda}{2\pi\varepsilon_0 r}\ln\frac{r}{r_a}$$

设 $r = r_b$ 时，$U_b = 0$，则有：

$$\frac{\lambda}{2\pi\varepsilon_0} = \frac{U_a}{\ln\dfrac{r_b}{r_a}}$$

代入上式，得：

$$U_r = U_a - \frac{\ln \frac{r_b}{r}}{\ln \frac{r_b}{r_a}}$$

$$E_r = -\frac{\mathrm{d}U_r}{\mathrm{d}r} = \frac{U_a}{\ln \frac{r_b}{r_a}} \cdot \frac{1}{r}$$

（2）同柱圆柱面电极间的电流分布

若上述圆柱形导体 A 与圆筒形导体 B 之间充满了电导率为 α 的不良导体，A、B 与电流电源正负极相连接（见图 3 – 8 – 2），A、B 间将形成径向电流，建立稳恒电流场 E'_r，可以证明不良导体中的电场强度 E'_r 与原真空中的静电场 E_r 是相等的。

取厚度为 t 的圆轴形同轴不良导体片为研究对象，设材料电阻率为 $\rho(\rho = 1/\alpha)$，则任意半径 r 到 $r + \mathrm{d}r$ 的圆周间的电阻是：

$$\mathrm{d}R = \rho \cdot \frac{\mathrm{d}r}{s} = \rho \cdot \frac{\mathrm{d}r}{2\pi rt} = \frac{\rho}{2\pi t} \cdot \frac{\mathrm{d}r}{r}$$

则半径为 r 到 r_b 之间的圆柱片的电阻为：

$$R_{rrb} = \frac{\rho}{2\pi t} \int \frac{\mathrm{d}r}{r} = \frac{p}{2\pi t} \ln \frac{r_b}{r}$$

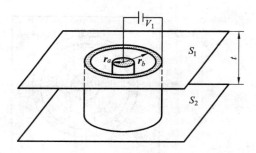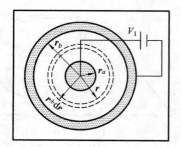

图 3 – 8 – 2　同轴电缆的模拟模型

总电阻为（半径 r_a 到 r_b 之间圆柱片的电阻）：

$$Rr_a r_b = \frac{\rho}{2\pi t} \ln \frac{r_b}{r}$$

设 $U_b = 0$，则两圆柱面间所加电压为 U_a，径向电流为：

$$I = \frac{U_a}{R_{r_a r_b}} = \frac{2\pi t U_a}{\rho \ln \frac{r_b}{r_a}}$$

距轴线 r 处的电位为：

$$U'_r = IR_{rrb} = U_a \frac{\ln \frac{r_b}{r}}{\ln \frac{r_b}{r_a}}$$

则 E'_r 为：

$$E'_r = -\frac{\mathrm{d}U'_r}{\mathrm{d}r} = \frac{U_a}{\ln\dfrac{r_b}{r_a}} \cdot \frac{1}{r}$$

由以上分析可见，U_r 与 U'_r，E_r 与 E'_r 的分布函数完全相同。为什么这两种场的分布相同呢？可以从电荷产生场的观点加以分析。在导电质中没有电流通过，其中任一体积元（宏观小，微观大，其内仍包含了大量原子）内正负电荷数量相等，没有净电荷，呈电中性。当有电流通过时，单位时间内流入和流出该体积元的正负电荷数量相等，净电荷为零，仍然呈电中性。因而，整个导电质内有电流通过时也不存在净电荷。这就是说，真空中的静电场和有稳恒电流通过时电质中的场都是由电极上的电荷产生的。事实上，真空中电极上的电荷是不动的，在有电流通过的导电质中，电极上的电荷一边流失，一边由电源补充，在动态平衡下保持电荷的数量不变。所以这两种情况下电场分布是相同的。

2. 模拟条件

模拟方法的使用有一定的条件和范围，不能随意推广，否则将会得到荒谬的结论。用稳恒电流场模拟静电场的条件可以归纳为下列 3 点。

(1) 稳恒电流场中的电极形状应与被模拟的静电场中的带电体几何形状相同。

(2) 稳恒电流场中的导电介质是不良导体且电导率分布均匀，并满足 $\sigma_{电极} \gg \sigma_{导电质}$ 才能保证电流场中的电极（良导体）的表面也近似是一个等位面。

(3) 模拟所用电极系统与被模拟电极系统的边界条件相同。

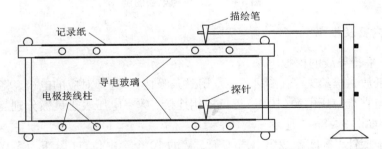

图 3-8-3　GVZ-3 型导电微晶电场描绘仪结构图

3. 测绘方法

场强 E 在数值上等于电位梯度，方向指向电位降落的方向。考虑到 E 是矢量，而电位 U 是标量，从实验测量来说，测定电位比测定场强容易实现，所以可先测量等位线，然后根据电场线与等位线正交的原理，画出电场线。这样就可由等位线的间距确定电场的疏密和指向，将抽象的电场形象地反映出来。

4. 实验装置

GVZ-3 型导电微晶静电场描绘仪（包括导电微晶、双层固定支架、同步探针等）如图 3-8-4 所示，支架采用双层式结构，上层放记录纸，下层放导电微晶。电极已直接制作到导电微晶上，并将电极引线接出到外接线柱上，电极间制作有导电率远小于电极且各项均匀的导电介质。接通直流电源(10 V)就可进行实验。在导电微晶和记录纸上方各有一探针，通过金属探针臂把两探针固定在同一手柄座上，两探针始终保持在同一铅垂线上。移动手柄座时，可保证两探针的运动轨迹是一样的。由导电微晶上方的探针找到待测点后，按一下记录纸上方的探针，在记录纸上留下一个对应的标记。移动同步探针，在导电微晶上找出若干电位相同的点，由此即可描绘出等位线。

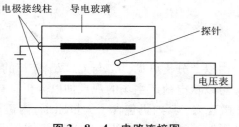

图 3 - 8 - 4　　电路连接图

5. 模拟对象与模拟电极图例（图 3 - 8 - 5）

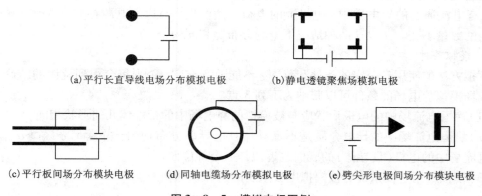

(a)平行长直导线电场分布模拟电极　　(b)静电透镜聚焦场模拟电极

(c)平行板间场分布模块电极　　(d)同轴电缆场分布模拟电极　　(e)劈尖形电极间场分布模块电极

图 3 - 8 - 5　　模拟电极图例

（五）实验内容及步骤

（1）测绘长平行导线的模拟电场。

①将记录纸放在描绘架子上铺平（注意用磁条吸住），选择对应的电极，将导电玻璃上内外两电极分别与直流稳压电源(10 V)正负极相连接，数字电压表正负极分别与同步探针及电源负极相连接（如图 3 - 8 - 4 所示）。

②移动同步探针，等间距找出电压等于 5 V 的 10 个等电位点（电压为 5 V 的等位线是一条直线且与电极的几何对称轴重合）。每找到一个点都要将探针轻轻按下，使上层记录纸上留下一个小黑点。

③根据对称的性质，依次描出电压为 2 V、4 V、5 V、6 V、8 V 的等位点(1 条等位线上相邻两点间的距离约 1 cm 为宜，曲线弯曲较厉害处和两条曲线靠近点要取得密一些，约 5 mm)。要求每条等位线要有 10 个点。

④用铅笔和曲线板把各组等位点连成等位线。再根据电力线和等位线垂直的性质，画出 5 条对称分布的电力线，并用箭头标出电力线的方向。

（2）用上述方法测绘同轴电缆的模拟电场。

（3）用同样的方法测绘劈尖作电极的模拟电场。

（4）用同样的方法测绘静电透镜聚焦场的模拟电场。

注意事项：

（1）两极板切忌短路。

（2）不能用铅笔和其他笔在记录纸上画，记录纸必须保持平整，不能折叠、破缺，否则记录纸不能看作均匀的不良导体薄层，模拟电场和原静电场的分布将不会相同。

（3）由于导电微晶边缘处电流只能沿边缘流动，因此等位线必须与边缘垂直，使该处的等位线和电力线严重畸变，这就是用有限大的模拟模型去模拟无限大的空间电场必然会受到的"边缘效应"的影响。如要减小这一影响，则要使用"无限大"的导电微晶进行实验，或者人为地将导电微晶的边缘切割成电力线的形状。

（六）思考题

（1）根据测绘所得等位线和电力线的分布，分析：哪些地方场强较强？哪些地方场强较弱？

（2）从实验结果能否说明电极的电导率远大于导电介质的电导率？如不满足这一条件会出现什么现象？

（3）稳恒电流场和静电场有何异同？

实验 9　测量转动惯量

转动惯量是刚体转动惯性的量度，它与刚体的质量分布和转轴的位置有关。对于形状简单的匀质刚体，可以通过数学方法算出它绕特定轴的转动惯量，而形状较复杂或非匀质的刚体，由于用数学方法计算它的转动惯量非常困难，故常用实验方法测定。测量转动惯量的方法很多，如三线摆、扭摆、转动惯量仪等。转动惯量的测量，一般都是使刚体以一定的形式运动，通过表征这种运动特征的物理量与转动惯量的关系，进行转换测量。

一、三线摆测转动惯量

本实验采用的是三线摆，其特点是操作简便，比较实用，对于形状复杂的刚体亦可进行测量。

(一)实验要求

(1)掌握三线摆测量转动惯量的原理和方法。
(2)巩固测量值的不确定度计算方法的知识。

(二)实验目的

测定圆环绕中心轴的转动惯量。

(三)实验仪器与用具

三线摆，水准仪，钢卷尺，游标卡尺，秒表，圆环。

(四)预习思考题

(1)怎样扭转三线摆才能防止它晃动？
(2)公式中 r、R 是否为上、下转盘的半径？

(五)实验原理

如图 3-9-1 所示，上、下圆盘由 3 根等长的摆线连接，每个圆盘上的 3 个悬点都是构成等边三角形的 3 个顶点，且等边三角形的质心 O 和 O' 与其所在的悬盘的质心重合。因此，只要三线摆摆线等长，圆盘处于水平状态，启动仪器后下圆盘即绕中心轴 OO' 转动。同时，下圆盘的质心 O 沿 OO' 轴上升。

设下圆盘的质量为 m_0，开始扭转时，下圆盘上升的最大高度为 h，其势能增加为：

$$E_p = m_0 gh$$

当圆盘从最高处回到平衡位置时，其扭转的角速度为 ω_0，其值亦为最大，这时圆盘的动能为：

$$E_k = \frac{1}{2} I_0 \omega_0^2$$

式中：I_0 为下圆盘的转动惯量。在忽略摩擦阻力的情况下，由机械守恒定律可得：

$$\frac{1}{2} I_0 \omega_0^2 = m_0 g h \qquad (3-9-1)$$

圆盘在小角度扭转摆动时，可按简谐振动处理，其角位置与时间的关系可以表示为：

$$\theta = \theta_0 \sin \frac{2\pi}{T_0} t \qquad (3-9-2)$$

式中：θ 为圆盘扭转的角位移，θ_0 为角位移的振幅，T_0 为圆盘的扭转周期，t 为时间。

圆盘的角速度 ω 为：

$$\omega = \frac{\mathrm{d}\theta}{\mathrm{d}t} = \frac{2\pi}{T_0} \theta_0 \cos \frac{2\pi}{T_0} t$$

当圆盘通过平衡位置时，即 $t=0$ 时，角速度为最大值 $\omega_0 = 2\pi\theta_0/T_0$，代入式（3-9-1）得：

$$m_0 g h = \frac{1}{2} I_0 \left[\frac{2\pi\theta_0}{T_0} \right]^2 \qquad (3-9-3)$$

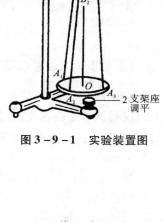

图 3-9-1 实验装置图

由图 3-9-2 所示，设悬线长为 L，上盘悬点所确定圆的半径为 r，下盘悬点所确定圆的半径为 R，两盘处于静止时，之间的距离为 H。当圆盘上升到最大高度 h 时，圆盘的转角为 θ。由图 3-9-2 可得：

$$h = OO_1 = BC - BC_1 = \frac{(BC)^2 - (BC_1)^2}{BC + BC_1}$$

而

$$(BC)^2 = (AB)^2 - (AC)^2 = L^2 - (R-r)^2$$
$$(BC_1)^2 = (A_1B)^2 - (A_1C_1)^2 = L^2 - (R^2 + r^2 - 2Rr\cos\theta_0)$$

代入上式得：

$$h = \frac{2Rr(1-\cos\theta_0)}{BC + BC_1} = \frac{4rR\sin^2\frac{\theta_0}{2}}{BC + BC_1}$$

在转角很小时，$\sin\theta_0 \approx \theta_0$，$BC = BC_1 = H$。于是得：

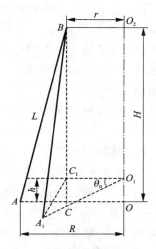

图 3-9-2 实验原理图

$$h = \frac{Rr\theta_0^2}{2H} \qquad (3-9-4)$$

将式（3-9-4）代入式（3-9-3）中，得：

$$I_0 = \frac{m_0 g R r}{4\pi^2 H} T_0^2 \qquad (3-9-5)$$

欲测质量为 m_1 的圆环相对于某特定轴的转动惯量，只需将圆环置于圆盘上，并使其特定轴与 OO' 轴重合，则系统绕轴 OO' 的转动惯量为：

$$I = \frac{(m_0 + m_1)gRr}{4\pi^2 H} T^2 \qquad\qquad (3-9-6)$$

式中：$m_0 + m_1$ 为系统(下盘与圆环)的总质量，T 为系统的振动周期。从总的转动惯量 I 中减去圆盘的转动惯量 I_0，就可求出待测物体圆环绕轴 OO' 的转动惯量 I_1，即：

$$I_1 = I - I_0 = \frac{gRr}{4\pi^2 H} \left[(m_0 + m_1)T^2 - m_0 T_0^2 \right] \qquad\qquad (3-9-7)$$

(六)实验步骤与注意事项

1. 实验步骤

(1)仪器调平。将水准仪放在悬挂上圆盘的支架上，调节支架座的两个螺母，使上圆盘处于水平状态。再把水准仪放在下圆盘上，调节3根悬线的长度使之水平(L 尽可能长点，一般 $L > 500$ mm)。

(2)量出悬线长 L(当转角很小并且悬线很长时，两圆盘之间的距离 H 用悬线长 L 代替)。

(3)测出悬点所定圆的半径 R 和 r。由于三线摆悬点不在上圆盘和下圆盘的边缘上，故不能用上圆盘和下圆盘的直径求 r 或 R。原则上讲，悬点必须构成等边三角形，从而只要测出悬点间距就可求出 r、R。设测得上圆盘悬点间距为 a，下圆盘悬点间距为 b，则 $r = a/\sqrt{3}$，$R = b/\sqrt{3}$。

(4)量出下圆盘的直径 D_0，圆环的内、外径 $D_{1内}$、$D_{1外}$，记录下圆盘的质量 m_0、圆盘的质量 m_1。

(5)当下圆盘完全静止时，轻快转动上圆盘使某一摆线摆动角度 5°左右，则悬线可带动下圆盘平稳摆动而避免晃动。用秒表测出 50 次完全摆动周期的时间 t_0，测 6 次，求出平均摆动周期 T_0。

(6)将待测圆环置于下圆盘上，使两者中心轴线重合，按步骤(5)求出系统的振动周期 T。

(7)整理实验仪器。

2. 注意事项

(1)三线摆的启动。如前所述，测量时整个摆动系统的质心必须在 OO' 轴上，且 OO' 轴不动，使其振动为简谐振动。因此，三线摆启动后，不应造成左右摆动，否则对结果影响很大。正确的启动方法为：待已调好水平的下圆盘完全处于静止状态时，轻快转动上圆盘 15°~20°，使摆线摆角 5°左右。这样，通过 3 根摆线的带动，就能使下圆盘平稳地扭摆。

(2)周期的测定。测周期所用秒表一般为机械秒表或电子秒表，其精度为 0.1 s、0.2 s 或 0.01 s。要使测量的时间不少于 4 位有效数字，应连续测 50~100 个周期。方法为：当下圆盘边缘上的标记由左到右(或由右到左)经过平衡位置时读"0"，并同时按秒表，以后每当此标记由左向右(或由右到左)经过其平衡位置时记一次数，直到所需测量的周期数时停表。由于人的反应不同，在开、关秒表时，可能有 0.1 s 或 0.2 s 的误差.但平均后的周期值仍然可精确到 1/1 000 s。另外，开、关秒表时，应先将秒表按钮的弹簧压下一段，则这一误差可降低到最低限度。

(3)需特别注意：公式中 r、R 分别是上、下圆盘悬点所定圆的半径，而不是上、下圆盘的半径。

(七) 数据记录及处理

长度测量表格如表 3 – 9 – 1 所示。

表 3 – 9 – 1　长度测量

游标卡尺零差:

次数	a/cm	b/cm	H/cm	D_0/cm	$D_{1内}/\text{cm}$	$D_{1外}/\text{cm}$
1						
2						
3						
4						
5						
6						
平均						

周期测量表格如表 3 – 9 – 2 所示。

表 3 – 9 – 2　周期测量

次数	周期数	t_0/s	T_0/s	t/s	T/s
1	50				
2	50				
3	50				
4	50				
5	50				
6	50				
平均	50				

1. 求下圆盘的转动惯量

$$I_0 = \frac{m_0 gRr}{4\pi^2 H}T_0^2 = \frac{m_0 gab}{12\pi^2 H}T_0^2 = \underline{\hspace{3cm}}\quad \text{kg} \cdot \text{m}^2$$

$$S_{\bar{a}} = \sqrt{\frac{\sum\limits_{i=1}^{n}(a_i - \bar{a})^2}{n(n-1)}} = \underline{\hspace{2cm}};\quad \Delta_a = \sqrt{S_a^2 + \Delta_{仪}^2/3} = \underline{\hspace{2cm}}$$

$$S_{\bar{b}} = \sqrt{\frac{\sum\limits_{i=1}^{n}(b_i - \bar{b})^2}{n(n-1)}} = \underline{\hspace{2cm}};\quad \Delta_b = \sqrt{S_b^2 + \Delta_{仪}^2/3} = \underline{\hspace{2cm}}$$

$$S_{\bar{H}} = \sqrt{\frac{\sum\limits_{i=1}^{n}(H_i - \bar{H})^2}{n(n-1)}} = \underline{\hspace{2cm}};\quad \Delta_H = \sqrt{S_H^2 + \Delta_{仪}^2/3} = \underline{\hspace{2cm}}$$

$$S_{\overline{D}_0} = \sqrt{\frac{\sum\limits_{i=1}^{n}(D_{0i} - \overline{D}_0)^2}{n(n-1)}} = \underline{\hspace{2cm}}; \quad \Delta_{D_0} = \sqrt{S_D^2 + \Delta_{仪}^2/3} = \underline{\hspace{2cm}}$$

$$S_{\overline{D}_{1内}} = \sqrt{\frac{\sum\limits_{i=1}^{n}(D_{1内i} - \overline{D}_{1内})^2}{n(n-1)}} = \underline{\hspace{2cm}}; \quad \Delta_{D_{1内}} = \sqrt{S_{\overline{D}_{1内}}^2 + \Delta_{仪}^2/3} = \underline{\hspace{2cm}}$$

$$S_{\overline{D}_{1外}} = \sqrt{\frac{\sum\limits_{i=1}^{n}(D_{1外i} - \overline{D}_{1外})^2}{n(n-1)}} = \underline{\hspace{2cm}}; \quad \Delta_{D_{1外}} = \sqrt{S_{\overline{D}_{1外}}^2 + \Delta_{仪}^2/3} = \underline{\hspace{2cm}}$$

$$S_{\overline{t}_0} = \sqrt{\frac{\sum\limits_{i=1}^{n}(t_{0i} - \overline{t}_0)^2}{n(n-1)}} = \underline{\hspace{2cm}}; \quad \Delta_{t_0} = \sqrt{S_{t_0}^2 + \Delta_{仪}^2/3} = \underline{\hspace{2cm}}$$

$$S_{\overline{t}} = \sqrt{\frac{\sum\limits_{i=1}^{n}(t_i \overline{t}_0)^2}{n(n-1)}} = \underline{\hspace{2cm}}; \quad \Delta_t = \sqrt{S_{t_0}^2 + \Delta_{仪}^2/3} = \underline{\hspace{2cm}}$$

$$E_{I_0} = \frac{\Delta_{I_0}}{I_0} = \sqrt{\left(\frac{\Delta_a}{a}\right)^2 + \left(\frac{\Delta_b}{b}\right) + \left(\frac{\Delta_H}{H}\right) + 4\left(\frac{\Delta_{t_0}}{t_0}\right)} = \underline{\hspace{2cm}} \text{ kg·m}^2$$

$$\Delta_{I_0} = I_0 E_1 = \underline{\hspace{2cm}} \text{ kg·m}^2$$

$$I_{0实} = I_0 \pm 1.96\Delta_{I_0} = \underline{\hspace{2cm}} \text{ kg·m}^2$$

$$I_{0理} = \frac{1}{8}m_0 D_0^2 = \underline{\hspace{2cm}} \text{ kg·m}^2$$

$$E_{I_{0理}} = \frac{\Delta_{I_{0理}}}{I_{0理}} = \underline{\hspace{2cm}}$$

$$\Delta_{I_{0理}} = I_{0理} E_{I_{0理}} = \underline{\hspace{2cm}} \text{ kg·m}^2$$

$$|I_0 - I_{0理}| = \underline{\hspace{2cm}} \text{ kg·m}^2$$

$$\Delta_{I_0} + \Delta_{I_{0理}} = \underline{\hspace{2cm}} \text{ kg·m}^2$$

比较 $|I_0 - I_{0理}|$ 与 $\Delta_{I_0} + \Delta_{I_{0理}}$, 若 $|I_0 - I_{0理}| < \Delta_{I_0} + \Delta_{I_{0理}}$, 则实验成功。

2. 求圆环的转动惯量

$$I_1 = \frac{gab}{12\pi^2 H}[(m_0 - m_1)T^2 - m_0 T_0^2] = \underline{\hspace{2cm}} \text{ kg·m}^2$$

$$\Delta_{I_1} = \sqrt{\left(\frac{\partial I_1}{\partial a}\Delta_a\right)^2 + \left(\frac{\partial I_1}{\partial b}\Delta_b\right)^2 + \left(\frac{\partial I_1}{\partial H}\Delta_H\right)^2 + \left(\frac{\partial I_1}{\partial t}\Delta_t\right)^2 + \left(\frac{\partial I_1}{\partial t_0}\Delta_{t_0}\right)^2} = \underline{\hspace{2cm}} \text{ kg·m}^2$$

$$I_{1实} = I_1 \pm 1.96\Delta_{I_1} = \underline{\hspace{2cm}} \text{ kg·m}^2$$

$$I_{1理} = \frac{1}{8}(D_{1内}^2 + D_{1外}^2) = \underline{\hspace{2cm}} \text{ kg·m}^2$$

$$\Delta_{I_{1理}} = \sqrt{\left(\frac{\partial I_{1理}}{\partial D_{1内}}\Delta_{D_{1内}}\right)^2 + \left(\frac{\partial I_{1理}}{\partial D_{1外}}\Delta_{D_{1外}}\right)^2} = \underline{\hspace{2cm}} \text{ kg·m}^2$$

$$|I_1 - I_{1理}| = \underline{\hspace{2cm}} \text{ kg·m}^2$$

$$\Delta_{I_1} + \Delta_{I_{1理}} = \underline{\qquad\qquad} \ \text{kg·m}^2$$

比较 $\left| I_1 - I_{1理} \right|$ 与 $\Delta_{I_1} + \Delta_{I_{1理}}$，若 $\left| I_1 - I_{1理} \right| < \Delta_{I_1} + \Delta_{I_{1理}}$，则实验成功。

(八)误差分析

(1)三线摆未真正调平。

(2)三线摆启动方法不对。可能不是通过转动上圆盘带动三线摆摆动，或者扭转角度太大，使其振动不是简谐振动，或者下圆盘未完全静止就开始操作。

(3)数周期数不准，或计时位置不对。

(九)思考题

(1)三线摆经什么位置时开始记时误差最小？

(2)若三线摆不等长，有何影响？

(3)用悬线长 L 代替两盘间的距离 H，对结果的影响是什么？

(4)由测多个周期的总时间后再求一个周期，增加了测量时间和计算工作量，为何还要这样做？

(5)在测量过程中，涉及长度测量时，各量应选择什么量具？

(6)三线摆在摆动中受到空气阻力，振幅越来越小，其周期有没有变化？

二、恒力矩转动法测刚体转动惯量

(一)实验目的

(1)学习用恒力矩转动法测定刚体转动惯量的原理和方法。

(2)观测刚体的转动惯量随其质量、质量分布及转轴不同而改变的情况，验证平行轴定理。

(3)学会使用智能计时计数器测量时间。

(二)实验仪器和用具

转动惯量实验仪，智能计时计数器。

(三)预习思考题

(1)实验过程中如何测量被测件的转动惯量(写出必要的公式)？

(2)实验过程中如何测量角加速度？

(四)实验原理

1. 恒力矩转动法测定转动惯量的原理

根据刚体的定轴转动定律：

$$M = J\beta \qquad\qquad (3-9-8)$$

只要测定刚体转动时所受的总合外力矩 M 及该力矩作用下刚体转动的角加速度 β，就可计算出该刚体的转动惯量 J。

设以某初始角速度转动的空实验台转动惯量为 J_1，未加砝码时，在摩擦阻力矩 M_μ 的作用下，实验台将以角速度 β_1 做匀减速运动，即：

$$-M_\mu = J_1\beta_1 \qquad\qquad (3-9-9)$$

将质量为 m 的砝码用细线绕在半径为 R 的实验台塔轮上，并让砝码下落，系统在恒外力作用下将作匀加速运动。若砝码的加速度为 a，则细线所受张力为 $T = m(g-a)$。若此时实验台的角加速度为 β_2，则有 $a = R\beta_2$。细线施加给实验台的力矩为 $TR = m(g-R\beta_2)R$，此时有

$$m(g-R\beta_2)R - M_\mu = J_1\beta_2 \qquad\qquad (3-9-10)$$

将 $(3-9-9)$、$(3-9-10)$ 两式联立消去 M_μ 后，可得：

$$J_1 = \frac{mR(g-R\beta_2)}{\beta_2 - \beta_1} \qquad\qquad (3-9-11)$$

同理，若在实验台上加上被测物体后系统的转动惯量为 J_2，加砝码前后的角加速度分别为 β_3 与 β_4，则有：

$$J_2 = \frac{mR(g-R\beta_4)}{\beta_4 - \beta_3} \qquad\qquad (3-9-12)$$

由转动惯量的迭加原理可知，被测试件的转动惯量 J_3 为：

$$J_3 = J_2 - J_1 \qquad\qquad (3-9-13)$$

测得 R、m 及 β_1、β_2、β_3、β_4，由式 $(3-9-11)$、$(3-9-12)$、$(3-9-13)$ 即可计算被测试件的转动惯量。

2. β 的测量

实验中采用智能计时计数器记录遮挡次数和相应的时间。固定在载物台圆周边缘相差 π 角的两遮光细棒，每转动半圈遮挡一次固定在底座上的光电门，即产生一个计数光电脉冲，计数器计下遮挡次数 k 和相应的时间 t。若从第一次挡光($k=0$，$t=0$)开始计次、计时，且初始角速度为 ω_0，则对于匀变速运动中测量得到的任意两组数据(k_m，t_m)、(k_n，t_n)，相应的角位移 θ_m、θ_n 分别为：

$$\theta_m = k_m\pi = \omega_0 t_m + \frac{1}{2}\beta t_m^2 \qquad\qquad (3-9-14)$$

$$\theta_n = k_n\pi = \omega_0 t_n + \frac{1}{2}\beta t_n^2 \qquad\qquad (3-9-15)$$

从 $(3-9-14)$、$(3-9-15)$ 两式中消去 ω_0，可得：

$$\beta = \frac{2\pi(k_n t_m - k_m t_n)}{t_n^2 t_m - t_m^2 t_n} \qquad\qquad (3-9-16)$$

由式 $(3-9-16)$ 即可计算角加速度 β。

3. 平行轴定理

理论分析表明，质量为 m 的物体围绕通过质心 O 的转轴转动时的转动惯量 J_0 最小。当转轴平行移动 d 后，绕新转轴转动的转动惯量为：

$$J = J_0 + md^2 \qquad\qquad (3-9-17)$$

（五）转动惯量实验组合仪简介

1. ZKY-ZS 转动惯量实验仪

转动惯量实验仪如图 3-9-3 所示，绕线塔轮通过特制的轴承安装在主轴上，使转动时

的摩擦力矩很小。塔轮半径分别为 15 mm，20 mm，30 mm，35 mm 共 5 挡，可与大约 5 g 的砝码托及 1 个 5 g，4 个 10 g 的砝码组合，产生大小不同的力矩。载物台用螺钉与塔轮连接在一起，随塔轮转动。随仪器配的被测试样有 1 个圆盘，1 个圆环，2 个圆柱；试样上标有几何尺寸及质量，便于将转动惯量的测试值与理论计算值比较。圆柱试样可插入载物台上的不同孔，这些孔离中心的距离分别为 45 mm，60 mm，75 mm，90 mm，105 mm，便于验证平行轴定理。铝制小滑轮的转动惯量与实验台相比可忽略不记。1 只光电门作测量，1 只作备用，可通过智能计时计数器上的按钮方便地切换。

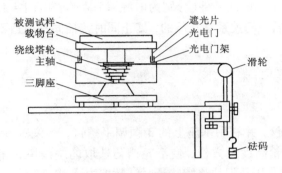

图 3 – 9 – 3　转动惯量实验仪

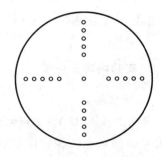

图 3 – 9 – 4　载物台俯视图

2．智能计时计数器简介及技术指标

（1）主要技术指标

时间分辨率（最小显示位）为 0.000 1 s，误差为 0.004%，最大功耗 0.3 W。

（2）智能计时计数器简介

智能计时计数器配备一个 +9 V 稳压直流电源。

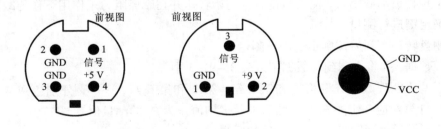

图 3 – 9 – 5　智能计时计数器

　　智能计时计数器：+9 V 直流电源输入端；122 × 32 点阵图形 LCD；3 个操作按钮：模式选择/查询下翻按钮、项目选择/查询上翻按钮、确定/开始/停止按钮；4 个信号源输入端，4 个 4 孔输入端是一组，2 个 3 孔输入端是另一组，4 孔的 A 通道同 3 孔的 A 通道属同一通道，不管接哪个效果一样，同样 4 孔的 B 通道和 3 孔的 B 通道属同一通道（见图 3 – 9 – 5）。

　　（3）智能计时计数器操作

　　上电开机显示"智能计时计数器，成都世纪中科"画面延时一段时间后，显示操作界面：上行为测试模式名称和序号，例："1 计时⇔"表示按模式选择/查询下翻按钮选择测试模式。下行为测试项目名称和序号，例："1－1 单电门⇨"表示项目选择/查询上翻按钮选择测试项目。

　　选择好测试项目后，按确定键，LCD 将显示"选 A 通道测量⇔"，然后通过按模式选择/查询下翻按钮和项目选择/查询上翻按钮进入 A 或 B 通道的选择，选择好后再次按下确定键即可开始测量。一般测量过程中将显示"测量中＊＊＊＊＊"，测量完成后自动显示测量值，若该项目有几组数据，可按查询下翻按钮或查询上翻按钮进行查询，再次按下确定键退回到项目选择界面。如未测量完成就按下确定键，则测量停止，将根据已测量到的内容进行显示，再次按下确定键将退回到测量项目选择界面。

　　注意：有 AB 两通道，每通道都各有两个不同的插件（分别为电源 +5 V 的光电门 4 芯和电源 +9 V 的光电门 3 芯），同一通道不同插件的关系是互斥的，禁止同时接插同一通道不同插件。

（六）实验内容及步骤

　　1. 实验准备

　　在桌面上放置 ZKY－ZS 转动惯量实验仪，并利用基座上的 3 颗调平螺钉，将仪器调平。将滑轮支架固定在实验台面边缘，调整滑轮高度及方位，使滑轮槽与选取的绕线塔轮槽等高，且其方位相互垂直，如图 3－9－3 所示。用数据线将智能计时计数器中 A 或 B 通道与转动惯量实验仪其中的一个光电门相连。

　　2. 测量并计算实验台的转动惯量 J_1

　　（1）测量 β_1

　　开机后，LCD 显示"智能计时计数器，成都世纪中科"界面，后延时显示操作界面：

　　①选择"计时 1－2 多脉冲"。

　　②选择通道。

　　③用手轻轻拨动载物台，使实验台有一初始转速并在摩擦阻力矩作用下作匀减速运动。

　　④按确定键进行测量。

　　⑤载物盘转动 5 圈后按确定键停止测量。

　　⑥查阅数据，并将查阅到的数据记入表 3－9－3 中。

　　采用逐差法处理数据，将第 1 和第 5 组，第 2 和第 6 组，……，分别组成 4 组，用式（3－3－16）计算对应各组的 β_1 值，然后求其平均值作为 β_1 的测量值。

　　⑦按确定键后返回"计时　1－2 多脉冲"界面。

　　（2）测量 β_2

　　①选择塔轮半径 R 及砝码质量，将一端打结的细线沿塔轮上开的细缝塞入，并且不重叠密绕于所选定半径的轮上，细线另一端通过滑轮后连接砝码托上的挂钩，用手将载物台稳住。

　　②重复（1）中的①、②步。

　　③释放载物台，砝码重力产生的恒力矩使实验台产生匀加速转动；记录 8 组数据后停止测量。查阅、记录数据于表 3－9－3 中并计算 β_2 的测量值。由式（3－9－11）即可算出 J_1 的值。

3. 测量并计算实验台放上试样后的转动惯量 J_2，计算试样的转动惯量 J_3 并与理论值比较

将待测试样放上载物台并使试样几何中心轴与转轴中心重合，按与测量 J_1 同样的方法可分别测量未加砝码的角加速度 β_3 与加砝码后的角加速度 β_4。由式(3 - 9 - 12)可计算 J_2 的值，已知 J_1、J_2，式(3 - 9 - 13)可计算试样的转动惯量 J_3。

已知圆盘、圆柱绕几何中心轴转动的转动惯量理论值为：

$$J = \frac{1}{2}mR^2 \tag{3 - 9 - 18}$$

$$J = \frac{m}{2}(R_{外}^2 + R_{内}^2) \tag{3 - 9 - 19}$$

计算试样的转动惯量理论值 J 并与测量值 J_3 相比较，计算测量值的相对误差：

$$E = \frac{J_3 - J}{J} \times 100\% \tag{3 - 9 - 20}$$

4. 验证平行轴定理

将两圆柱对称插入载物台上与中心距离为 d 的圆孔中，测量并计算两圆柱体在此位置的转动惯量。将测量值与由式(3 - 9 - 18)、(3 - 9 - 17)所得的计算值比较，若一致即验证了平行轴定理。

（七）数据记录及处理

表 3 - 9 - 3　测量实验台的角加速度

匀减速					匀加速 $R_{塔轮}=$ _____ mm, $m_{砝码}=$ _____ g				
K	1	2	3	4	K	1	2	3	4
t/s				平均	t/s				平均
K	5	6	7	8	K	5	6	7	8
t/s					t/s				
$\beta_1/(1/\text{s}^2)$					$\beta_2/(1/\text{s}^2)$				

表 3 - 9 - 4　测量实验台加圆环试样后的角加速度

$R_{外}=$ _____ mm, $R_{内}=$ _____ mm, $m_{圆环}=$ _____ g

匀减速					匀加速 $R_{塔轮}=$ _____ mm, $m_{砝码}=$ _____ g				
K	1	2	3	4	K	1	2	3	4
t/s				平均	t/s				平均
K	5	6	7	8	K	5	6	7	8
t/s					t/s				
$\beta_3/(1/\text{s}^2)$					$\beta_4/(1/\text{s}^2)$				

表 3 − 9 − 5　测量两圆柱试样中心与转轴距离 $d = $ _____ mm 时的角加速度

$R_{圆柱} = $ _____ mm, $m_{圆柱} \times 2 = $ _____ g

匀减速						匀加速 $R_{塔轮} = $ _____ mm, $m_{砝码} = $ _____ g					
K	1	2	3	4	平均	K	1	2	3	4	平均
t/s						t/s					
K	5	6	7	8		K	5	6	7	8	
t/s						t/s					
$\beta_3/(1/\text{s}^2)$						$\beta_4/(1/\text{s}^2)$					

表 3 − 9 − 6　测量实验台上圆盘试样后的角加速度

$R_{圆盘} = $ _____ mm, $m_{圆盘} = $ _____ g

匀减速						匀加速 $R_{塔轮} = $ _____ mm, $m_{砝码} = $ _____ g					
K	1	2	3	4	平均	K	1	2	3	4	平均
t/s						t/s					
K	5	6	7	8		K	5	6	7	8	
t/s						t/s					
$\beta_3/(1/\text{s}^2)$						$\beta_4/(1/\text{s}^2)$					

（1）将表 3 − 9 − 3 中数据代入式（3 − 9 − 11）可计算空实验台转动惯量 J_1。

（2）将表 3 − 9 − 4 中数据代入式（3 − 9 − 12）可计算实验台放上圆环后的转动惯量 J_2；由式（3 − 9 − 13）可计算圆环的转动惯量测量值 J_3；

由式（3 − 9 − 19）可计算圆环的转动惯量理论值 J；

由式（3 − 9 − 20）可计算测量的相对误差 E。

（3）将表 3 − 9 − 5 中数据代入式（3 − 9 − 12）可以计算实验台放上两圆柱后的转动惯量 J_2；

由式（3 − 9 − 13）可计算两圆柱的转动惯量测量值 J_3；

由式（3 − 9 − 18）、（3 − 9 − 17）可计算两圆柱的转动惯量理论值 J；

由式（3 − 9 − 20）可计算测量的相对误差 E。

（4）将表 3 − 9 − 6 中数据代入式（3 − 9 − 12）中可以计算实验台放上圆盘后的转动惯量 J_2；

由式（3 − 9 − 13）中计算圆盘转动惯量的测量值 J_3；

由式（3 − 9 − 18）可计算圆盘转动惯量的理论值 J；

由式（3 − 9 − 20）可计算测量的相对误差 E。

说明：

（1）试样的转动惯量是根据公式 $J_3 = J_2 - J_1$ 间接测量而得，由标准误差的传递公式有 $\Delta J_3 = (\Delta J_2^2 + \Delta J_1^2)^{1/2}$。当试样的转动惯量远小于实验台的转动惯量时，误差的传递可能使测量的相对误差增大。

（2）理论上，同一待测样品的转动惯量不随转动力矩的变化而变化。改变塔轮半径或砝码质量(5 个塔轮, 5 个砝码)可得到 25 种组合, 形成不同的力矩。可改变实验条件进行测量并对数据进行分析, 探索其规律, 寻找发生误差的原因, 探索测量的最佳条件。

(八) 思考题

(1) 实验过程中滑轮及摩擦力的影响是怎样消除的?

(2) 分析本实验产生误差的主要原因是什么。

实验 10　电子束实验

用电磁场控制带电粒子运动是一种有效的控制方法，通过本实验可进一步研究带电粒子在电磁场中的运动规律以及使电子束实现电聚焦和磁聚焦的原理、方法，可利用与电子运动方向同轴的磁场——纵向磁场的聚焦作用来讨论电子沿螺旋线轨道运动的特征，同时也可学习一种测定电子荷质比的方法。

（一）实验要求

（1）了解示波管的结构与各电极的作用。

（2）掌握带电粒子在电场和磁场中的运动规律，学习电聚焦和磁聚焦的基本原理和实验方法。

（3）观察电聚焦和磁聚焦现象，了解它们的一些基本特性，学会用磁聚焦法测定电子的荷质比。

（二）实验目的

（1）观察电聚焦和磁聚焦现象。

（2）测量示波管的电偏灵敏度和磁偏灵敏度。

（3）用磁聚焦法测定电子的荷质比。

（三）实验仪器与用具

本实验采用 DS – Ⅲ 电子束实验仪，仪器面板各旋钮功能如下（仪器面板如图 3 – 10 – 1 所示）：

①栅极电压（辉度）：用以调节加在示波管上的控制栅极上的电压大小，以控制阴极发射电子的数目，从而控制荧光屏上的亮度。

②聚焦电压：用以调节聚焦极 A_1 上的电压，以实现电子的聚焦和散焦。

③加速电压：用以调节加速阳极 A_2 上的电压，控制电子加速电压的大小，改变电子束的运动速度。

④高压转换开关：可选择 U_G、U_1、U_k 旋钮。

⑤X、Y 位移：调节 X、Y 位移旋钮，可改变 X、Y 偏转板上的预偏电压 ΔU，以便将光点沿 X、Y 轴移到坐标原点。

⑥偏转电压 U_{dx}、U_{dy}：用以调节示波管内偏转板上的电压，改变荧光屏上亮点的上下、左右偏转位置。

⑦电压粗调、细调：用以调节励磁线圈中电流大小。

⑧示波管电源开关、稳压电源开关：前者用以接通或断开高压变压器的 220 V 回路；后者接通或断开励磁电流电源。

⑨低压转换开关：可选择 U_{dx}、U_{dy}、U_d 旋钮。

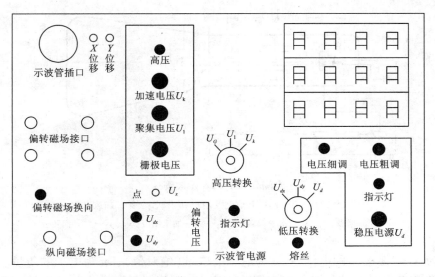

图 3 - 10 - 1　电子束实验仪面板图

⑩面板各接口：表示所接励磁线圈接口。

(四)预习思考题

(1)指出示波管的结构和电极的作用。

(2)为什么电偏灵敏度 $\delta_{ey} > \delta_{ex}$？

(3)电聚焦与磁聚焦的原理是什么？

(4)为什么螺线管不能长时间通大电流？

(五)实验原理

1. 示波管

如图 3 - 10 - 2 所示，示波管由电子枪、偏转板和荧光屏 3 部分组成。其中电子枪是示波管的核心部件，现详述如下。

电子枪由阴极 C、栅极 G、第一加速阳极 A_1、聚焦电极 F_A 和第二加速阴极 A_2 等同轴金属圆筒(筒内膜片的中心有限制小孔)组成，当加热电流从 H 通过钨丝，阴极 C 被加热后，筒端的钡与锶氧化物涂层内的自由电子获得较高的动能，从表面逸出。因为第一加速阳极 A_1 具有(相对于阴极 C)很高的电压(例如 1 000 V)，在 C - G - A_1 间形成强电场，故从阴极逸出的电子在电场中被电力加速，穿过 G 的小孔(直径约 1 mm)，以高速(数量级 10^7 m/s)穿过 A_1、F_A 及 A_2 筒内的限制孔，形成一束电子射线。电子最后打在屏的荧光物质上，发出可见光，在屏背可以看见一个亮点。

射线中的电子从电子枪"枪口"(最后一个加速电极 A_2 的小孔)射出的速度 v 由下面的能量关系式决定：

$$\frac{1}{2}mv^2 = eU_2$$

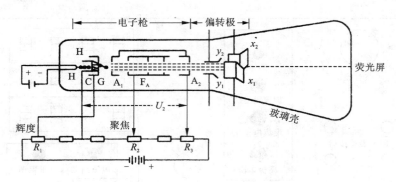

图 3 – 10 – 2　示波管

H—钨丝加热电极；F_A—聚焦电极；C—阴极；A_2—第二加速阳极；

G—控制栅极；x_1、x_2—水平偏转板；A_1—第一加速阳极；y_1、y_2—垂直偏转板

式中：U_2 为 A_2 对阴极 C 的电位差，e 为电子的电量（绝对值），m 为电子的质量。这是因为电子从阴极 C 逸出时的动能皆近似为零，电子动能的增量等于它在加速电场中位能的减小 eU_2，因而所有电子的最后射出速度 v 被认为是相同的，与电子在电子枪内所通过时的电位起伏无关。

控制栅极 G 相对于阴极 C 为负电位（见图 3 – 10 – 2 中电路），两者相距很近（十分之几毫米），其间形成的电场对电子有推斥作用。当栅极 G 负的电位不很大（几十伏）时就足以把电子斥回，使电子束截止。用电位器 R_1 调节 G 对 C 的电压，可以控制电子枪射出电子的数目，从而连续改变屏上光点的亮度。增大加速电极的电压，电子获得更大的轰击动能，荧光屏的亮度虽然可以提高，但加速电压一经确定，就不宜随时改变它来调节亮度。

所有电极都封装在高真空的玻璃壳内，各有导线引接到管脚，以便和外电路相连。

2. 电子束的电场聚焦

阴极发射的电子在电场的作用下，会聚于控制栅极小孔附近一点。在这里，电子束具有最小的截面，往后，电子束又散射开来。为了在屏上得到一个又亮又小的光点，必须把散射开来的电子束汇聚起来。

像光束通过凸透镜（或透镜组）时因玻璃的折射作用使光束聚焦成一个又小又亮的点一样，电子束通过一个聚焦电场，在电场力的作用下，电子运动轨道改变而汇合于一点，结果在荧光屏上得到一个又小又亮的光点。产生这个聚焦的静电场装置，在电子光学里称为静电电子透镜。

电子枪内的聚焦电极 F_A 与第二加速阳极 A_2 组成一个静电透镜，它的作用原理如下：

图 3 – 10 – 3 是 F_A 与 A_2 之间电场分布的截面图。虚线为等位线，实线为电力线，电场对 Z 轴是对称分布的。电子束中某个散离轴线的电子沿轨道 S 进入聚焦电场。在电场的前半区（左边），这个电子受到与电力线相切方向的作用力 f。f 可分解为垂直指向轴线的分力 f_r 与平行于轴线的分力 f_z（图中 A 区）。f_r 的作用使电子运动向轴线靠拢，起聚焦作用；f_z 的作用使电子沿 Z 轴线的方向得到加速度。电子到达电场的后半区（右边）时，受到的作用力 f' 可分解为相应的 f'_r 和 f'_z 两个分量。f'_r 使电子离开轴线，起散焦作用。但因为在整个电场区域里电子都受到同方向的沿 Z 轴的作用力（f_z 和 f'_z），电子在后半区的轴向速度比在前半区的大

得多，因此，在后半区，电子受到 f_r' 的作用时间短得多，获得的离轴速度比在前区获得的向轴速度小。总的效果是，电子向轴线靠拢，整个电场起聚焦作用。聚焦作用的强弱是由调节图 3-10-2 中的聚焦电位器 R_2，即改变 F_A 与 A_2 之间的电位差，从而改变其间的电场强度来实现的。这样，电子到达荧光屏时汇聚于一小点。

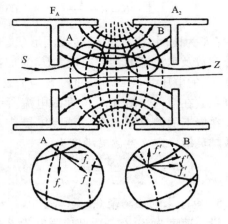

图 3-10-3　静电透镜

事实上，图 3-10-2 中 F_A 两端的电场皆有聚焦作用，是两个静电透镜的组合。

3. 电子束的电偏转

电偏转是通过在垂直电子束方向上加电场来实现的，如图 3-10-4 所示。电子射线经加速后，以速度 v 向 X 轴正方向射入，偏转电场 E 与 Y 轴平行，垂直于电子入射方向，在偏转板区，受电场力的作用，使得通过偏转区的电子束发生偏转。假设最后电子束射在荧光屏上的 P 点处，P 点到入射线的距离为 S，则可以从电子的运动方程以及功能原理推导出 S：

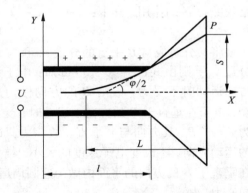

图 3-10-4　电子束的电偏转原理图

$$S = K\frac{U_{偏}}{U_2} \qquad (3-10-1)$$

其中：K 为比例常数，由偏转板及示波管的结构决定；U_2 为加在第二阳极 A_2 上的电压，它决定了电子束进入偏转板区前的速度 v_0，故称 U_2 为加速电压。

从式 (3-10-1) 可以看出，当加速电压 U_2 一定时，所加的偏转电压 $U_{偏}$ 越大，光点在荧光屏上偏离的距离 S 也越大，两者成正比。

对不同的示波管，在偏转板上加相同的电压，光点偏移量各不相同，也就是说，电偏转灵敏度不一样。这里定义电偏灵敏度 δ_e 为：当偏转板上加单位电压时所引起的电子束在荧光屏上点的位移。

$$\delta_e = \frac{S}{U_{偏}} = K\frac{1}{U_2} \qquad (3-10-2)$$

δ_e 越大，表示偏转系统越灵敏。而 δ_e 与加速电压 U_2 成反比，U_2 越大，δ_e 越小。若偏转板上加交变电压，则电子束在屏上为一条亮线，S 为亮线的长度，$U_{偏}$ 为偏转电压的峰值。

4. 电子束的磁偏转

为了使电子束在磁场中产生偏转，通常在第二阳极 A_2 和荧光屏之间加一均匀横向磁场。如图 3-10-5 所示，电子进入磁场受到洛伦兹力的作用使电子运动轨迹发生偏转。假设电子束射在偏离中心距离的 P 点处，可推得：

$$S = K \frac{I}{\sqrt{U_2}} \qquad (3-10-3)$$

式中：K 为比例系数，由偏转线圈形状、匝数、磁介质常数及示波管的参数决定。U_2 为加在第二阳极 A_2 上的电压。当 U_2 一定时，S 与 I 成正比，其比例系数在数值上等于单位励磁电流所引起的电子束在屏上的偏离距离 S。S 越大，就表示此偏转系数越灵敏。定义磁偏灵敏度为：

$$\delta_m = \frac{S}{I} = K \frac{1}{\sqrt{U_2}} \qquad (3-10-4)$$

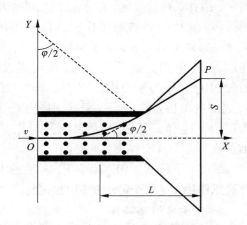

图 3 – 10 – 5　电子束的磁偏转

5. 电子束的磁场聚焦

　　设一速度为 v，在一磁感应强度为 B 的均匀磁场中运动的电子，如图 3 – 10 – 6 所示，电子将受到洛伦兹力 F 的作用，其中：

$$F = -e(v \times B) \qquad (3-10-5)$$

　　现将 v 分解成与 B 平行的分量 $v_{//}$ 和与 B 垂直的分量 $v_{\perp}$，则由式（3 – 10 – 5）可知：电子沿着 B 的方向运动时不受力，故沿 B 的方向做匀速直线运动；电子在垂直于 B 的方向上运动时，受力的大小为 $f = ev_{\perp}B$，其方向与 v 垂直。故该力只改变电子的运动方向，不改变电子速度的大小，结果使电

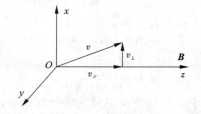

图 3 – 10 – 6　电子在磁场中的运动

子在垂直于 B 的方向的平面内做匀速圆周运动。此处，洛伦兹力充当了维持电子做圆周运动的向心力，故：

$$f = ev_{\perp}B = \frac{mv_{\perp}}{R}$$

由此可得电子做圆周运动的轨道半径为：

$$R = \frac{mv_{\perp}}{eB}$$

其中：m 为电子质量。电子旋转 1 周所需时间为：

$$T = \frac{2\pi R}{v_{\perp}} = \frac{2\pi}{\frac{e}{m} \cdot B} \qquad (3-10-6)$$

由此可知，只要 B 保持不变，周期 T 是相同的。当 $v_{\perp}$ 不同时，R 是互异的，但 T 仍然是相同的。

　　由于电子在 B 的方向以 $v_{//}$ 的速度做匀速直线运动，所以综合效果是电子沿 B 的方向做等距螺旋运动，如图 3 – 10 – 7 所示。

　　在实验时，把示波管放在螺线管磁场中，

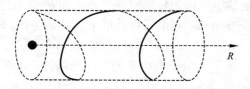

图 3 – 10 – 7　电子的等距螺旋运动

由于电子热运动脱离阴极的速度是相当小的，而且方向也是随机的，因此 $v_{/\!/}$ 主要取决于第一阳极和第二阳极的加速电压 U_2。根据电场力做功等于电子动能的增量，得：

$$\frac{1}{2} = mv_{/\!/}^2 = eU_2，\text{即 } v_{/\!/} = \sqrt{\frac{2eU_2}{m}}$$

　　由于 U 很大，可以认为电子的轴向速度 $v_{/\!/}$ 是一样的，与磁场垂直的速度 $v_\perp$ 是互异的，但很小，没有得到加速。由式(3–10–6)可知：电子的旋转周期与 $v_\perp$ 无关，只与磁场 B 的大小有关。可见具有相同的 $v_{/\!/}$ 而 $v_\perp$ 不同的电子束，在磁场中运动时，它们

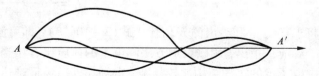

图 3 – 10 – 8　具有相同 $v_{/\!/}$ 不同 $v_\perp$ 的
电子束在磁场中的运动

将同时到达某一点(聚焦点)，但它们在空间中运动的半径是不相同的，如图 3 – 10 – 8 所示。

　　设 h 为等距螺线的螺距，其值为：

$$h = T \cdot v_{/\!/} = \frac{2\pi mv_{/\!/}}{eB} = \frac{2\pi m}{eB} \cdot \sqrt{\frac{2eU_2}{m}} \qquad (3-10-7)$$

　　实验时，增大磁场 B，使电子束的交叉点到荧光屏的距离 l 正好等于螺距 h，即 $l = h$，这时可从荧光屏上观察到一次聚焦，继续增大 B，使 $l = 2h$，可观察到两次聚焦，这就实现了磁场的聚焦作用。

　　6. 电子荷质比的测定

　　利用磁聚焦现象可以测定电子的荷质比 $\frac{e}{m}$。调节磁场 B，使螺距 h 正好等于电子束交叉点到荧光屏的距离 l，这时在荧光屏上出现的将是聚焦的一个亮点。

　　由式(3 – 10 – 7)可得电子的荷质比为：

$$\frac{e}{m} = \frac{8\pi^2 U_2}{h^2 B^2} \qquad (3-10-8)$$

对于有限长的螺线管，B 近似取其轴线上的中心值，即：

$$B = 4\pi \times 10^{-7} nI \cdot \frac{L}{\sqrt{L^2 + D^2}} \qquad (3-10-9)$$

其中：n 表示密绕螺线管单位长度的匝数，L 为螺线管长度，D 为螺线管直径的平均值 $\left[D = \frac{1}{2}(D_1 + D_2)，D_1、D_2 \text{ 分别为螺线管的内、外径} \right]$，$I$ 为螺线管流出的直流电流强度，由式(3 – 10 – 8)和式(3 – 10 – 9)得：

$$\frac{e}{m} = \frac{U_2}{2h^2 n^2 l^2} \left(\frac{L^2 + D^2}{L^2} \right) \times 10^{11} = K\frac{U_2}{l^2}（\text{C/kg}）\qquad (3-10-10)$$

式中：K 为仪器常数。对我们使用的仪器，$K = 4.43 \times 10^7（\text{SI}）$。

　　测出 U_2、I 就可计算出电子荷质比 $\frac{e}{m}$ 的数值。

　　为测定电子的荷质比 e/m，实验时可取 U_2 为某一固定值。从零开始增加螺线管的励磁电流，开始在荧光屏上看到的是散射电子形成的亮斑块。随着 I 的增加，纵向磁场 B 增加，

亮斑变小,当变成最小亮点时称为第一次聚焦,由电流表读取电流值 I_1;再增加励磁电流,亮点由小变大,大到一定程度后,又开始变小,直至看到第二次出现小亮点时称为第二次聚焦。按同样方法可进行第三次聚焦,并分别读出第二、第三次聚焦时的励磁电流 I_2、I_3,则螺线管励磁电流的平均值可求为:

$$I_0 = \frac{I_1 + I_2 + I_3}{1 + 2 + 3}$$

将求得的 I_0 和给出的 K 值代入式(3 − 10 − 8),即可测定电子的荷质比 e/m。

应当指出,用磁聚焦方法测电子的荷质比有相当明显的误差。其主要的原因是,示波管中电子枪的实际结构比较复杂,电场和外磁场很难达到理想的匀强分布,因此电子束在磁场中的聚焦距离 l 不能准确地确定;再有,如果电子束的电流密度较大,加速电压甚低,那么电子间的相互排斥作用更为显著,造成电子束的扩展。为了减小测量 e/m 的系统误差,实验应在"亮度"较低、加速电压很高的情况下进行。

(六)实验步骤与注意事项

1. 电子束的电聚焦

(1)打开机箱取出示波管,按插口方向安装示波管,去掉示波管两侧的偏转线圈,在示波管屏前装上刻度屏。

(2)打开示波管电源开关,指示灯亮,将高压转换开关置 U_K 挡,调节加速电压旋钮,看加速电压变化情况,再将高压转换开关置 U_1 挡,调节聚焦电压旋钮,看聚焦电压变化情况。

(3)将低压转换开关置 U_{dx} 挡,调节 U_{dx} 旋钮,使 U_{dx} 为零,再将低压转换开关置 U_{dy} 挡,调节 U_{dy} 旋钮,使 U_{dy} 为零,此时光点应置于荧光屏中心,若不在中心,则调节 X、Y 旋钮调零,使之居中,调节栅压旋钮,使光点亮度适中。

(4)观察在不同的加速电压 U_2 下使电子束聚焦的聚焦电压 U_1 的值,了解 U_2、U_1 的变化关系。

2. 电子束的电偏转

在 U_{dx}、U_{dy} 为零,电子束置中心的情形下,低压转换开关置 U_{dx} 挡,顺时针和逆时针调节 U_{dx} 旋钮,则光点随电压的改变而发生偏移,记录下电子束向左和向右每移动 5 mm 对应的偏转电压 U_{dx} 值,填入表 3 − 10 − 1 中,并作图计算出电偏灵敏度 δ_{ex}。在 U_{dx}、U_{dy} 为零,电子束置中心的情形下,低压转换开关置 U_{dy} 挡,调节 U_{dy} 旋钮,同样记录下偏转距离和偏转电压 U_{dy} 的关系,记入表 3 − 10 − 1 中,并计算出电偏转灵敏度 δ_{ey},在不同的加速电压 U_2 下,测量 3 次。

3. 电子束的磁偏转

在 U_{dx}、U_{dy} 为零,电子束置中心的情形下,插入偏转线圈,将低压转换开关置于 U_d 挡,将电压粗调、电压细调旋钮逆时针旋到底,然后打开稳压电源开关,指示灯亮,逐步加大稳压电源电压输出,记录下电子束每移动 5 mm 对应的电流值,改变偏转磁场换向开关,可以测出电子束反向偏转对应的电流值,填入表 3 − 10 − 2 中,并作图计算出磁偏灵敏度 δ_m,在不同的加速电压 U_2 下,测量 3 次。

4. 电子束的磁聚焦

取下偏转线圈,将点线转换开关拨向 U_x,此时屏上出现一短横线;将加速电压旋钮逆时针旋到底,聚焦电压旋钮顺时针旋到底,此时短线变成散线;再装上纵向线圈,将线圈与面板上的电压输出孔相连,然后将点线转换开关拨向"点",此时为散焦现象。调节电压粗调和电压细调旋钮,看磁聚焦现象,记录下电子束聚焦时的电流,填入表 3 – 10 – 3 中,并计算出电子的荷质比,在不同的加速电压 U_2 下测量 3 次。

注意事项:

(1)辉度适中,以延长示波管寿命。

(2)磁偏线圈要配套使用(从线圈绕线头可分辨,不同的绕向为 1 套)。

(3)实验中,励磁电流大的时间不要过长,实验完毕后,励磁电流旋钮置 0,以保持电路不被烧坏。

(4)严禁短路。

(5)在磁聚焦过程中出现无光点时,可适当调节 X、Y 偏转电压(或 X、Y 调零旋钮)。

(七)数据记录及处理

数据表格如表 3 – 10 – 1 至表 3 – 10 – 3 所示。

表 3 – 10 – 1　电子束的电偏转

偏移量/mm	– 20	– 15	– 10	0	5	10	15	20	δ_e	
X 偏转										
Y 偏转										

表 3 – 10 – 2　电子束的磁偏转

偏移量/mm	– 20	– 15	– 10	0	5	10	15	20	δ_m

表 3 – 10 – 3　电子束的磁聚焦

测量次数	U_2/V	I/mA				e/m	平均值
		I_1	I_2	I_3	I_4		
1							
2							
3							

(八)思考题

(1)如果在偏转板上加一个交变电压,会出现什么现象?

(2)地磁场对实验有无影响? 试说明。

(3)试说明电偏转和磁偏转的原理,从原理上比较两者的异同。

(4)在磁聚焦实验中,当螺线管中电流 I 逐渐增加,电子射线从一次聚焦到二次、三次聚焦,荧光屏上的亮斑如何变化,请解释。

实验 11　空气比热容比的测定

在压强不变的条件下,使单位质量的气体温度升高1℃所需的热量称为气体的定压比热容;在体积不变的情况下,使单位质量的气体温度升高1℃所需的热量称为定容比热容。定压比热容与定容比热容的比值称为比热容比,用 γ 表示,它是热力学中的一个重要参量。本实验把空气当作理想气体,利用绝热膨胀法测定空气的比热容比。

(一)实验要求

(1)掌握用绝热膨胀法测定空气比热容比的原理及方法。
(2)观测热力学过程中状态变化及基本物理规律。
(3)了解气体压力传感器和电流型集成温度传感器的工作原理。

(二)实验目的

测定空气的比热容比。

(三)实验仪器

KD – NCD – Ⅲ空气比热容比测定仪 1 台,实验装置(1 套)。

(四)预习思考题

(1)什么是绝热过程? 举例说明。
(2)试述绝热膨胀法测定空气比热容比所经历的两个过程及三个状态。

(五)实验原理

首先给待测气体设置一个初始状态 Ⅰ(P_1,V_1,T_1),其中 P_1 比大气压 P_0 稍高,V_1 为单位质量的气体体积,T_1 与外部环境温度相等。然后使气体经过一个绝热膨胀过程,到达中间过渡状态 Ⅱ(P_2,V_2,T_2),这时待测气体对外做功消耗了内能,因而温度由 T_1 下降至 T_2,而待测气体的压强降为大气压强,即 $P_2 = P_0$。最后,系统将从外界吸收热量且温度升高至 T_1,因吸热过程中体积不变,所以压强将随之升高为 P_3,系统变至状态 Ⅲ(P_3,V_3,T_3),其中 $V_3 = V_2$,$T_3 = T_1$。

根据上述的两个过程和三个状态,并把待测气体当作理想气体。单位质量的气体状态变化过程如图 3 – 11 – 1 所示。状态 Ⅰ 至状态 Ⅱ 的变化是绝热的,满足泊松公式:

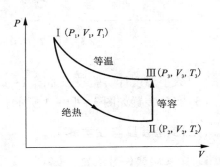

图 3 – 11 – 1　气体状态变化图

$$P_1 V_1^\gamma = P_0 V_2^\gamma \qquad (3-11-1)$$

状态Ⅲ与Ⅰ是等温的，玻意耳–马略特定律成立，即：

$$P_1 V_1 = P_3 V_2 \qquad (3-11-2)$$

由式(3-11-1)及(3-11-2)消去 $V_1 = V_2$ 可解得：

$$\gamma = \frac{\ln P_1 - \ln P_0}{\ln P_1 - \ln P_3} \qquad (3-11-3)$$

用 ΔP_1 和 ΔP_3 分别表示 P_1 和 P_3 与大气压强 P_0 的差值，则有：

$$P_1 = P_0 + \Delta P_1; \quad P_3 = P_0 + \Delta P_3 \qquad (3-11-4)$$

将式(3-11-4)代入式(3-11-3)，并考虑到 $P_0 \gg \Delta P_1 \gg \Delta P_3$，则有：

$$\ln P_1 - \ln P_0 = \ln \frac{P_1}{P_0} = \ln\left(1 + \frac{\Delta P_1}{P_0}\right) \approx \frac{\Delta P_1}{P_0}$$

$$\ln P_1 - \ln P_3 = (\ln P_1 - \ln P_0) - (\ln P_3 - \ln P_0) \approx \frac{\Delta P_1}{P_0} - \frac{\Delta P_3}{P_0}$$

所以：

$$\gamma = \frac{\Delta P_1}{\Delta P_1 - \Delta P_3} \qquad (3-11-5)$$

从式(3-11-5)可以看出，只要测出初、末两态的压强与大气压强的差值，就可以算出气体的比热容比 γ。

(六)仪器装置

(1)KD-NCD-Ⅲ空气比热容比测定仪面板如图3-11-2所示。

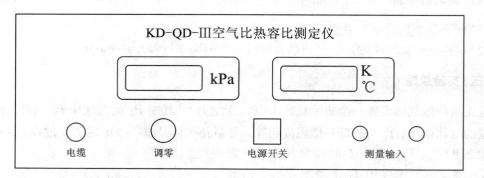

图3-11-2　KD-NCD-Ⅲ空气比热容比测定仪面板

(2)数字温度计实验模板如图3-11-3所示。

(3)实验装置如图3-11-4所示。

(七)实验步骤与注意事项

1. 安装调试仪器装置

如图3-11-2、图3-11-3、图3-11-4所示，用电缆线和导线连接好实验装置、数字温度计实验板和仪器面板。调节数字温度计实验模板上的取样电阻 R_{w1}，室温由 $0.1\ ℃$ 的温度计测得。调节 R_{w2} 使 IC_2 输出为室温 $t(\text{℃})$。

关闭出气阀，打开进气阀，用打气球慢慢打气，再关闭进气阀。观察压强显示，若示数保持不变，则仪器不漏气。打开出气阀和进气阀，调节仪器调零钮使压强差为零。

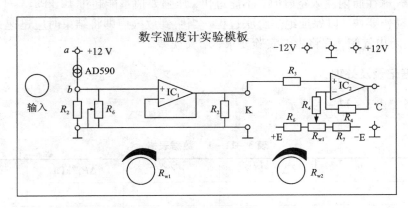

图 3 – 11 – 3　数字温度计实验模板

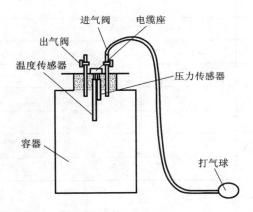

图 3 – 11 – 4　实验装置图

2. 设置初始状态

关闭出气阀，挤压打气球，向容器内均缓压入适量的空气（压强差值不能超过 12 kPa），压强为 P_1。由于在打气过程中，瓶内空气温度升高，必经过一段时间，使瓶内空气与外界空气达到热平衡。观察温度、压强差的变化，记录状态 I (P_1, V_1, T_1) 的 ΔP_1, T_1 值。

3. 绝热膨胀过程

打开出气阀，即令其绝热膨胀，当放气声结束时，即瓶内空气的压强等于大气压强 P_0，立即关闭放气阀。由于本过程进行得很快，瓶内气体来不及与外界空气交换能量，故可近似地看作绝热膨胀过程。该过程中，瓶内气体对外做功，温度下降为 T_2。此即中间过渡态 II (P_2, V_2, T_2)，其中 P_2 等于 P_0。

4. 等容吸热过程

关闭放气阀以后，瓶内空气从外界吸热，使压强不断升高，最后与瓶外空气达到热平衡。此时瓶内状态即状态 III (P_3, V_3, T_3)，记录此状态时 ΔP_3、T_3 值，其中 V_3 等于 V_2，T_3 等

于 T_1。

重复上述 2、3、4，测量 10 次，求 γ 的平均值。

注意事项：

(1) 用打气球往瓶内注入空气时，不能过快，压强差值不能超过 12 kPa。

(2) 放气动作要快，以保证绝热膨胀过程。当听到放气声即将结束时应迅速关闭出气阀，提早或推迟关闭出气阀，都将影响实验要求，增大误差。

(八) 数据记录及处理

数据表格如表 3 - 11 - 1 所示。

表 3 - 11 - 1　数据表格

次数	$t_1/℃$	$\Delta P_1/kPa$	$t_3/℃$	$\Delta P_3/kPa$	γ
1					
2					
3					
4					
5					
6					
7					
8					
9					
10					

常温下，γ 的理论值 $\gamma_0 = 1.412$，求 γ 的平均值以及相对误差 $E_\gamma = \dfrac{|\overline{\gamma} - \gamma_0|}{\gamma_0}$。

(九) 思考题

(1) 为什么打气过程中瓶内气体温度会升高？

(2) 实验步骤 3 关闭出气阀过早或过迟对测量结果将有什么影响？

(3) 在相同温度下，空气相对湿度较大，对测量结果将有何影响？

实验 12　偏振光的观察和分析

1808 年马吕斯(Malus,1775—1812)发现了光的偏振现象,并对光的偏振现象进行了深入研究,证明了光波是横波,使人们进一步认识了光的本性。随着科学技术的发展,偏振光元件、偏振光仪器和偏振光技术在各个领域都得到了广泛的应用,尤其是在实验应力分析、计量测试、晶体材料分析、薄膜和表面研究、激光技术等方面更为突出。

(一)实验要求

(1)了解产生和检验偏振光的仪器,并掌握产生和检验偏振光的条件和方法。
(2)加深对光的偏振的认识。

(二)实验目的

(1)观察光的偏振现象,加深对光振动基本规律的认识。
(2)熟悉几种常用的起偏和检偏方法。
(3)了解波片的原理和作用。
(4)了解圆偏振光和椭圆偏振光的产生。

(三)实验仪器与用具

WZS 偏振光实验系统(附件包括激光器、调整架、旋转架、白屏、偏振片、1/4 波片、玻璃片等)。

(四)预习思考题

按光矢量的不同振动状态,通常把光波分为哪几种?

(五)实验原理

1. 自然光与偏振光

光是一种电磁波,电磁波中的电矢量 E 就是光波的振动矢量,它的振动方向和光的传播方向垂直。光的振动方向和传播方向所组成的平面称为振动面。按光矢量的不同振动状态,通常把光分为 5 种形式,如图 3-12-1 所示。

实验证明,在光的 E 振动和 B 振动中,引起感光作用和生理作用的是 E 振动,所以一般把矢量 E 叫做光矢量,而把 E 振动叫做光振动。

光波在传播过程中,如果在各个方向上 E 振动的振幅都相等,这样的光叫自然光。在除激光以外的一般光源发出的光中,包含着各个方向的光矢量,没有哪一个方向比其他方向占优势,所以一般光源所发出的光都是自然光。

自然光经过某些物质反射、折射或吸收后,可能只保留某一方向的光振动。这种光振动只在某一固定方向的光,叫做线偏振光,简称偏振光。若光波中,某一方向的光振动比与之

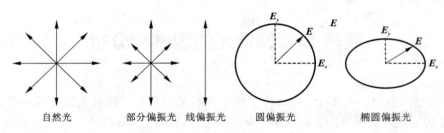

自然光   部分偏振光 线偏振光   圆偏振光   椭圆偏振光

图 3 – 12 – 1   光的 5 种形式

相垂直方向的光振动占优势,这种光就叫做部分偏振光。

由同一单色偏振光通过双折射物质后,所产生的两束偏振光是可能相干的。这两束偏振光的振动方向相互垂直,所以与两个互相垂直的同周期振动的合成一样,光矢量 **E** 的端点将描出椭圆轨迹,称为椭圆偏振光。在特殊情况下,如果两束偏振光的振幅相等,就成为圆偏振光。

2. 偏振片的起偏与检偏

在光学实验中,常利用某些装置移去自然光中的一部分振动而获得偏振光,人们把从自然光获得偏振光的装置称为起偏振器(或起偏振片)。用于鉴别偏振光的装置叫做检偏振器(或检偏振片),两者可通用。

自然光通过偏振片、尼科耳棱镜、介质表面反射都可以变成线偏振光。这是常用的 3 种获得偏振光的方法。

(1)偏振片:某些晶体(如硫酸金鸡钠碱等)制成的偏振片,对互相垂直的两个分振动具有选择吸收的性能,只允许一个方向的光振动通过,所以透射光为线偏振光。

(2)尼科耳棱镜:方解石具有双折射性质,由它制成的尼科耳棱镜,可使 e 光透过,o 光反射掉,故透射光为线偏振光。

(3)介质表面反射:当自然光以布儒斯特角入射时,反射光只有振动方向垂直于入射面的线偏振光,而折射光中平行于入射面的光振动较强。

3. 波片、圆偏振光和椭圆偏振光

如果将双折射晶体切割成光轴与表面平行的晶体,当波长为 λ 的平面振动光垂直入射到晶片时,o 光与 e 光的传播方向相同,但折射率不同,传播速度也不同。因此,透过晶片后,两种光就产生恒定的相差:

$$\Delta\varphi = \frac{2\pi}{\lambda} d(n_o - n_e)$$

式中:d 为晶片的厚度,n_o 和 n_e 分别表示 o 光和 e 光的折射率。

由上式可知,o 光、e 光合成振动随位相差的不同,就有不同的偏振方式:

(1)$\Delta\varphi = k\pi$ ($k = 0, 1, 2, \cdots$)为平面偏振光。

(2)$\Delta\varphi = (k + \frac{1}{2})\pi$ ($k = 0.1, 2, \cdots$)为正椭圆偏振光。

(3)$\Delta\varphi$ 不等于以上各值为椭圆偏振光。

晶片根据不同的厚度可分为全波片、1/2 波片、1/4 波片。

（1）对于波长为 λ 的单色光，如晶片厚度满足 $\Delta\varphi = 2k\pi$，$k = 0$，1，2，…，则该晶片称为对波长为 λ 光的全波片。

（2）对于波长为 λ 的单色光，如晶片厚度满足 $\Delta\varphi = (2k+1)\pi$，$k = 0$，1，2，…，则该晶片称为对波长为 λ 光的 1/2 波片。

（3）对波长为 λ 的单色光，如晶片厚度满足 $\Delta\varphi = (2k+1)\dfrac{\pi}{2}$，$k = 0$，1，2，…，刚该晶片称为对波长为 λ 光的 1/4 波片。

（六）实验内容、操作及现象记录

1. 起偏与检偏

（1）按图 3 – 12 – 2 布置仪器，先只装偏振片 1。开启电源，使光源发出平行光经过扩束镜后直射到偏振片 1 的中心区域上，以偏振片 1 作为起偏器，以光的传播方向为轴使偏振片 1 旋转 0°、30°、45°、60°、75°、90°，观察并记下屏上光斑强度的变化情况（如表 3 – 12 – 1 所示）。

图 3 – 12 – 2　仪器布置示意图

表 3 – 12 – 1　实验现象记录

偏振片 1 转过的角度	屏上光斑强度的变化情况
0°	
30°	
45°	
60°	
75°	
90°	

（2）在偏振片 1 后加入作为检偏器的偏振片 2，使光线照射到偏振片 2 的中心区域，固定偏振片 1 的方向，使偏振片 2 转动 0°、30°、45°、60°、75°、90°。观察并记下屏上光斑强度的变化情况（如表 3 – 12 – 2 所示）。

表 3 – 12 – 2　实验现象记录

偏振片 2 转过的角度	屏上光斑强度的变化情况
0°	
30°	
45°	
60°	
75°	
90°	

2. 观察反射偏振现象

（1）按图 3 – 12 – 3 布置仪器，在安放玻璃片时，应使其两端与旋转盘上 90°和 270°的刻度线对齐。开启光源，使光源发出的光线经扩束镜后直射到玻璃片的中心区域，经玻璃片的反射后，反射光线透过偏振片的中心区域照射到屏上。

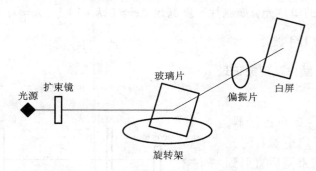

图 3 – 12 – 3　实验仪器布置示意图

　　转动旋转架上的旋转旋钮，使玻璃片发生转动，同时转动偏振片的角度。此时屏上光斑的光强会发生增强或减弱，当玻璃片和偏振片的方向各自都处于某一特殊位置时，屏上光斑将出现消光现象。记下此时旋转盘上对应的刻度值，此值的大小即为布儒斯特角的大小。

　　注意在玻璃片发生转动时，旋转架上的固定刻度部分应始终对准光源的方向，并须及时移动偏振片和屏的位置，使玻璃片在发生旋转时，反射光线仍能透过偏振片的中心区域照射到屏上形成光斑。

　　（2）保持玻璃片的位置不动，而仅转动偏振片 0°、30°、45°、60°、75°、90°，观察并记下屏上光强的变化情况（如表 3 – 12 – 3 所示）。

表 3 – 12 – 3　实验现象记录

布儒斯特角的大小	
偏振片转过的角度	屏上光斑强度的变化情况
0°	
30°	
45°	
60°	
75°	
90°	

　　（3）在前两步的基础上，先转动旋转架上的旋转旋钮使玻璃片的位置发生变化，此时反射光线的方向也将发生改变，按照（1）中注意的问题，使此时的反射光斑仍落在屏上。再保持玻璃片的位置不动，只转动偏振片 0°、30°、45°、60°、75°、90°，观察并记下此时屏上光斑强度的变化情况（如表 3 – 12 – 4 所示）。

表 3 – 12 – 4　实验现象记录

偏振片转过的角度	屏上光斑强度的变化情况
0°	
30°	
45°	
60°	
75°	
90°	

3. 圆偏振光与椭圆偏振光

按图 3 – 12 – 4 装置仪器，先安装偏振片 1 和偏振片 2，开启光源，使光源发出的光线经过扩束镜后，再经过偏振片 1 和偏振片 2 的中心区域后照射到屏上形成光斑。然后

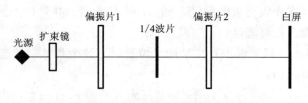

图 3 – 12 – 4　实验装置示意图

转动偏振片 2，使出现消光现象。再插入 1/4 波片，并旋转 1/4 波片，使屏上光强最弱。然后再依次将 1/4 波片转动(由刚才的光强最弱位置)0°、30°、45°、60°、75°、90°(注意在 1/4 波片依次转动每一个角度时，须保持偏振片 1 不动)，并在以上的每个角度位置，旋转偏振片 2，观测并记下屏上光斑强度的变化情况(注意在旋转偏振片 2 时，须保持偏振片 1 和 1/4 波片的方向不变)。如表 3 – 12 – 5 所示。

表 3 – 12 – 5　实验现象记录

1/4 波片转过的角度	偏振片 2 转动 0°~90°观察到的现象					
	0	30	45	60	75	90
0°						
30°						
45°						
60°						
75°						
90°						

(七)思考题

(1)怎样鉴别自然光、部分偏振光和线偏振光？

(2)如果在互相正交的偏振片 1、2 中间插进一块 1/4 波片，使其光轴与起偏器 1 的光轴平行，那么透过偏振器 2 的光斑是亮的还是暗的？为什么？将偏振片 2 转动 90°后，光斑的

亮度是否变化? 为什么?

(3)怎样区别圆偏振光和椭圆偏振光?

(4)怎样区别圆偏振光与自然光? 怎样区别椭圆偏振光与部分偏振光?

(5)线偏振光经过 1/4 波片、1/2 波片后,偏振状态发生了什么变化?

(八)偏振光的分析

如何区别以下几种光? (1)线偏振光;(2)圆偏振光;(3)椭圆偏振光;(4)自然光;(5)线偏振光和自然光的混合(即部分偏振光);(6)圆偏振光和自然光的混合;(7)椭圆偏振光和自然光的混合。

对于人的眼睛来说,所有这些光看起来都是一样的。

在光束行进的路径上插入一个偏振片,并且以光的传播方向为轴转动偏振片,将会出现下面 3 种可能性。

(1)如果偏振片在某两个位置时完全消光,那么这束光就是线偏振光。所以线偏振光最容易鉴别。

(2)如果强度不变,那么这束光或者是自然光,或者是圆偏振光,或者是圆偏振光和自然光的混合。这时可在偏振片之前放一个 1/4 波片,再转动偏振片。如果强度仍然没有变化,那么入射光就是自然光。如果在两个位置上完全消光,那么入射光就是圆偏振光(这是由于 1/4 波片会把圆偏振光变成线偏振光)。如果强度有变化但不能完全消光,表明入射光是自然光和圆偏振光的混合。

(3)如果强度有变化但不能完全消光,那么这束光或者是椭圆偏振光,或者是线偏振光和自然光的混合(即部分偏振光),或者是椭圆偏振光和自然光的混合。这时可将偏振片停留在透射光强度最大的位置,在偏振片的前面插入 1/4 波片,使它的光轴与偏振片的偏振方向平行。这样,椭圆偏振光经过 1/4 波片后就转变成线偏振光。因此,再转动偏振片,如果这时存在两个完全消光的位置,那么原光束就是椭圆偏振光;如果不存在完全消光的位置,而且强度极大的方位同原先一样,那么原光束就是自然光和线偏振光的混合(部分偏振光)。最后,如果出现强度极大的方位跟原先不同,原光束就是自然光和椭圆偏振光的混合。

把上面的主要内容简要地列于表 3 - 12 - 6 中。

表 3 - 12 - 6　用偏振片和 $\lambda/4$ 波片研究光的偏振性质

第一步	令入射光通过偏振片 1,转动偏振片 1,观察透射光强度的变化			
观察到的现象	有消光	强度无变化		强度有变化,但无消化
结论	线偏振光	自然光或圆偏振光		椭圆偏振光或部分偏振光
第二步		a. 令入射光依次通过 $\lambda/4$ 波片和偏振片 2,转动偏振片 2,观察透射光的强度变化		b. 同 a,只是 $\lambda/4$ 波片的光轴方向必须与第一步中偏振片 1 产生的强度极大或极小的透振方向重合
观察到的现象		有消光	无消光	有消光	无消光
结论		圆偏振光	自然光	椭圆偏振光	部分偏振光

第 4 章　综合性实验

实验 13　用牛顿环测球面的曲率半径

牛顿环是牛顿于 1675 年在制作天文望远镜时,偶然将一个望远镜的物镜放在平板玻璃上发现的。牛顿环是用分振幅方法产生的定域干涉现象,产生的是等厚干涉条纹。实际工作中,不但可以利用牛顿环测量透镜的曲率半径,而且还可以利用牛顿环的疏密与是否规则、均匀来检查加工工作表面的光洁和平整度。

(一)实验目的

利用牛顿环测定透镜的曲率半径。

(二)实验仪器与用具

读数显微镜 1 台,牛顿环 1 个,钠灯光 1 个,升降架 1 个。

(三)预习思考题

(1)调节显微镜时,镜筒应如何调节才不致损伤物镜或压坏 45°玻璃片?

(2)使用测量显微镜时,怎样避免空程误差?

(四)实验原理

如图 4 – 13 – 1 所示,平凸透镜的凸面 AOB 与平板玻璃的上平面 COD 相切于 O 点,形成一个从中心向四周逐渐增厚的空气隙,若用单色光垂直于 AB 面入射,其中一部分光线在 AOB 面上反射,另一部分光线在 CD 面上反射,二者在 AOB 表面附近相遇而发生干涉,形成如图 4 – 13 – 2 所示的明暗相间的干涉环——牛顿环。

从图 4 – 13 – 1 可见,对于第 m 级暗环有:

$$R^2 = (R - d)^2 + r_m^2$$

式中:R 为凸面的曲率半径,r_m 为第 m 级暗环半径,d 为第 m 级暗环处对应的空气隙的厚度,因为 $R \gg d$,所以:

$$r_m^2 = 2Rd$$

$$d = \frac{r_m^2}{2R} \qquad\qquad (4 – 13 – 1)$$

对于薄膜干涉,暗纹的干涉条件为:

$$\Delta = 2nd + \frac{\lambda}{2} = (2m+1)\frac{\lambda}{2}, \quad m = 0, 1, 2, 3, \cdots \qquad (4-13-2)$$

因为空气的折射率为 $n = 1$，由式 $(4-13-1)$ 和式 $(4-13-2)$ 得：

$$r_m = \sqrt{mR\lambda} \qquad (4-13-3)$$

由上式可知，若已知 λ，测出各级暗环半径，则可计算出曲率半径 R；若已知 R，测出 r_m 后，可求出入射光波长。

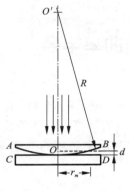

图 4-13-1　牛顿环

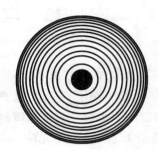

图 4-13-2　牛顿环干涉图样

实验观察牛顿环时发现，牛顿环中心不是一点，而是一个不甚清晰的暗或明的圆斑。这样，在测 r_m 时，一方面中心点定不准，另一方面暗环的绝对级次也不易定准，这都给测量带来误差。为此，取暗环直径 D_m 替代半径 r_m，

$$D_m = 2\sqrt{mR\lambda} \qquad (4-13-4)$$

再用逐差法，以消除附加光程差带来的系统误差。若 m 与 n 级暗环直径分别为 D_m 与 D_n，由式 $(4-13-4)$ 不难得出透镜的曲率半径：

$$R = \frac{D_m^2 - D_n^2}{4(m-n)\lambda} \qquad (4-13-5)$$

（五）实验步骤与注意事项

1. 实验步骤

（1）装置如图 4-13-3，移动读数显微镜，同时调节位于镜筒最下端处的半透半反射平面玻璃片（45°玻璃片）对入射光的角度，使光垂直透射在牛顿环透镜组上，并移动牛顿环，使显微镜的视场中充满亮光。

（2）旋转调焦手轮 D，将显微镜筒下降接近牛顿环透镜组，然后用眼睛从显微镜中观察干涉环，移动牛顿环使干涉环中心在视场中央，再旋转调焦手轮 D 使镜头缓慢上升，直到干涉条纹清晰为止。

（3）转动测微刻度轮 H，使干涉圆环中心在视场中央并与显微镜中"+"中心对准，仔细观察干涉条纹的特点，再旋转测微刻度轮 H，使显微镜筒向左移动，同时从中心开始数干涉条纹暗环级次到 20 环以上（25 环左右）。

（4）反向旋转测微刻度轮 H，使显微镜筒向右移动，当显微镜的叉丝与第 20 个暗环中心

位置重合时,从显微镜标尺上记下读数 $d_{左20}$,继续向右移动,读出 $d_{左19}$,$d_{左18}$,…,$d_{左11}$。

(5)继续沿原来方向移动显微镜筒,越过干涉圆环的圆心,测出另一边的第 11 个,第 12 个,…,直到第 20 个暗环的位置读数,$d_{右11}$,$d_{右12}$,…,$d_{右20}$,记录于数据表 4 – 13 – 1 之中。取 $m-n=5$,$\lambda = 5\,893 \times 10^{-7}$ mm,用逐差法求出透镜的曲率半径的平均值及不确定度。

2. 注意事项

(1)显微镜的镜头切勿用手触摸,同时,调节它时,镜筒要自下而上缓缓调整,以免损伤物镜或压坏 45°玻璃片。

(2)使用测量显微镜要避免空程误差,因此读数时不要改变显微镜的移动方向。

（六）数据记录及处理

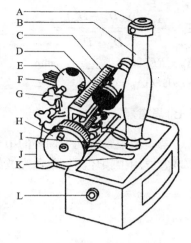

图 4 – 13 – 3　实验装置

A—目镜;B—镜筒;C—主尺;D—调节手轮;

E—立柱;F—横杆;G—横杆锁紧螺旋;

H—测微刻度轮;I—物镜;J—基座架;

K—弹簧压片;L—反光镜旋钮

表 4 – 13 – 1　数据表格

环级	20	19	18	17	16
环的位置 /mm					
直径 D_m/mm					
环级	15	14	13	12	11
环的位置 /mm					
直径 D_m/mm					
$(D_m^2 - D_n^2)$/mm^2					

$$\overline{D_m^2 - D_n^2} = \frac{1}{5}\left[(D_{20}^2 - D_{15}^2) + (D_{19}^2 - D_{14}^2) + (D_{18}^2 - D_{13}^2) + (D_{17}^2 - D_{12}^2) + (D_{16}^2 - D_{11}^2)\right] = \underline{\qquad} \text{mm}^2$$

$$S_{\overline{D_m^2 - D_n^2}} = \sqrt{\frac{\sum_{i=1}^{5}\left[(\overline{D_m^2 - D_n^2}) - (D_m^2 - D_n^2)_i\right]}{5 \times 4}} = \underline{\qquad}$$

$$\Delta_{D_m^2 - D_n^2} = \underline{\qquad} \text{mm}^2$$

$$R = \frac{\overline{D_m^2 - D_n^2}}{4(m-n)\lambda} = \underline{\qquad} \text{mm}^2$$

$$E_R = \frac{\Delta_R}{R} = \frac{\Delta(D_m^2 - D_n^2)}{D_m^2 - D_n^2} = \quad = \underline{\hspace{3cm}}$$

$$\Delta_R = RE_R = \underline{\hspace{3cm}} \text{ mm}$$

$$R \pm 1.96\Delta_R = \underline{\hspace{3cm}} \pm \underline{\hspace{3cm}} \text{ mm}$$

(七)思考题

(1)若实验中观察到牛顿环的中心是亮点,为什么?

(2)怎样用牛顿环测量单色光波的波长?

实验 14　声速测定

　　声波是一种在弹性媒介质中传播的机械波。声波在媒质中的传播速度与传声媒质的特性及状态等因素有关，因而可以通过声速的测量，了解被测媒质的特性及状态变化。如可进行气体成分的分析，测定液体的密度、浓度，确定固体材料的弹性模量等。所以对媒质中声速的测定，在工业生产中具有一定的实际意义。本实验只研究声波在空气中的传播，并测定其传播速度。

（一）实验要求

（1）了解声波在空气中传播速度与气体状态参量的关系。

（2）了解超声波的产生和接收原理，学习测量空气中声速的方法。

（3）加深对波的位相、波的干涉等理论的理解。

（二）实验目的

测量声波在空气中的传播速度。

（三）实验仪器与用具

　　本实验的主要仪器是声速测量仪。声速测量仪必须配上示波器和信号发生器才能完成测量声速的任务。SW－1 型声速测量仪如图 4－14－1 所示。

　　声速测量仪是利用压电体的逆压电效应，即在信号发生器产生的交变电压下，使压电体产生机械振动，而在空气中激发出声波。本仪器采用锆钛酸铅制成的压电陶瓷管，将它黏结在合金铝制成的阶梯形变幅杆上，再将它与信号发生器连接组成声波发生器。当压电陶瓷处于一交变电场时，会发生周期性的伸长与缩短。当交变电场频率与压电陶瓷管的固有频率相同时振幅最大。这个振动又被传递给变幅杆，

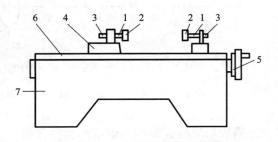

图 4－14－1　声速测量仪示意图
1—压电换能器；2—增强片；3—变幅杆；
4—可移动底座；5—刻度鼓轮；6—标尺；7—底座

使它产生沿轴向的振动，于是变幅杆的端面在空气中激发声波。本仪器的压电陶瓷管的振荡频率在 40 kHz 以上，相应的超声波的波长约为几毫米。由于它的波长短，定向发射性能好，是较理想的波源。变幅杆的端面直径比波长大很多，可以近似地认为在发射面远处的声波为平面波。

　　超声波的接收则是利用压电体的正压电效应，将接收的声振动转化成电振动。为使此电振动增加，特加一选频放大器加以放大，再经屏蔽线输给示波器观察。接收器安装在可移动的机构上，这个机构包括支架、丝杆、可移动底座（其上装有指针）、带刻度的手轮，并通过

定位螺母套在丝杆上，由丝杆带动作平移。接收器的位置由主尺、刻度手轮的位置决定。主尺位于底座上面，最小分度值为 1 mm。手轮与丝杆相连，手轮上分 100 分格，每转 1 周，接收器平移 1 mm，故手轮每转一小格接收器平移 0.01 mm，可估读到 0.001 mm。

（四）预习思考题

（1）测量声速用什么方法？具体测量的是哪些物理量？
（2）两种测量方法对示波器的使用有何不同？

（五）实验原理

已知波速 v，波长 λ 和频率 f 之间的关系为：

$$v = \lambda f \qquad (4-14-1)$$

因此，实验中可以通过测定声波的波长 λ 和频率 f，求得声速 v。由于使用交流信号控制发声器，所以声波的频率就是交流信号的频率，可以从信号发生器直接读出。声波的波长则常用位相比较法（行波法）和共振干涉法（驻波法）来测量。

1. 位相比较（行波）法

设 S_1 为发生器，S_2 为接收器，在发射波和接收波之间产生位相差：

$$\Delta\varphi = \varphi_2 - \varphi_1 = 2\pi\frac{x}{\lambda} = 2\pi f\frac{x}{v} \qquad (4-14-2)$$

因此，可以通过测量 $\Delta\varphi$ 来求得声速。$\Delta\varphi$ 的测定可以用示波器观察相互垂直振动合成的李萨如图形的方法进行。

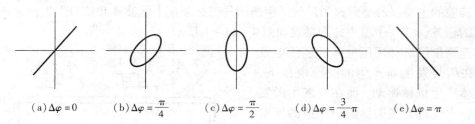

（a）$\Delta\varphi = 0$　　（b）$\Delta\varphi = \dfrac{\pi}{4}$　　（c）$\Delta\varphi = \dfrac{\pi}{2}$　　（d）$\Delta\varphi = \dfrac{3}{4}\pi$　　（e）$\Delta\varphi = \pi$

图 4 – 14 – 2　李萨如图形法测定 $\Delta\varphi$

设输入示波器 X 轴的入射波的振动方程为：

$$x = A_1\cos(\omega t + \varphi_1)$$

输入示波器 Y 轴由 S_2 接收的波的振动方程为：

$$y = A_2\cos(\omega t + \varphi_2)$$

则合振动方程为：

$$\frac{x^2}{A_1^2} + \frac{y^2}{A_2^2} - \frac{2xy}{A_1 A_2}\cos(\varphi_2 - \varphi_1) = \sin^2(\varphi_2 - \varphi_1) \qquad (4-14-3)$$

此方程的轨迹为椭圆，其长短轴和方位由位相差 $\Delta\varphi = \varphi_2 - \varphi_1$ 决定。当 $\Delta\varphi = 0$，则轨迹为图 4 – 14 – 2（a）所示的直线；当 $\Delta\varphi = \dfrac{\pi}{4}$，则轨迹为图 4 – 14 – 2（b）所示的椭圆；当 $\Delta\varphi = \dfrac{\pi}{2}$，则轨迹为图 4 – 14 – 2（c）所示的正椭圆；当 $\Delta\varphi = \dfrac{3}{4}\pi$，则轨迹为图 4 – 14 – 2（d）所示的椭圆；

当 $\Delta\varphi = \pi$，则轨迹为图 4 – 14 –2(e)所示的直线。由式(4 – 14 – 2)知，若 S_2 向离开 S_1 的方向移动的距离 $X = S_2 - S_1 = \dfrac{\lambda}{2}$，则 $\Delta\varphi = \pi$。随着 S_2 的移动，$\Delta\varphi$ 随之在 $0 \sim \pi$ 内变化，李萨如图形也随之由图 4 – 14 –2 中的(a)向(e)变化。

若 $\Delta\varphi$ 角变化 π，则会出现图 4 – 14 –2(a) ~ (e)的重复图形。与这种图形重复变化相应的 S_2 移动的距离为 $\lambda/2$，由此可以得出声波的波长 λ，然后由式(4 – 14 – 1)求得声速 v。

2. 共振干涉(驻波)法

由声源 S_1 发出的平面简谐波沿 X 轴正方向传播，接收器 S_2 在接收声波的同时还反射一部分声波。这样，由 S_1 发出的声波和由 S_2 反射的声波在 S_1、S_2 之间形成干涉而出现驻波共振现象。

设：沿 X 轴正方向入射波的方程为：

$$y = A\cos 2\pi(ft - \frac{x}{\lambda})$$

沿 X 轴负方向反射波方程为：

$$y = A\cos 2\pi(ft + \frac{x}{\lambda})$$

在两波相遇处产生干涉，在空间某点的合振动方程为：

$$y = y_1 + y_2 = A\cos 2\pi(ft - \frac{x}{\lambda}) + A\cos 2\pi(ft + \frac{x}{\lambda})$$

$$= (2A\cos \frac{2\pi}{\lambda}x)\cos 2\pi ft \qquad (4 – 14 – 4)$$

上式为驻波方程。

当 $\left|\cos 2\pi \dfrac{x}{\lambda}\right| = 1$ 或 $2\pi \dfrac{x}{\lambda} = n\pi$ 时，在 $x = n\dfrac{\lambda}{2}(n = 1, 2, \cdots)$ 位置上，声波振动振幅最大为 $2A$，称为波腹。

当 $\left|\cos 2\pi \dfrac{x}{\lambda}\right| = 0$ 或 $2\pi \dfrac{x}{\lambda} = (2n - 1)\dfrac{\pi}{2}$ 时，在 $x = (2n - 1)\dfrac{\lambda}{4}(n = 1, 2, 3, \cdots)$ 位置上，声波振动振幅为 0，称为波节。其余各点的振幅在零和最大之间。

叠加的波可以近似地看作具有驻波加行波的特征。由驻波的性质可知，当接收器端面按振动位移来说处于波节时，则按声压来讲是处于波腹。当发生共振时，接收器端面近似为波节，接收到的声压最大，经接收器转换成电信号也最强。当接收器端面移到某个共振位置时，示波器出现了最强的电信号；继续移动接收器，当示波器再次出现最强的电信号时，则接收器移动的距离为 $\lambda/2$，从而可以得出波长 λ，由式(4 – 14 – 1)求得声速 v。

(六)实验步骤与注意事项

1. 用位相比较(行波)法测声速

(1)按图 4 – 14 –3 接好电路，根据函数信号发生器输出信号幅度及压电陶瓷换能器的共振频率 f_0 确定声源(发射端)激励信号，并在测量过程中保持不变，并从信号发生器上记下 f_0。对 SW – 1 型声速测量仪，由信号发生器输出 40 kHz 左右的正弦波加在声速测量仪的发生器 S_1 上，用示波器观察接收波的波形。微调信号发生器的输出频率，找到接收波振幅最大处,此时信号发生器的输出频率为压电陶瓷换能器的共振频率f_0。

(2)在上述共振频率f_0下,使S_2靠拢S_1然后缓慢移离S_1。当示波器上出现45°斜线时,记下S_2的位置x_1。

(3)依次移动S_2,记下示波器直线由图4-14-2中的(a)变为(e)和由(e)再变为(a)时,游标尺的读数x_2,x_3,…值,共12个。

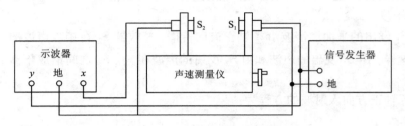

图4-14-3 位相比较法测声速

2. 共振干涉(驻波)法测声速

(1)按图4-14-4接好电路,低频信号发生器与步骤1一样处于f_0频率状态下。

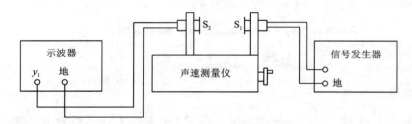

图4-14-4 共振干涉法测声速

(2)在共振频率f_0下,将S_2移向S_1处,再缓慢移离S_1。当示波器上出现振幅最大时,记下游标尺的读数x_1'。

(3)依次移动S_2,记下各振幅最大时的x_2',x_3',…值,共12个。

3. 注意事项

(1)使用前应搞清楚各仪器的操作规程,并按操作规程使用。

(2)实验中移动S_2时要缓慢,并时刻注意示波器上图形的变化,不能因图形变化过度而使刻度手轮回转。

(3)实验前应事先了解压电换能器的共振频率,实验中应使声波频率与压电陶瓷换能器的共振频率f_0一致,这时得到的电信号最强,压电陶瓷换能器作为接收器的灵敏度也最高。

(七)数据记录及处理

声速测量数据表如表4-14-1所示。

表 4 – 14 – 1 声速测量数据表

	x/mm												f_0/Hz
	x_1	x_2	x_3	x_4	x_5	x_6	x_7	x_8	x_9	x_{10}	x_{11}	x_{12}	
位相法													
	x_1'	x_2'	x_3'	x_4'	x_5'	x_6'	x_7'	x_8'	x_9'	x_{10}'	x_{11}'	x_{12}'	
共振法													

用逐差法处理数据。分别算出用位相法和共振法测得的波长 λ 和 λ'，然后分别算出 v 和 v'。

$$\Delta x_{7-1} = x_7 - x_1 = 3\lambda\,,\ \lambda_1 = \underline{\hspace{2cm}}$$
$$\Delta x_{8-2} = x_8 - x_2 = 3\lambda\,,\ \lambda_2 = \underline{\hspace{2cm}}$$
$$\Delta x_{9-3} = x_9 - x_3 = 3\lambda\,,\ \lambda_3 = \underline{\hspace{2cm}}$$
$$\Delta x_{10-4} = x_{10} - x_4 = 3\lambda\,,\ \lambda_4 = \underline{\hspace{2cm}}$$
$$\Delta x_{11-5} = x_{11} - x_5 = 3\lambda\,,\ \lambda_5 = \underline{\hspace{2cm}}$$
$$\Delta x_{12-6} = x_{12} - x_6 = 3\lambda\,,\ \lambda_6 = \underline{\hspace{2cm}}$$

把等式两边相加：

$$\sum_{i=1}^{6} \Delta x_{(6+i)-i} = 18\lambda$$

所以平均波长为：

$$\overline{\lambda} = \frac{1}{18} \sum_{i=1}^{6} \Delta x_{(6+i)-i}$$

可得：

$$S_{\overline{\lambda}} = \sqrt{\frac{\sum (\lambda_i - \overline{\lambda})^2}{k(k-1)}} = \underline{\hspace{2cm}}$$

$$\Delta_{\text{仪}x} = \Delta_{\text{仪}f} = \underline{\hspace{2cm}}$$

$$\Delta_\lambda = \sqrt{S_{\overline{\lambda}}^2 + \frac{\Delta_{\text{仪}x}^2}{3}} = \underline{\hspace{2cm}}$$

$$\Delta_f = \Delta_{\text{仪}f} = \underline{\hspace{2cm}}$$

$$\overline{v} = \overline{\lambda} \cdot f_0 = \underline{\hspace{2cm}}$$

$$E_v = \sqrt{\left(\frac{\Delta\lambda}{\overline{\lambda}}\right)^2 + \left(\frac{\Delta f}{f_0}\right)^2} = \underline{\hspace{2cm}}$$

$$\Delta_v = \overline{v} \cdot E_v = \underline{\hspace{2cm}}$$

$$v = \overline{v} \pm 1.96\Delta_v = \underline{\hspace{2cm}}$$

同理可得 $v' = \overline{v'} \pm 1.96\Delta_v'$。

(八) 思考题

(1) 如何调节与判断测量系统是否处于共振状态?

（2）在实验过程中，刻度手轮应保持朝一个方向旋转，为什么？

（九）函数信号发生器的误差

各种型号的函数信号发生器的误差表如表 4 – 14 – 2 所示。

表 4 – 14 – 2　函数信号发生器误差表

符号	误差
EM　1634 　　　1635 　　　1636	≤ ±5%
EM　1633 　　　1642 　　　1643 　　　1644	≤ ±1%
YB1634	≤ ±1%
XJ1630	≤ ±5%

$\Delta_{仪f}$ = 读数 × 误差。

实验 15　多功能电桥测电阻

电桥在电测技术中应用十分广泛。直流电桥主要分为单臂电桥(惠斯通电桥)和双臂电桥(开尔文电桥)两类。单臂电桥可测量 $10 \sim 10^8$ Ω 范围内的电阻,双臂电桥可用来测量几欧姆以下的低电阻。

(一)实验目的

(1)了解单臂电桥测电阻的原理,初步掌握直流单臂电桥的使用方法。
(2)了解双臂电桥测量低电阻的原理,初步掌握双臂电桥的使用方法。

(二)实验仪器与用具

DHQJ – 5 型教学用多功能电桥 1 台、中值电阻 1 个、低值电阻 1 个。

(三)预习思考题

双臂电桥和单臂电桥有哪些异同?

(四)实验原理

1. 惠斯通电桥测电阻

惠斯通电桥(单臂电桥)是最常用的直流电桥,图 4 – 15 – 1 是它的电路原理图。图中 R_1、R_2 和 R_3 是已知阻值的标准电阻,它们和被测电阻 R_x 连成一个四边形,每一条边称作电桥的一个臂。对角 A 和 C 之间接电源 E;对角 B 和 D 之间接有检流计 G,它像桥一样。若调节 R_3 使检流计中电流为零,桥两端的 B 点和 D 点电位相等,电桥达到平衡,这时可得:

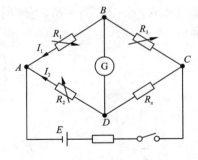

图 4 – 15 – 1　电桥原理简图

$$I_1 R_3 = I_2 R_x,\ I_1 R_1 = I_2 R_2$$

两式相除可得:

$$R_x = \frac{R_2}{R_1} R_3 \qquad\qquad (4 – 15 – 1)$$

只要检流计足够灵敏,等式(4 – 15 – 1)就能相当好地成立,被测电阻 R_x 可以仅从 3 个标准电阻的值来求得,而与电源电压无关。这一过程相当于把 R_x 和标准电阻相比较,因而测量的准确度较高。

2. 双臂电桥测电阻

图 4 – 15 – 2 为双臂电桥原理图,图中 R_x 为待测电阻,R_1、R_3 为比率臂,R_N 为标准电阻,与惠斯通电桥比较,差别在于:①在检流计下端加了一个附加电路 $P_1 B F_2$,②$C_1 C_2$ 间为待测电阻,用四端接线法(有四个接头),C_1、C_2 称为电流接头,P_1、P_2 称为电压接头,被测

电阻是 P_1、P_2 两点间的电阻。由于 R_3、R_1 与 R_3'、R_2 并列，故称为双臂电桥。附加电路中的 R_2'、R_2 远比 R_x 和 R_N 大，R_3、R_1 也远比 R_x 和 R_N 大。P_1、P_2、C_1、C_2、A_1、A_2、F_1、F_2 接头处存在的接触电阻和连接导线的电阻，把它们集中用参数表示出来，如图 4–15–3 所示，r_1'、r_1、r、r_3、r_2、r_2' 分别为 P_1、P_2、C_1、C_2、A_2、F_2 接头处的接触电阻，连接导线电阻之和。而 A_1 接头处的接触电阻、引线电阻之和为 r_3'，F_1 接头处的接触电阻、引线电阻都归入 r 中。r_3、r_3' 只是改变电流的大小，而与电桥平衡无关，可不加考虑。

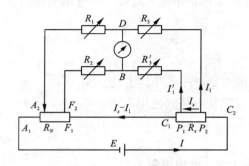
图 4–15–2　双臂电桥原理图

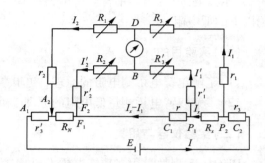
图 4–15–3　修正后的双臂电桥原理图

当电桥平衡时，B、D 两点电位相等，流过检流计的电流 $I_g = 0$，则有：

$$\begin{cases} I_1(R_3 + r_1) = I_x R_x + I_1'(R_3' + r_1') \\ I_2(R_1 + r_2) = I_2'(R_2 + r_2') + (I_2' + I_2 - I_1')R_N \\ I_1'(R_3' + r_1') + I_2'(R_2 + r_2') = (I_x - I_1')r \end{cases} \quad (4-15-2)$$

由于 $r_1 \ll R_3$，$r_1' \ll R_3'$，$r_2 \ll R_1$，$r_2' \ll R_2'$，故 r_1、r_1'、r_2、r_2' 可忽略不计，并且 $I_g = 0$，$I_1 = I_2$，$I_1' = I_2'$，故有：

$$\begin{cases} I_1 R_3 = I_x R_x + I_1' R_3' \\ I_1 R_1 = I_1' R_2 + I_x' R_N \\ I_1' R_3' + I_1' R_2 = (I_x - I_1')r \end{cases} \quad (4-15-3)$$

联立解以上 3 式得：

$$R_3 R_N - R_L R_x + \frac{R_3 R_2 - R_1 R_3'}{R_3' + R_2 + r} \cdot r = 0 \quad (4-15-4)$$

要使式 (4–15–4) 对任意 r 值都成立，必须满足：

$$R_3 R_N - R_1 R_x = 0 \text{ 和 } R_3 R_2 - R_1 R_3' = 0$$

或

$$R_3 / R_1 = R_3' / R_2 = R_x / R_N \quad (4-15-5)$$

式 (4–15–5) 为双臂电桥的平衡条件，从式中可看出，它与接线和接触电阻 r 无关，消除了 r 对测量结果的影响，因此能准确地测量低电阻。

为了测量方便，可利用一个同轴双层电位器，使在任何位置都满足 $R_3 / R_1 = R_3' / R_2$，这样式 (4–15–5) 可简化成：

$$R_x = \frac{R_3}{R_1} \cdot R_N = C R_N \quad (4-15-6)$$

（五）实验步骤

1. 了解多功能电桥的原理和使用方法

DHQJ-5 型教学用多功能电桥具有单臂电桥、双臂电桥、功率电桥及非平衡使用的单臂电桥等功能，本次实验主要使用单臂电桥和双臂电桥测电阻。

多功能电桥的电路原理如图 4-15-4 所示。

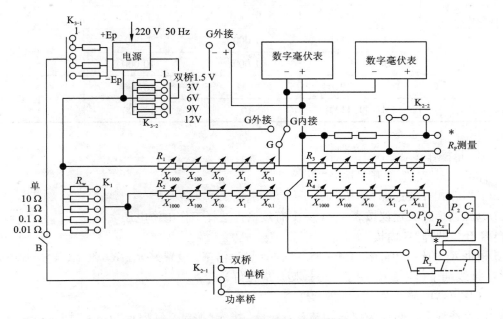

图 4-15-4　DHQI-5 电路原理图

2. 单臂电桥使用方法（两端电阻测量法）

测量 $100\ \Omega$ 以上中值或高值电阻时，应采用单臂电桥工作方式。

（1）单臂电桥工作方式等效电路如图 4-15-5 所示。

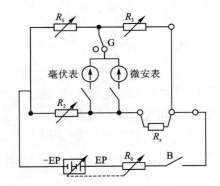

图 4-15-5　单臂电桥工作方式简化图

（2）表 4 - 15 - 1 所示为惠斯通电桥（单臂电桥）技术参数表。

表 4 - 15 - 1　惠斯通电桥技术参数表

量程倍率	有效量程/Ω	R_1/Ω	R_2/Ω	工作电压
$\times 10^{-3}$	1 ~ 11.111	10 000	10	3 V
$\times 10^{-2}$	10 ~ 111.11	10 000	100	6 V
$\times 10^{-1}$	100 ~ 1 111.1	10 000	1 000	
$\times 1$	1k ~ 11.111k	1 000	1 000	9 V
$\times 10$	10k ~ 111.11k	1 000	10 000	
$\times 10^2$	100k ~ 1 111.1k	100	10 000	12 V
$\times 10^3$	1M ~ 11.111M	10	10 000	

（3）测量操作步骤。

①标准电阻 R_N 选择开关选择"单桥"挡。

②工作方式开关选择"单桥"挡。

③电源选择开关建议按表 4 - 15 - 1 有效量程选择工作电源电压。

④G 开关选择"G 内接"。

⑤根据 R_x 的估计值，按表 4 - 15 - 1 选择量程倍率，设置好 R_1、R_2 和 R_3，将未知电阻 R_x 接入 R_x 接线端子（注意 R_x 端子上方短接片应接好）。

⑥打开仪器电源开关，面板指示灯亮。

⑦建议选择毫伏表作为仪器检流计，释放"接入"按键，量程置"2 mA"挡，调节"调零"电位器，将数显表调零。调零后将量程转入 200 mV 量程，按下"接入"按键。也可以选择微安表作检流计（两者不应同时接入使用）。

⑧按下工作电源开关"B"（持续时间要短，以免被测电阻发热影响测量精度；如果检流计上出现"-1"字样，表示 R_3 的值不太恰当），调节 R_3 各盘电阻，使检流计示零，此时电桥为粗平衡，再选择 20 mV 或 2 mV 挡，细调 R_3，使电桥平衡（检流计示零）。

⑨按下式计算被测电阻值：

$$R_x = \frac{R_2}{R_1} \cdot R_3$$

3. 双臂电桥使用方法

测量 100 Ω 以下低值电阻时，应采用双臂电桥工作方式。

（1）双臂电桥工作方式等效电路如图 4 - 15 - 6 所示。

（2）开尔文电桥（双臂电桥）技术参数如表 4 - 15 - 2 所示。

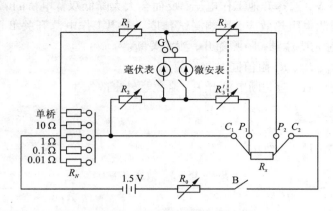

图 4 – 15 – 6　双臂电桥工作方式简化图

表 4 – 15 – 2　开尔文电桥技术参数表

标准电阻/Ω	有效量程/Ω	$R_1 = R_2/Ω$	分辨率/Ω	允许误差/%
10	10 ~ 11.110	1 000	0.001	0.1
1	1 ~ 11.111 0	1 000	0.000 1	0.1
0.1	0.1 ~ 1.111 10	1 000	0.000 01	0.5
0.01	0.01 ~ 111 110	1 000	0.000 001	1

（3）测量操作步骤。

①标准电阻 R_N 选择开关，按表 4 – 15 – 2 建议选择 R_N 值。

②工作方式开关选择"双桥"挡。

③电源选择开关置 1.5 V（双桥）挡。

④G 开关选择"G 内接"。

⑤按表 4 – 15 – 2 选择 R_1、R_2 值（注意：双桥使用时 $R_1 = R_2$），按照 R_x 的估计值调节好 R_3 的值，并将被测电阻的 4 个端子（C_1、C_2 电流端子，P_1、P_2 电压端子）接入仪器 C_1、C_2、P_1、P_2 端子。

⑥打开电源开关，选择毫伏表作为检流计（也可用微安表）；在未接入状态下按单臂电桥的方法调零；调零完毕后检流计"接入"电桥工作。

⑦按下工作电源开关"B"（持续时间要短，以免被测电阻发热影响测量精度），按单臂电桥的方法调节 R_3（R_3 内部已知 R_3' 同步）各盘电阻，使电桥平衡。

⑧按下式计算被测电阻值：

$$R_x = \frac{R_3}{R_1} \cdot R_N$$

注意事项：

（1）电桥工作电压是和所测电阻值大小相匹配的，目的是保证较高测量精度下，扩大量程范围，要求测试时注意选择合适的工作电压。1.5 V 工作电压，单臂电桥也可以使用，双臂电桥只能使用 1.5 V, 选择其他工作电压, 反而会大大降低双臂电桥的测试灵敏度。

(2) 为了减少被测电阻热效应, 影响测试精度, 希望工作电源开关 B 随测随开, 测完关断。双臂电桥工作时尤要注意, 随测随开, 测完关断。

(3) 尽量避免 R_1、R_2、R_3 阻值同时过低使用。

(4) 仪器使用完毕后, 应关断电源开关, 避免意外事故发生。

(六) 数据记录及处理

数据表格如表 4 - 15 - 3 所示。

表 4 - 15 - 3　数据表格

测量次数	R_x/Ω	
	单臂电桥	双臂电桥
1		
2		
3		
4		
5		

(七) 思考题

(1) 什么叫电桥达到平衡? 在实验中如何判断电桥达到平衡?

(2) 单臂电桥测电阻时, R_2/R_1 为何值测量结果误差最小?

(3) 双臂电桥中采用四端接线法的目的是什么?

实验 16　杨氏模量的测量

一、拉伸法测金属丝的杨氏模量

杨氏模量是描述固体材料抵抗形变能力的重要物理量，是工程技术上极为重要的常用参数，是工程技术人员选择材料的重要依据之一。本实验将综合运用多种测量长度的方法，并采用逐差法处理数据。

(一)实验要求

(1)进一步熟练使用米尺、千分尺。掌握使用光杠杆法测量微小长度的原理及方法。
(2)学会调节、使用望远镜。
(3)学习用逐差法处理数据。

(二)实验目的

用拉伸法测金属丝的杨氏模量。

(三)实验仪器与用具

YMC－1 型杨氏模量测定仪以及与之配套的光杠杆、镜尺装置 1 套。钢卷尺、千分尺、水准仪各 1 把，1 kg 的砝码若干。

YMC－1 型杨氏模量测定仪的结构如图 4－16－1 所示。金属丝 L 的上端固定于横梁 A 上，下端被钢丝螺旋卡头夹紧。螺旋卡头外形为圆柱形状(C)，下方有挂钩，用于挂砝码。中央部分是固定平台 G，中间有圆孔，圆柱体能在其中上下移动。圆孔中有一小固定螺栓，用来使圆柱体只能上下移动，不能转动。底部 B 是三脚支架，调节底脚螺丝，借助水准仪，可以将平台 G 调成水平状态。

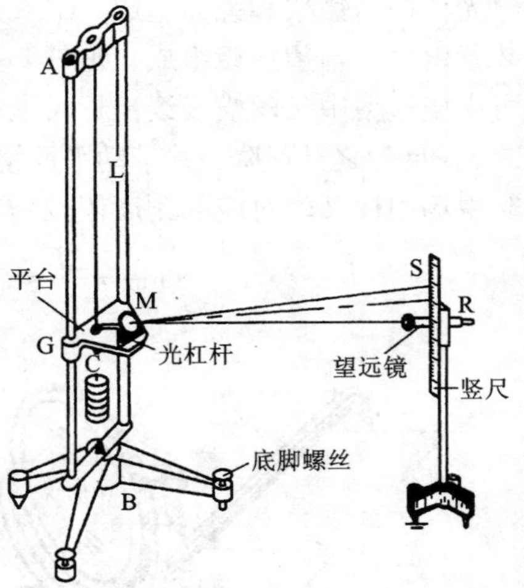

图 4－16－1　杨氏模量测定仪及镜尺装置

(四)预习思考题

(1)什么是视差？如何消除？
(2)千分尺的半刻线在实际使用时，怎样判断是读还是不读？棘轮如何使用？

（五）实验原理

1. 用拉伸法测金属丝的杨氏模量

物体在外力作用下，总会发生形变。当形变不超过某一限度时，外力消失后，形变随之消失，这种形变称为"弹性形变"。发生弹性形变时，物体内部产生恢复原状的内应力。杨氏模量正是反映固体材料形变与内应力关系的物理量。本实验中形变为拉伸形变，即金属丝仅发生轴向拉伸形变。设金属丝长为 L，横截面积为 S，沿长度方向受一外力 F 后金属丝伸长 ΔL。单位横截面积上的垂直作用力 F/S 称为正应力，金属丝的相对伸长量 $\Delta L/L$ 称为线应变。这两个概念，大家将在弹性力学中碰到。实验结果表明：在弹性形变范围内，正应力与线应变成正比，即

$$\frac{F}{S} = Y\frac{\Delta L}{L} \qquad\qquad (4-16-1)$$

式中系数 $Y = \dfrac{F/S}{\Delta L/L}$ 称为杨氏模量。不同的材料，Y 值不一样。从上式可以看出：当单位横截面积上的外力一定时，相对伸长量愈大，则 Y 值愈小，亦即材料抵抗形变的能力愈小。

式（4-16-1）中，外力 F、横截面积 S、钢丝长度 L 都容易测定。外力为每次加 1 kg 力的砝码，看做常量。横截面积通过测钢丝直径 d 可计算出来。钢丝长度 L 也可用卷尺很方便地测量出来。对于钢丝微小的形变量 ΔL 要测准确，必须采用放大的方法。本实验采用光杠杆的放大法。

2. 光杠杆的放大原理

光杠杆由镜架和镜面组成，如图 4-16-2 所示。a 足到 b'、c 两足的垂直距离可调。镜尺装置由标尺与望远镜组成，如图 4-16-3。调节望远镜可以看清平面镜内反射的标尺像，并可由望远镜中叉丝横线读出标尺上相应的刻度值。设钢丝长度变化前刻度为 x_0，当长度变化时，a 足随之升或降，并带动平面镜转动。设转角为 θ，则平面镜上的反射光线将转过 2θ。此时视场中横叉丝对应的刻度假设为 x_i，并令 $\Delta x = x_i - x_0$，当 $\Delta L \ll b$ 时，

$$\tan\theta = \frac{\Delta L}{b} \approx \sin\theta \approx \theta, \quad \tan2\theta = \frac{\Delta x}{D} \approx \sin2\theta \approx 2\theta$$

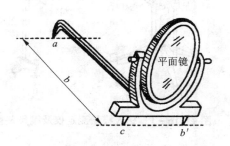

图 4-16-2　镜尺装置放大图

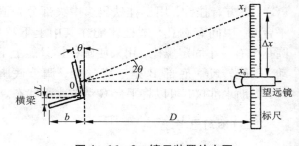

图 4-16-3　镜尺装置放大图

则有：$\theta = \dfrac{\Delta L}{b}$ 或 $\theta = \dfrac{\Delta x}{2D}$，故：

$$\Delta L = \frac{b}{2D}\Delta x \qquad\qquad (4-16-2)$$

由式(4-16-2)可知，微小量 ΔL 可通过 b、D、Δx 这些容易准确测量的量间接地测量出来。ΔL 被放大了 $\frac{2D}{b}$ 倍。将式(4-16-2)代入式(4-16-1)，并将钢丝横截面积 $S = \frac{\pi d^2}{4}$ 代入式(4-16-1)，可得：

$$Y = \frac{8FLD}{\pi d^2 b \Delta x} \qquad\qquad (4-16-3)$$

(六)实验步骤与注意事项

1. 实验步骤

(1)在挂钩上加一砝码，将钢丝拉直(此砝码质量不计入外力 F 之内)。调节仪器的底脚螺丝，借助水准仪，将平台调水平。

(2)调节光杠杆：先调节其臂长 b(尽量短一点)，使前足 c、b' 置于槽内，后足 a 能置于钢丝夹头的圆柱体的上端即可。然后调节光杠杆镜面，使镜面与平台大致垂直。

(3)调节望远镜，使望远镜与光杠杆反射镜等高：先调节望远镜目镜下的螺丝，使望远镜大致水平，然后将望远镜移近杠杆镜面，使两者等高。最后移动镜尺支架，使望远镜离反射镜镜面 1~2 m。

(4)将眼睛从望远镜外沿着准确方向观察反射镜中是否有标尺的像，若没有，则左右移动镜尺支架，直到标尺像出现在反射镜中。微调光杠杆镜面，使标尺零刻度线成像在反射镜中央。

(5)转动目镜，观察目镜的十字叉丝情况，直到叉丝清晰成像。然后调节调焦手轮，使望远镜中看到的反射镜中的标尺成像清晰。注意反复调节，当晃动眼睛时十字叉丝线与标尺刻度线之间无相对移动后，即可认为清除了视差。

(6)微调光杠杆镜面的倾角和望远镜目镜下的升降螺丝，使从望远镜中观察到的标尺零刻度在十字横丝附近。

(7)加、减砝码测量。每增加一个砝码记下相应横叉丝线处标尺的刻度。一共加 6~8 个砝码，然后每减少一个砝码又记下标尺的读数。注意同一荷重下的两个读数要记在一起。增重与减重对应同一荷重下读数的平均值 $\overline{x_i} = (x_i + x_i')/2$ 才是对应荷重下的最佳值，它消除了摩擦(圆柱体下的夹头与圆孔之间的摩擦)与滞后(加减砝码时钢丝伸长与缩短滞后)等系统误差。

(8)用钢卷尺测钢丝长度 L、镜面到尺面距离 D。在纸上印出光杠杆脚尖的痕迹，连接此 3 个痕迹成一等腰三角形，等腰三角形的高即为 b，用钢卷尺量出 b。

(9)选钢丝不同的地方测直径 d(测 6 次。先检查千分尺的零误差，并将零误差记录好)。

2. 注意事项

(1)禁止用手触摸各种光学元件的表面，光杠杆望远镜必须轻拿轻放。

(2)加砝码时，应"口对口"放置。

(3)读标尺读数时应使标尺数值静止时再读数。

(七) 数据记录及处理

1. 测钢丝伸长量表格

数据表格如表 4 – 16 – 1 所示。

表 4 – 16 – 1　数据表格

$F_1 = m_i g/\mathrm{N}$	加 x_i/mm	减 x_i'/mm	$\bar{x}_i = \dfrac{x_i + x_i'}{2}$/mm
1×9.80			
2×9.80			
3×9.80			
4×9.80			
5×9.80			
6×9.80			
7×9.80			
8×9.80			

2. 钢丝直径 d

数据表格如表 4 – 16 – 2 所示。

$d_0 = $ _____ mm

表 4 – 16 – 2　数据表格

次数	d/mm
1	
2	
3	
4	
5	
6	
平均	

3. 其他量的测量

数据表格如表 4 – 16 – 3 所示。

表 4 – 16 – 3 数据表格

L/mm	$\Delta L/\text{mm}$	D/mm	$\Delta D/\text{mm}$	b/mm	$\Delta b/\text{mm}$

按逐差法将数据分成前后两组：$(\bar{x}_1, \bar{x}_2, \cdots, \bar{x}_i)$ 和 $(\bar{x}_{i+1}, \bar{x}_{i+2}, \cdots, \bar{x}_{2i})$ 实行对应项相减，

$$\Delta x_1 = |\bar{x}_{i+1} - \bar{x}_1|,$$
$$\Delta x_2 = |\bar{x}_{i+2} - \bar{x}_2|,$$
$$\vdots$$
$$\Delta x_i = |\bar{x}_{2i} - \bar{x}_i|,$$
$$\overline{\Delta x} = \frac{1}{i}(\Delta x_1 + \Delta x_2 + \cdots + \Delta x_i)。$$

与之对应的 F 为：

$$F = iWg$$

W 是一个砝码的质量$(W = 1 \text{ kg})$。

$$S_{\overline{\Delta x}} = \sqrt{\frac{\sum (\Delta x_i - \overline{\Delta x})^2}{n(n-1)}} = \underline{\qquad\qquad} \text{ mm}$$

$$\Delta_{\Delta x} = \sqrt{S_{\overline{\Delta x}}^2 + \frac{\Delta_{仪}^2}{3}} = \underline{\qquad\qquad} \text{ mm}$$

$$S_{\bar{d}} = \sqrt{\frac{\sum (d_i - \bar{d})^2}{n(n-1)}} = \underline{\qquad\qquad} \text{ mm}$$

$$\Delta_d = \sqrt{S_{\bar{d}}^2 + \frac{\Delta_{仪}^2}{3}} = \underline{\qquad\qquad} \text{ mm}$$

$$Y = \frac{8FLD}{\pi d^2 b \Delta x} = \underline{\qquad\qquad} \text{ N/m}^2$$

$$E_Y = \sqrt{\left(\frac{\Delta L}{L}\right)^2 + \left(\frac{\Delta b}{b}\right)^2 + \left(2\frac{\Delta d}{d}\right)^2 + \left(\frac{\Delta D}{D}\right)^2 + \left(\frac{\Delta_{\Delta x}}{\Delta x}\right)^2} = \underline{\qquad\qquad} \text{ N/m}^2$$

$$\Delta_Y = Y E_Y = \underline{\qquad\qquad} \text{ N/m}^2$$

$$Y = Y \pm 1.96\Delta_Y = \underline{\qquad\qquad} \text{ N/m}^3$$

(八) 思考题

(1) 怎样提高光杠杆的灵敏度？
(2) 怎样保证钢丝受力是沿其长度方向？
(3) 为什么钢丝长度只测一次就可以而钢丝直径要测多次，且应在不同位置测量？

二、弯梁法测量固体材料的杨氏模量

杨氏模量是描述固体材料抵抗形变能力的重要物理量，是工程技术人员极为重要的常用参数，杨氏模量的测量是综合大学和工科院校物理实验中必做的实验之一，通过实验可以学

习和掌握基本长度和微小位移量测量的方法和手段。本仪器是在拉伸法测量固体材料杨氏模量的基础上，加装位移传感器而成的。通过位移传感器的输出电压与位移量线性关系的定标和微小位移量的测量，使学生了解和掌握微小位移的非电量电测量新方法。

（一）实验要求

（1）熟悉霍尔位置传感器的特性；进一步熟悉使用游标卡尺、千分尺。
（2）学会用逐差法处理数据。

（二）实验目的

用霍尔位置传感器弯曲法测量黄铜和不锈钢的杨氏模量。

（三）实验仪器与用具

（1）直尺、游标卡尺、千分尺，20 g 的砝码一盒。
（2）霍尔位置传感器测杨氏模量装置一台，如图 4 - 16 - 4 所示。

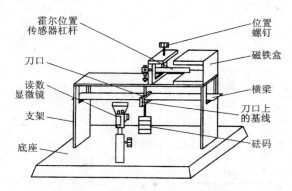

图 4 - 16 - 4   霍尔位置传感器测量杨氏模量装置

（3）霍尔位置传感器测杨氏模量实验仪一台，如图 4 - 16 - 5 所示。

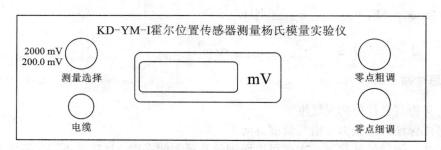

图 4 - 16 - 5   霍尔位置传感器测量杨氏模量实验仪

（四）预习思考题

（1）分析本实验的主要误差来源，应如何尽量减小误差？
（2）千分尺的半刻线在实际使用时，怎样判断是读还是不读？棘轮如何使用？

（五）实验原理

1．位移传感器

位移传感器是将霍尔元件置于磁感应强度为 B 的磁场中，在垂直磁场方向通过电流 I，则与这二者相垂直的方向上将产生霍尔电势差 U_H：

$$U_H = K \cdot I \cdot B \qquad\qquad (4-16-4)$$

式（4-16-4）中 K 为元件的霍尔灵敏度，如果保持霍尔元件的电流 I 不变，而使其在一个均匀梯度的磁场中移动时，则输出的霍尔电势差变化为：

$$\Delta U_H = K \cdot I \cdot \frac{\mathrm{d}B}{\mathrm{d}Z} \cdot \Delta Z \qquad\qquad (4-16-5)$$

式（4-16-5）中 ΔZ 为位移量，此式说明若 $\mathrm{d}B/\mathrm{d}Z$ 为常数时，ΔU_H 与 ΔZ 成正比。取比例系数为 κ，则：

$$\Delta U_H = \kappa \cdot \Delta Z \qquad\qquad (4-16-6)$$

为实现均匀梯度的磁场，可以如图 4-16-6 所示，两块相同的磁铁（磁铁截面积及表面磁感应强度相同）相对放置，即 N 极与 N 极相对，两磁铁之间留一等距间隙，霍尔元件平行于磁铁放在该间隙的中轴上。间隙大小要根据测量范围和测量灵敏度要求而定。间隙越小，磁场梯度就越大，灵敏度就越高。磁铁截面积要远大于霍尔元件，以尽可能地减小边缘效应影响，提高测量精确度。

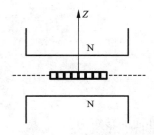

图 4-16-6　位移传感器原理图

若磁铁间隙内中心截面处的磁感应强度为零，霍尔元件处于该处时，输出的霍尔电势差应该为零。当霍尔元件偏离中心沿 Z 轴发生位移时，由于磁感应强度不再为零，霍尔元件也就产生相应的电势差输出，其大小可以用数字电压表测量，由此可以将霍尔电势差为零时元件所处的位置作为位移参考零点。霍尔电势差与位移量之间存在一一对应关系，当位移量较小（<2 mm）时，这一对应关系具有良好的线性。

2．杨氏模量

固体、液体及气体在受外力作用时，形状与体积会发生或大或小的改变，这统称为形变。当外力不太大，因而引起的形变也不太大时，撤销外力，形变就会消失，这种形变称为弹性形变。

一段固体棒，在其两端沿轴方向施加大小相等、方向相反的外力 F，其长度 l 发生改变 Δl，以 S 表示横截面面积，称 F/S 为应力，相对长变 $\Delta l/l$ 为应变，在弹性限度内，根据胡克定律有：

$$\frac{F}{S} = Y \frac{\Delta l}{l}$$

Y 称为杨氏模量，其数值与材料性质有关。

在横梁发生微小弯曲时，梁中存在一个中性面，面上部分发生压缩，面下部发生拉伸，所以整体说来，可以理解横梁发生长变，即可以用杨氏模量来描写材料的性质。

如图 4-16-7 所示，虚线表示弯曲梁的中性面，易知其既不拉伸也不压缩，取弯曲梁长

（中性面）为 $\mathrm{d}x$ 的一小段：设其曲率半径为 $R(x)$，所对应的张角为 $\mathrm{d}\theta$，再取中性面上部距离为 y，厚度为 $\mathrm{d}y$ 的一层面为研究对象，那么，梁弯曲后该小段层面长度为 $(R(x)-y)\cdot\mathrm{d}\theta$，所以，长度变化量为：

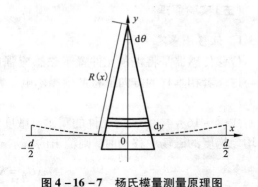

$$(R(x)-y)\cdot\mathrm{d}\theta-\mathrm{d}x = (R(x)-y)\cdot\frac{\mathrm{d}x}{R(x)}-\mathrm{d}x$$

$$= -\frac{y}{R(x)}\mathrm{d}x$$

应变为：

$$\varepsilon = -\frac{y}{R(x)}$$

图 4−16−7 杨氏模量测量原理图

根据胡克定律有：

$$\frac{\mathrm{d}F}{\mathrm{d}S} = -Y\frac{y}{R(x)}$$

又

$$\mathrm{d}S = b\cdot\mathrm{d}y \quad （b\ 为梁的宽度）$$

所以

$$\mathrm{d}F(x) = -\frac{Y\cdot b\cdot y}{R(x)}\mathrm{d}y$$

对中性面的转矩为：

$$\mathrm{d}\mu(x) = \mathrm{d}F\cdot y\ \frac{Y\cdot b}{R(x)}y^2\cdot\mathrm{d}y$$

积分得：

$$\mu(x) = \int_{-a/2}^{a/2}\frac{Y\cdot b}{R(x)}y^2\cdot\mathrm{d}y = \frac{Y\cdot b\cdot a^3}{12R(x)} \quad （a\ 为梁的厚度） \tag{4−16−7}$$

对梁上各点，有：

$$\frac{1}{R(x)} = \frac{y''(x)}{[1+y'(x)^2]^{3/2}}$$

因梁的弯曲微小：

$$y'(x) = 0$$

所以有：

$$R(x) = \frac{1}{y''(x)} \tag{4−16−8}$$

梁平衡时，梁在 x 处的转矩应与梁右端支撑力 $Mg/2$ 对 x 处的力矩平衡（M 为所挂砝码的质量），所以有：

$$\mu(x) = \frac{Mg}{2}\left(\frac{d}{2}-x\right) \quad （d\ 为梁上两支点之间的距离） \tag{4−16−9}$$

根据式（4−16−7）、（4−16−8）、（4−16−9）可以得到：

$$y''(x) = \frac{6Mg}{Y\cdot b\cdot a^2}\left(\frac{d}{2}-x\right)$$

根据讨论问题的性质有边界条件：$y(0)=0$；$y'(0)=0$。

解上面的微分方程得到：

$$y(x)=\frac{3Mg}{Y\cdot b\cdot a^2}\left(\frac{d}{2}x^2-\frac{1}{3}x^3\right)$$

将 $x=d/2$ 代入上式，得右端点 y 值：$y=\dfrac{Mg\cdot d^3}{4Y\cdot b\cdot a^3}$，令 $y=\Delta Z'$，所以，杨式模量为

$$Y=\frac{d^3\cdot Mg}{4a^3\cdot b\cdot\Delta Z'}$$

其中：d 为两刀口（两支点）之间的距离，M 为所加砝码的质量，a 为梁的厚度，b 为梁的宽度 $\Delta Z'$ 为梁中心由于外力作用而下降的距离。只要测出挂不同砝码（Mg）下的对应下降距离（$\Delta Z'$），即可求出 Y。

由于 $\Delta Z'$ 与式（4 - 16 - 6）中的 ΔZ 成正比（杠杆的位移传递），则式（4 - 16 - 6）写成：

$$\Delta U_H=\kappa\cdot\Delta Z=\kappa'\cdot\Delta Z' \tag{4-16-10}$$

其中位移传感器的灵敏度 κ' 由实验定标测定，以下仍用 κ 表示。

（六）实验步骤与注意事项

1. 位移传感器的定标

（1）调节位置螺钉使霍尔位置传感器杠杆处于磁铁盒的中间（或略偏下位置），调节读数显微镜目镜，直到眼睛观察镜内的十字线和数字清晰，然后移动读数显微镜使通过其能够清楚看到铜刀口上的基线，再转动读数旋钮使读数显微镜内十字叉丝与刀口上的基线（下边缘）吻合。

（2）将传感器电缆线与传感器测量仪相连，打开电源开关，电压量程选择 2 000 mV，调节测量仪的零点粗调和细调，使测量仪的读数为 0 mV。

（3）转动读数旋钮使读数显微镜内十字叉丝下移 0.100 mm（即测微螺旋旋转 10 小格），然后调节位置螺钉使刀口上的基线与读数显微镜内十字叉丝吻合，并记下此时测量仪的电压读数。每隔 0.100 mm 记录一次测量仪的电压读数于表 4 - 16 - 4。

2. 杨氏模量的测量

（1）将横梁（待测金属片）置于支架上，刀口置于横梁中央，松开传感器杠杆上面的位置螺钉，然后小心地将砝码盘挂上，待系统稳定时，调节测量仪电压为 0 mV。

（2）往砝码盘上放 20 g 砝码，并记录测量仪电压的读数。再逐次增加砝码（每次 20 g），记录于表 4 - 16 - 5。

（3）用直尺测量 d（横梁两端支点间的间距），千分尺测量 α，游标卡尺测量 b。记录于表 4 - 16 - 6。

3. 注意事项

（1）梁的厚度 a 必须测准确。在旋转千分尺时，当将要与金属接触时，必须用微调轮，当听到"嗒嗒嗒"3 声时，停止旋转，以防测得梁厚度偏小。

（2）加砝码时，应该轻拿轻放，尽量减小砝码架的晃动，使电压在较短的时间内达到稳定值。

（3）测试前必须检查横梁是否有弯曲，如有，应矫正。

(七)数据记录及处理

1. 定标

表 4 – 16 – 4 数据表格

次数	1	2	3	4	5	6	7	8	9	10
位置 Z/mm										
电压 U/mV										

用逐差法分 5 组求平均(或 U – Z 作图),求出位移传感器的灵敏度(即定标系数)κ。

$$\Delta \overline{U} = \frac{(U_6 - U_1) + (U_7 - U_2) + \cdots + (U_{10} - U_5)}{5} = \underline{\qquad} \text{ mV}$$

$$k = \frac{\Delta \overline{U}}{\Delta Z'} = \frac{\Delta \overline{U}}{0.5} = \underline{\qquad} \text{ mV/mm}$$

2. 测量位移

表 4 – 16 – 5 数据表格

加载砝码/g									
电压 U/mV 铜片									
铁片									

用逐差法分 5 组求平均电压 $\Delta \overline{U}'$,并根据定标得到的灵敏度 κ 求出位移量:

铜片:$\Delta Z' = \dfrac{\Delta \overline{U}}{\kappa} = \underline{\qquad}$ mm; $M = \underline{\qquad}$ g

铁片:$\Delta Z' = \dfrac{\Delta \overline{U}}{\kappa} = \underline{\qquad}$ mm; $M = \underline{\qquad}$ g

分别用千分尺、游标卡尺和直尺测横梁的 a、b 和 d,记录于表 4 – 16 – 6。

表 4 – 16 – 6 数据表格

材料	次数	1	2	3	4	5	平均值
铜片	a/mm						
	b/mm						
铁片	a/mm						
	b/mm						
间距 d/mm							

计算:

$$Y_{铜} = \frac{d^3 \cdot Mg}{4a^3 \cdot b \cdot \Delta Z'} = \underline{\qquad} \text{ N/m}^2$$

$$Y_{\text{铁}} = \frac{d^3 \cdot Mg}{4a^3 \cdot b \cdot \Delta Z'} = \underline{\hspace{3cm}} \quad \text{N/m}^2$$

参考公认值:

表 4 – 16 – 7　参考值

材料	铁	钢	铜
$Y/(\times 10^{11}\ \text{Pa})$	1.9 ~ 2.1	2.3	1.05 ~ 1.3

(八) 思考题

(1) 在测量横梁片厚度 a 时为什么要多测几次? 每次测量如何消除零误差?

(2) 在定标测量中(表 4 – 16 – 4), 能否先确定电压的等份值, 然后调刻度轮记下对应的位置? 为什么?

(3) 利用位置传感器怎样将金属片的微小变化量转化为电压输出? 试简述之。

实验 17　密立根油滴实验

由于电在技术上的广泛应用以及物质的电结构理论的发展,促使人们要求对电的本质作更深入的研究。美国物理学家密立根(R. A. Millikan)设计并完成的密立根油滴实验,在近代物理学史上起过十分重要的作用。实验的结论证明了任何带电物体所带的电荷都是某一最小电荷——基本电荷的整数倍;明确了电荷的不连续性,并精确地测定了这一基本电荷的数值,即 $e = (1.602 \pm 0.002) \times 10^{-19}$ C。本实验采用一种比较简单的方法来测定电子的电荷量。由于实验时喷出的油滴非常微小,它的半径约 10^{-6} m,质量约 10^{-15} kg,这就需要严格、认真地进行实验操作,才能得到比较好的实验结果。

(一) 实验要求

(1)学会操作密立根油滴仪,学习一种用油滴精确测量电子电荷的基本实验方法。

(2)了解证明电荷量子化的实验数据分析方法。

(二) 实验目的

用油滴仪测定电子电荷,验证电荷的不连续性。

(三) 实验仪器与用具

MOD-5 型密立根油滴仪,CCD 显示系统,喷雾器,钟油,调焦针。

MOD-5 型密立根油滴仪结构简介:

(1)油滴盒是本仪器很重要的部件,机械加工要求很高,其结构如图 4-17-1 所示。油滴盒防风罩前装有测量显微镜,通过胶木圆环上的观察孔可观察平行极板间的油滴。目镜头中装有分划板,其总刻度相当于线视场中的 0.300 cm,用以测量油滴运动的距离 l。分划板的刻度如图 4-17-2 所示,分划板中间的横向刻度尺是用来测量布朗运动的。

(2)仪器面板结构如图 4-17-3 所示。

①电源开关按钮:按下按钮,电源接通,整机工作。

②功能控制开关:有平衡、升降、测量 3 挡。

a. 当处于中间位置即"平衡"挡时,可用平衡电压调节旋钮 K_3 来调节平衡电压,使被测量油滴处于平衡状态。

b. 打向"升降"挡时,上、下电极在平衡电压的基础上自动增加 DC 200~300 V 的提升电压。

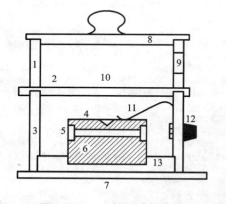

图 4-17-1　油滴盒结构图

1—油雾室;2—油雾孔开关;3—防风罩;
4—上电极板;5—胶木圆环;6—下电极板;
7—底板;8—上盖板;9—喷雾口;
10—油雾孔;11—上电极板压簧;
12—上电极板电源插孔;13—油滴盒基座

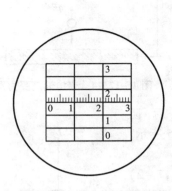

图 4 – 17 – 2　分划板刻度图

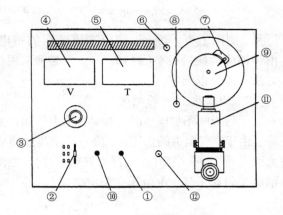

图 4 – 17 – 3　油滴仪面板图

c. 打向"测量"挡时，极板间电压为 0 V，被测量油滴处于被测量阶段而匀速下落，并同时计时；油滴下落到预定距离时，迅速拨到平衡挡，同时停止计时。

③平衡电压调节旋钮：可调节"平衡"挡时的极板间电压，调节电压为 DC 0～500 V。

④数字电压表：显示上下电极板间的实际电压。

⑤数字秒表：显示被测量油滴下降预定距离的时间。

⑥视频输出插座：在本机配有 CCD 摄像头时用，输出至监视器，监视器阻抗选择开关拨至 75 Ω 处。

⑦照明灯室：内置半永久性照明灯，单灯使用寿命大于 3 年。

⑧水泡：调节仪器底部 2 只调平螺丝，使水泡处于中间，此时平行板处于水平位置。

⑨上、下电极：组成一个平行板电容器，加上电压时，板间形成相对均匀的电磁场，可使带电油滴处于平衡状态（参见实验原理）。

⑩秒表清零键：按一下该键，清除内存，秒表显示"00.0"s。

⑪显微镜：显示油滴成像，可配用 CCD 摄像头。

⑫CCD 视频输入和 CCD 电源共用座：配备 CCD 成像系统时用。

（四）预习思考题

（1）什么是平衡法？

（2）若水平仪没有调整好，将对实验测量有何影响？

（五）实验原理

这里介绍一种简单的实验方法——静态平衡法。

1. 基本原理

用喷雾器将油滴喷入两块相距为 d 的水平放置的平行极板之间，如图 4 – 17 – 4 所示，油滴在喷射时由于摩擦一般都是带电的。设油滴的质量为 m，所带电量为 q，两极板间加的电压为 U，则油滴在平行极板间将同时受到两个力的作用，一个是重力 mg，一个是静电力 qE。如果调节两极板间的电压 U 可使两力相互平衡，这时：

$$mg = qE = q\frac{U}{d} \qquad (4-17-1)$$

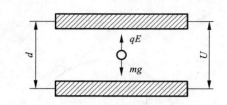

图 4 – 17 – 4　带电油滴受力图

可见，测出了 U、d、m，即可知道油滴的带电量 q。由于油滴的质量很小（约 10^{-15} kg），必须采用特殊的方法才能加以测定。

2. 油滴质量 m 的测定

平行板间不加电压时，油滴受重力作用而加速下降。由于空气阻力的作用，下降一段距离达到某一速度 v_g 后，阻力 f_r 与重力 mg 平衡（空气浮力忽略不计），如图 4 – 17 – 5 所示，油滴将匀速下降，由斯托克斯定律知：

$$f_r = 6\pi a \eta v_g = mg \qquad (4-17-2)$$

式中：η 是空气的粘滞系数，a 是油滴的半径（由于表面张力的原因，油滴总是呈小球状）。设油的密度为 ρ，油滴的质量 m，又可以用下式表示：

$$m = \frac{4}{3}\pi a^3 \rho \qquad (4-17-3)$$

合并式（4 – 17 – 2）和式（4 – 17 – 3），得到油滴的半径：

$$a = \sqrt{\frac{9\eta v_g}{2\rho g}} \qquad (4-17-4)$$

对于半径小到 10^{-6} m 的小球，油滴半径近似于空气中孔隙的大小，空气介质不能再认为是连续的，而斯托克斯定律只能对连续介质才正确。空气的粘滞系数应作如下修正：

$$\eta' = \frac{\eta}{1 + \dfrac{b}{Pa}}$$

这时斯托克斯定律修正为：

$$f_r = \frac{6\pi a \eta v_g}{1 + \dfrac{b}{Pa}}$$

式中：b 为修正常数，$b = 8.47 \times 10^{-3}$ m·Pa，P 为大气压强，单位用厘米汞高。则：

$$a = \sqrt{\frac{9\eta v_g}{2\rho g} \cdot \frac{1}{1 + \dfrac{b}{Pa}}} \qquad (4-17-5)$$

上式根号还包含油滴的半径 a，但因它是处于修正项中，不需要十分精确，故仍可用式（4 – 17 – 4）计算。将式（4 – 17 – 5）代入式（4 – 17 – 3）得：

$$m = \frac{4}{3}\pi \left[\frac{9\eta v_g}{2\rho g} \cdot \frac{1}{1 + \dfrac{b}{Pa}} \right]^{3/2} \rho \qquad (4-17-6)$$

3. 匀速下降速度 v_g 的测定

当两极板间的电压 $U = 0$ 时，设油滴匀速下降的距离为 l，时间为 t_g，则：

$$v_g = \frac{l}{t_g} \qquad (4-17-7)$$

图 4 – 17 – 5　油滴受力图

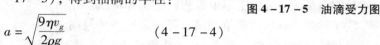

由式(4 – 17 – 7)、(4 – 17 – 6)、(4 – 17 – 1)得：

$$q = \frac{18\pi}{\sqrt{2\rho g}} \left[\frac{\eta l}{t_g \left(1 + \frac{b}{Pa}\right)} \right]^{3/2} \frac{d}{U} \qquad (4 – 17 – 8)$$

实验发现，对于同一颗油滴，如果我们设法改变它的电量，则能够使油滴达到平衡的电压必须是某些特定值 U_n。研究这些电压变化的规律，可以发现，它们都满足下列方程：

$$q = ne = mg \frac{d}{U_n}$$

式中：$n = \pm 1,\ \pm 2,\ \cdots$，而 e 则是一个不变的值。

对于不同的油滴，可以发现有同样的规律，而 e 值是共同的常数。这就证明了电荷的不连续性，并存在着最小的电荷单位，即电子的电荷值 e。

$$ne = \frac{18\pi}{\sqrt{2\rho g}} \left[\frac{\eta l}{t_g \left(1 + \frac{b}{Pa}\right)} \right]^{3/2} \frac{d}{U_n} \qquad (4 – 17 – 9)$$

式(4 – 17 – 8)、式(4 – 17 – 9)是用平衡测量油滴电荷的理论公式。

(六)实验步骤与注意事项

(1)打开仪器箱，用随机提供的连接线连接油滴仪面板上的视频输出端和显示器后的视频输入端。

(2)打开油滴仪箱和显示器电源，整机开始预热，预热时间不得少于 10 min。

(3)调仪器水平：调节油滴仪箱底的调平螺栓，使水泡在圆圈中央，这时油滴盒处于水平状态。

(4)调焦：调焦之前，千万要使"平衡电压"和"升降电压"都置"0"，以保护人身安全，并防止短路和损坏仪器。

打开油滴盒，将调焦针(细铜丝)插入上电极板直径为 0.4 mm 的小孔内，前后调节显微镜位置，以显示器上细铜丝的像最清晰为佳。如调焦针不在视场中央，可转动上、下电极板，使它到视场中央(即显示器屏中央)。调焦后将调焦针抽出，盖好油滴盒。

本仪器也可不调焦，可直接前后移动显微镜，使显微镜筒前边缘与油滴盒小孔外缘平齐，这时基本上达到了最佳聚焦状态。

(5)功能键拨到"平衡"挡，调节平衡电压为 250 V 左右，从油雾室小孔喷入油雾，打开油雾孔开关，油雾从上电极板中间直径为 0.4 mm 的孔落入电场中，此时，显示器上可以看见大量闪亮的油滴(似星星)纷纷下落。

(6)等不需要的油滴落下后，显示屏上只剩下几颗缓慢运动的油滴，选择其中 1 颗油滴(屏上显示直径为 1 mm 左右的油滴为佳)。此时可微微调节显微镜，使这颗油滴最清晰。仔细调节平衡电压(最好为 200 ~ 300 V)，使油滴完全静止不动；记下此时的平衡电压值，填入数据表 4 – 17 – 1 中。

(7)利用功能键上的"升降"挡(使油滴上移)和"测量"挡(使油滴下移)，使油滴静止在显示屏最上面的刻度线上。

(8)按清零键，使计时秒表清零。

(9)功能键拨到"测量"挡，油滴匀速下落，同时计时；油滴下落 2 mm，即屏上 4 格时，再将功能键拨到"平衡"挡,同时停止计时;记下计时秒表的时间,填入数据表4 – 17 – 1 中。

(10)重复步骤(7)、(8)、(9),对此油滴进行6 次测量。

(11)如此反复测量5 颗不同油滴,得到该实验所需数据。

(12)实验结束,整理好实验仪器。

注意事项:

(1)插入调焦针对显微镜调焦时,油滴仪两电极板绝对不允许加电压,否则会因短路造成仪器损坏。

(2)对选定的油滴进行跟踪测量时,如油滴变模糊,应随时微调显微镜。

(3)喷油时应竖拿喷雾器,切勿将喷雾器插入油雾室甚至将油倒出来,更不应该将油雾室拿掉后对准上电极板的落油小孔喷油。

(4)实验时,电风扇不能对着油滴仪吹。

(5)实验中,选择平衡电压为200 ~ 300 V、下落时间为10 ~ 30 s 的油滴为宜。

(七)数据记录及处理

表 4 – 17 – 1   数据表格

油滴	测量	平衡电压	下降时间	电量	平均电量	量子数	基本电量
序号 i	次数	U_n/V	t_g/s	$q_i/(\times 10^{-19}\ C)$	$\overline{q_i}/(\times 10^{-19}\ C)$	n	$e_i/(\times 10^{-19}\ C)$
1	1						
	2						
	3						
	4						
	5						
	6						
2	1						
	2						
	3						
	4						
	5						
	6						
3	1						
	2						
	3						
	4						
	5						
	6						

油滴	测量	平衡电压	下降时间	电量	平均电量	量子数	基本电量
序号 i	次数	U_n/V	t_g/s	$q_i/(\times 10^{-19}\text{ C})$	$\overline{q_i}/(\times 10^{-19}\text{ C})$	n	$e_i/(\times 10^{-19}\text{ C})$
4	1						
	2						
	3						
	4						
	5						
	6						
5	1						
	2						
	3						
	4						
	5						
	6						
$\bar{e}$							

数据处理:

$$q = \frac{18\pi}{\sqrt{2\rho g}}\left[\frac{\eta l}{t_g\left(1 + \dfrac{b}{Pa}\right)}\right]^{3/2}\frac{d}{U}$$

式中: $a = \dfrac{9\eta v_g}{2\rho g t_g}$。

其中: 油的密度 $\rho = 981\text{ kg}\cdot\text{m}^{-3}$;

　　　重力加速度 $g = 9.80\text{ m}\cdot\text{s}^{-2}$;

　　　空气的粘滞系数 $\eta = 1.83 \times 10^{-5}\text{ kg}\cdot\text{m}^{-1}\cdot\text{s}^{-1}$;

　　　油滴匀速下降距离 $l = 2.00 \times 10^{-3}\text{ m}$;

　　　修正常数 $b = 8.47 \times 10^{-3}\text{ m}\cdot\text{Pa}$;

　　　大气压强 $P = 76.0\text{ cmHg}$;

　　　平行极板距离 $d = 5.00 \times 10^{-3}\text{ m}$。

将以上数据代入公式得:

$$q = \frac{1.43 \times 10^{-14}}{\left[t_g(1 + 0.02\sqrt{t_g})\right]^{3/2}}\cdot\frac{1}{U}$$

由于油的密度 ρ、空气的粘滞系数 η 都是温度的函数, 重力加速度 g 和大气压 P 又随实验地点和条件的变化而变化, 因此, 上式的计算是近似的。其引起的误差约为 1%, 但运算方便多了, 这是可取的。

为了证明电荷的不连续性和所有电荷都是基本电荷 e 的整数倍, 并得到基本电荷 e 值, 我们就应对实验测得的各个电荷值求出它们的最大公约数, 此最大公约数就是基本电荷 e

值。但由于实验所带来的误差，求最大公约数比较困难，因此常用"倒过来验证"的办法进行数据处理，即用实验测得的每个电荷值 q 除以公认的电子电荷值 $e = 1.60 \times 10^{-19}$ C，得到一个接近于某一整数的数值，这个整数就是油滴所带的基本电荷的数目 n；再用实验测得的电荷值除以相应的 n，即得到电子的电荷值 e。

（八）思考题

（1）在调平衡电压的同时，可否加上升降电压？

（2）若所加的平衡电压没有使油滴完全静止，将对测量结果有何影响？

（3）若油滴在视场中不是垂直下降，试找出其原因。

（4）在跟踪某一油滴时，油滴为什么有时会突然变得很模糊或消失？应如何控制？

（5）怎样使油滴匀速下落？

实验 18　迈克耳逊干涉仪测波长

迈克耳逊干涉仪是利用分振幅法实现干涉的干涉仪。在近代物理和近代计量技术中，迈克耳逊干涉仪具有一定的地位，例如在光谱线精细结构的研究和用光波标定标准米尺等实验中都有着重要的应用。在迈克耳逊干涉仪的基础上发展了各种形式的干涉仪。

（一）实验要求

（1）了解迈克耳逊干涉仪的工作原理，掌握其调整和使用方法。
（2）观察薄膜的等倾和等厚干涉现象。

（二）实验目的

测定光波的波长。

（三）实验仪器与用具

迈克耳逊干涉仪，He – Ne 激光光源。
迈克耳逊干涉仪结构简介：
图 4 – 18 – 1 为迈克耳逊干涉仪，G_1 为分光板，G_2 为补偿板，M_1、M_2 为两反射镜。透过读数窗可看到读数大鼓轮，转动手轮 C 可使镜 M_1 在导轨上移动。导轨上有 0 ~ 50 mm 的刻度，借助于微调螺丝，可微移动镜 M_1，因此可进行精确读数。读数鼓轮上每小格为 0.01 mm，微调螺丝 D（微调小鼓轮）上每小格为 0.000 1 mm，估读数为 10^{-5} mm。

使用该仪器时，反射镜 M_1、M_2 和 G_1、G_2 绝对不能用手摸，以免损坏光学表面。导轨及精密丝杆的精度也很高，如它们受损，会使仪器精度下降，甚至使仪器不能使用。因此，操作时动作要轻、要慢，严禁粗鲁、急躁。

在读数与测量时要注意：

（1）转动微动鼓轮 D 时，手轮 C 随着转动；当转动手轮 C 时，鼓轮 D 并不随着转动。因此在读数前应调整零点。方法如下：将鼓轮 D 沿某一方向（如顺时针方向）旋转至零，然后以同方向转动手轮 C 使之对齐某一刻度。这以后，在测量时只能仍以同方向转动手轮 C 使 M_1 镜移动，这样才能使手轮与鼓轮读数相互配合。

（2）为了使测量结果正确，必须避免引入空程，也就是说，在调整好零点以后，应将鼓轮 D 按原方向转几圈，直到干涉条纹开始移动以后，才可开始读数测量。

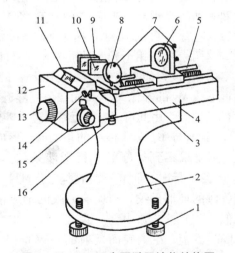

图 4 – 18 – 1　迈克耳逊干涉仪结构图
1—水平调节螺钉；2—底座；3—精密丝杆；
4—机械台面；5—导轨；6—可动镜（M_1）；
7—螺钉；8—固定镜（M_2）；9—分光板（G_1）；
10—补偿板（G_2）；11—读数窗；12—齿轮系统外壳；13—大手轮（C）；14 水平拉簧螺钉；15—微动鼓轮（D）；16—垂直拉簧螺钉

（四）预习思考题

（1）在迈克耳逊干涉仪中是利用什么方法产生两束相干光的？

（2）读数前怎样调整干涉仪的零点？

（3）什么是空程？测量时如何操作才能避免引入空程？

（五）实验原理

图 4 – 18 – 2 所示为迈克耳逊干涉仪的光路图，从光源 S 发出的激光光束射到分光板 G_1 上，G_1 的前、后两个表面严格平行。后表面一般镀银膜（或铝膜、铬膜），镀膜的厚度要求能使反射光束和透射光束都是原入射光束强度的 50%，即使反射光（1）和透射光（2）两者强度近乎相等，故 G_1 称为分光板。G_2 也是平行平面玻璃板，与 G_1 平行放置，厚度和折射率均与 G_1 相同，补偿了光线（1）和（2）之间附加的光程差。光束（1）和（2）经 M_1 和 M_2 反射后，逆着各自的入射方向返回，最后都到达 E

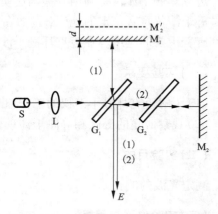

图 4 – 18 – 2　迈克耳逊干涉仪的光路图

处。这两束光是相干光，因而在 E 处就能看到干涉条纹。

由 M_2 反射回来的光束经分光板 G_1 的第二面上反射时，如同平面镜反射一样，使 M_2 在 M_1 附近形成 M_2 的虚像 M_2'，因而在迈克耳逊干涉仪中，来自 M_1 和 M_2 的反射光相当于来自 M_1 和 M_2' 的反射光。由此可见，在迈克耳逊干涉仪中所产生的干涉，是空气薄膜所产生的干涉。

当 M_2' 与 M_1 交成很小的角度时，形成空气劈尖，可以观察到等厚的平行干涉条纹。当 M_2' 与 M_1 严格平行时（即 M_2 严格垂直于 M_1），将观察到等倾的环形条纹。与玻璃薄膜的干涉情况完全相似，设扩展光源中任一束光，以入射角 i 射到薄膜表面上，在上表面反射的一束光（1）和在下表面反射的一束光（2）为两束平行的相干光，它们在无限远处相遇产生干涉，用眼睛观察，可看

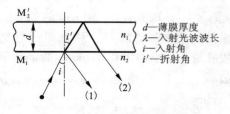

　　　　　　　　d—薄膜厚度
　　　　　　　　λ—入射光波长
　　　　　　　　i—入射角
　　　　　　　　i'—折射角

图 4 – 18 – 3　干涉原理图

到干涉图像。在图 4 – 18 – 3 中，光线（1）和光线（2）两束相干光之间的光程差为：

$$\Delta = 2d \sqrt{n_2^2 - n_1^2 \sin^2 i}$$

将 $n_2 = n_1 = 1$ 代入该式即得：

$$\Delta = 2d\cos i \qquad\qquad (4 – 18 – 1)$$

在圆心处，$i = 0$，$\Delta = 2d$ 最大，所以干涉环的级数最高。若圆心是亮点，则级数 N 由下式决定：

$$\Delta = 2d = N\lambda$$

即：

$$N = \frac{2d}{\lambda} \qquad\qquad (4 – 18 – 2)$$

移动 M_1，使 d 增大时，中心的干涉环级数也就增加，因此就可观察到干涉圆环逐个地从中心"冒"出来。反之，当 d 减小时，干涉圆环就逐个地向中心"缩"进去。每"冒"出来或"缩"进一个圆环时，d 就增加或减小 $\frac{\lambda}{2}$ 的距离。由式（4 - 18 - 2）可以进行微小长度和未知波长的测量。本实验是利用干涉仪精确测量 d 值，然后测量氦氖激光波长。如果观察到 N 个环纹自中心"冒"出时，则表明 M_1 沿离开 M_2 的方向移动了：

$$\Delta d = N \frac{\lambda}{2} \tag{4 - 18 - 3}$$

反之，若有 N 个环纹陷入时，则表明 M_1 向 M_2' 的方向移近了 $\Delta d = N \frac{\lambda}{2}$。由此分析可知，如果精确地测定 Δd 和 N，则可由式（4 - 18 - 3）计算出入射光的波长。

（六）实验步骤

（1）仪器水平调节。置水准仪于迈克耳逊干涉仪的平台上，用地脚螺丝调节水平。

（2）读数系统调整。转动手轮 C，使镜 M_1 的位置在主尺的 30 mm 附近（因 M_2 的像在 32 mm 附近，这样调节便于以后观察 0 级等厚条纹）。将鼓轮 D 沿某一方向旋转至零，然后沿同一方向旋转手轮 C 使其与某一刻度对齐。

（3）打开激光器电源使出射激光，并使其投射到定反射镜 M_2 的中心，调节激光方向或干涉仪底座使激光束与定镜 M_2 垂直（入射光与反射光重合即可）。

（4）观察由 M_1 和 M_2 反射到屏上的两组光点（实际有 3 组，其中一组是补偿板反射过来的），反复调节 M_2 背面 3 个螺丝"7"，使 M_1 反射的光点和 M_2 反射的光点一一对应重合（切勿调节动镜 M_1 的螺丝），并产生干涉条纹。重合比较好时，仔细观察能看出很细的干涉条纹。

（5）把扩束透镜置于激光束中进行扩束，激光扩束投射到分光板上，观察屏上是否出现同心圆干涉条纹。若不是同心圆干涉条纹而是一些弧形干涉条纹，可左右上下调节光照位置，或可缓慢调节定镜 M_2 微调螺丝"7"使出现同心圆。圆心要求调到观察屏的中心。

（6）看到干涉条纹后，仔细地调节 M_2 镜的两个拉簧螺丝，使干涉条纹变粗，曲率变大，直到把条纹的圆心调至视场中央、视场中出现明暗相间的等倾同心圆环；然后，沿调零方向旋转鼓轮 D，观察干涉环"冒"或"缩"的现象。

（7）看到"冒"或"缩"现象后，记下开始位置 d_0，然后继续朝原方向旋转鼓轮。每冒出或缩进 50 个干涉圆环记录一次 M_1 镜的位置，连线记录 10 次，将数据填入表 4 - 18 - 1。根据式（4 - 18 - 3），用逐差法求出氦氖激光的波长。

表 4 - 18 - 1　数据表格

次数	0	1	2	3	4	5	6	7	8	9	10
环数 N	0	50	100	150	200	250	300	350	400	450	500
d_i/mm	$d_0 =$										

$\Delta d_{\text{I}} = d_6 - d_1 =$ _____ mm；$\Delta d_{\text{II}} = d_7 - d_2 =$ _____ mm；

$\Delta d_{\text{III}} = d_8 - d_3 =$ _____ mm；$\Delta d_{\text{IV}} = d_9 - d_4 =$ _____ mm；

$\Delta d_{\text{V}} = d_{10} - d_5 =$ _____ mm。

$\overline{\Delta d} = \dfrac{1}{5}(\Delta d_{\text{I}} + \Delta d_{\text{II}} + \Delta d_{\text{III}} + \Delta d_{\text{IV}} + \Delta d_{\text{V}}) =$ _____ mm。

$$S_{\overline{\Delta d}} = \sqrt{\dfrac{\sum\limits_{i=1}^{5}(\Delta d_i - \overline{\Delta d})^2}{5 \times 4}} =$$ _____ mm

$\Delta_{\overline{\Delta d}} = \sqrt{S_{\overline{\Delta d}}^2 + \Delta_{仪}^2/3} =$ _____ mm（$\Delta_{仪} = 5 \times 10^{-5}$ mm）

$\overline{\lambda} = \dfrac{2\overline{\Delta d}}{N} = \dfrac{2\ \overline{\Delta d}}{250} =$ _____ mm $=$ _____ Å

$E_{\lambda} = \dfrac{\Delta_{\lambda}}{\lambda} = \dfrac{\Delta_{\Delta d}}{\Delta d} = E_{\Delta d}$；$\Delta_{\lambda} = \dfrac{\Delta_{\Delta d}}{\Delta d}\lambda =$ _____ mm

$\lambda = \overline{\lambda} \pm \Delta_{\lambda} \times 1.96 =$ _____ mm。

(七) 思考题

(1) 为什么观察等倾干涉条纹要用扩展光源？

(2) 用白光做光源，能否测量其中一光波的波长？

(3) 迈克耳逊干涉仪中补偿板、分光板的作用是什么？

(4) 当反射镜 M_1 和 M_2 不严格垂直时，在屏上观察到的干涉条纹的分布具有什么特点？

实验 19　夫兰克 – 赫兹实验

20 世纪初，对原子离散能级的证实有两种方法：一种是对原子光谱线的研究，原子光谱中的每级谱线是原子的跃迁辐射形成的；另一种方法，是利用慢电子轰击稀薄气体原子的方法来证明。1914 年，夫兰克(Frank)、赫兹(Hertz)采用后一种方法，研究了电子与汞原子碰撞前后电子能量变化的情况，测定了汞原子的第一激发电位，从而证明了能级分立的存在，为玻尔的原子模型理论提供了直接的实验结果。夫兰克和赫兹两人因此而同获 1925 年诺贝尔物理学奖。

本实验通过研究电子与氩原子的碰撞作用及其特殊的伏安特性，来测定氩原子的第一激发电位，以了解原子能级的量子特性。

(一)实验要求

(1)了解 F – H 管的设计思想。
(2)学习氩原子第一激发电位的测定方法。
(3)了解原子能级分立的事实。

(二)实验目的

测定氩原子的第一激发电位。

(三)实验仪器与用具

ZHY – FH 智能夫兰克 – 赫兹实验仪。它由夫兰克 – 赫兹管、工作电源及扫描电源、微电流测量仪 3 部分组成。

该仪器具有手动测量、自动测量两种工作方式。在实验中，采用手动测量工作方式。

手动测量：$\begin{cases}数显测量值—人工描绘曲线。\\ 普通示波器动态显示曲线的形成过程。\end{cases}$

自动测量：普通示波器动态显示曲线的形成过程—回查实验数据—人工描绘曲线。

仪器面板及基本操作介绍：

1. 前面板功能说明

前面板如图 4 – 19 – 1 所示，按功能划分为 8 个区。

区①是夫兰克 – 赫兹管各输入电压连接插孔和板极电流输出插座。

区②是夫兰克 – 赫兹管所需激励电压的输出连接插孔，其中左侧输出孔为正极，右侧为负极。

区③是测试电流指示区：4 位七段数码管指示电流值；4 个电流量程挡位选择按键用于选择不同的最大电流量程挡，每一个量程选择同时备有一个选择指示灯指示当前电流量程挡位。

区④是测试电压指示区：4 位七段数码管指示当前选择电压源的电压值；4 个电压源选

择按键用于选择不同的电压源。每一个电压选择都备有一个选择指示灯指示当前选择的电压源。

　　区⑤是测试信号输入输出区：电流输入插座输入夫兰克－赫兹管板极电流；信号输出和同步输出插座可将信号送示波器显示。

　　区⑥是调整按键区，用于改变当前电压源电压设定值；设置查询电压点。

　　区⑦是工作状态指示区：通信指示灯指示实验仪与计算机的通信状态；启动按键与工作方式按键共同完成多种操作，详细说明见相关栏目。

　　区⑧是电源开关。

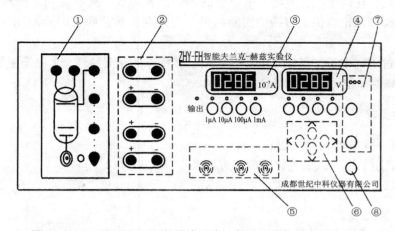

图 4 - 19 - 1　ZHY - FH 智能夫兰克 - 赫兹实验仪前面板示意图

　　2．开机后的初始状态

开机后，实验仪面板状态显示如下。

　　（1）实验仪的"1 mA"电流挡位指示灯亮，表明此时电流的量程为 1 mA 挡；电流显示值为"0001"μA。

　　（2）实验仪的"灯丝电压"挡位指示灯亮，表明此时修改的电压为灯丝电压；电压显示值为"000.0"V；最后一位在闪动，表明现在修改位为最后一位。

　　（3）"手动"指示灯亮，表明此时实验操作方式为手动操作。

　　3．改变电流量程

　　如果想改变电流量程，则按下在区③中的相应电流量程按键，对应的量程指示灯点亮，同时电流指示的小数点位置随之改变，表明量程已改变。

　　4．选择电压源

　　如果想修改某项电压，首先要选择电压源。按下在区④中的相应电压源按键，对应的电压源指示灯随之点亮，表明电压源选择已完成，可以对选择的电压源进行电压值的设定和修改。

　　5．修改电压值

　　按下前面板区⑥上的" ＜／＞ "键，当前电压的修改位将进行循环移动，同时闪动位随之改变，以提示目前修改的电压位置。按下板上的" ∧／∨ "键，电压值在当前修改位递增或递减一个增量单位。

（1）如果当前电压值加上一个单位电压值的和值超过了允许输出的最大电压值，再按下"∧"键，电压值只能修改为最大电压值。

（2）如果当前电压值减去一个单位电压值的差值小于零，再按下"∨"键，电压值只能修改为零。

6. 建议工作状态范围

警告：F－H 管很容易因电压设置不合适而遭到损害，所以，一定要按照规定的实验步骤和适当的状态进行实验。

电流量程：1 μA 或 10 μA 挡；

灯丝电源电压：3～4.5 V；

U_{G_1K} 电压：1～3 V；

U_{G_2A} 电压：5～7 V；

U_{G_2K} 电压：≤80.0 V。

由于 F－H 管的离散性以及使用中的衰老过程，每一只 F－H 管的最佳工作状态是不同的，对具体的 F－H 管应在上述范围内找到其较理想的工作状态。

（四）预习思考题

（1）简述 F－H 管中电子与氩原子的碰撞作用过程。

（2）简述如何操作夫兰克－赫兹实验仪进行手动测量。

（五）实验原理

由玻尔的原子理论可知，原子是由原子核和以核为中心沿各种不同轨道运动的电子构成的（图 4－19－2）。一定轨道上的电子具有一定的能量。当电子从最低能量的轨道跃迁到较高能量的轨道时（如从图中 Ⅰ 到 Ⅱ），原子就处于受激态。若轨道 Ⅰ 为正常稳定状态（称为基态），则较高能量的 Ⅱ、Ⅲ 轨道分别为第一激发态、第二激发态。原子只能处在类似图 4－19－2 这样一系列的

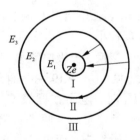

图 4－19－2　原子结构的玻尔模型

稳定状态中（称为定态），其中每一定态对应于一定的能量值 $E_i (i = 1, 2, 3)$，这些能量值彼此分立，不连续。当原子从一个稳定状态过渡到另一稳定状态时，就吸收或释放一定频率的电磁波。频率的大小决定于原子所处两定态之间的能量差，并满足：

$$h\nu = E_n - E_m$$

其中：$h = 6.63 \times 10^{-34}$ J·s，ν 为电磁辐射频率。

原子状态的改变通常在两种情况下发生：一是当原子本身吸收或发射电磁辐射时；二是当原子与其他粒子发生碰撞而变换能量时。能够变更原子所处状态最简便的方法是用电子轰击原子，电子的动能可用改变加速电压的方法加以调节。本实验中通过电子与氩原子碰撞而发生能量变换实现氩原子状态的改变。

由玻尔理论可知，处于正常状态的原子发生状态改变时，它所需要的能量不能小于该原子从正常状态跃迁到第一受激态时所需要的能量，这个能量称作临界能量。所需的能量决定

于下式：

$$h\nu = eU_0$$

U_0 为氩原子的第一激发电位。当电子与原子碰撞时，如果电子能量小于 eU_0，则发生弹性碰撞，即电子碰撞前后的能量几乎不变，而只改变运动方向。如果电子能量大于 eU_0，则发生非弹性碰撞，这时电子给予原子跃迁到第一受激态所需的能量为 eU_0，其余的能量仍由电子保留。

为实现这一碰撞过程，设计了专用的夫兰克－赫兹管，如图 4–19–3。它包括灯丝、阴极 K、第一栅极 G_1、第二栅极 G_2、板极 A 等，封闭的玻璃管内充有氩。灯丝接上电压 U_F 后发热，使它旁边的阴极受热，产生慢电子。在靠近阴极的第一栅极 G_1 与阴极 K 之间加上几伏的正向电压，作用是消除空间电荷造成的电场对阴极发射电子的影响。加速电压加在阴极 K 与第二栅极 G_2 之间，建立加速区，使慢电子加

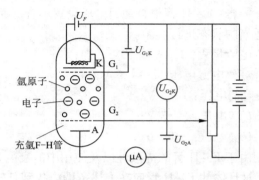

图 4–19–3　实验原理图

速。由于从阴极 K 到第二栅极 G_2 之间的距离比较远，电子与氩原子可以发生多次碰撞。板极 A 与第二栅极 G_2 之间加一拒斥电压，使到达 G_2 附近而能量小于 eU_{G_2A} 的电子不能到达板极。板极电路中的电流用微电流放大器来测量，其值的大小反映了从阴极发出、最后到达板极的电子数。实验中直接要测量的就是板极电流与加速电压之间的关系。

当 U_{G_2K} 刚开始升高时，由于 U_{G_2K} 较小，电子能量较小，电子与氩原子碰撞基本上不发生能量交换，板极电流 I_A 将随 U_{G_2K} 的增加而增大（见图 4–19–4 曲线 Oa 段）。当 $U_{G_2K} = U_0$ 时，电子在栅极 G_2 附近与氩原子发生非弹性碰撞，氩原子获得能量从基态跃迁到第一激发态，而电子剩余的能量不足以克服拒斥电场被迫返回，I_A 显著减小（曲线 ab 段）。随着 U_{G_2K} 的增加，加速区电子能量也随之增加，与氩原子相撞后，剩余能量足以克服拒斥电场，这样，极板电流 I_A 又开始

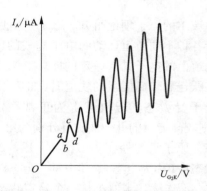

图 4–19–4　夫兰克－赫兹实验激发电位实验曲线

上升（曲线 bc 段），直到 $U_{G_2K} = 2U_0$ 时，电子与氩原子会因在 KG_2 间的二次碰撞而失去能量，造成曲线的第二次下降（cd 段）。同理，当 $U_{G_2K} = nU_0$ 时，板极电流 I_A 都会下跌。由此可见，随着加速电压 U_{G_2K} 的增加，微电流放大器就指示出一系列电流的极大值和极小值。

相邻两次 I_A 下跌时对应的栅极电位之差 $V_n - V_{n-1}$，对应于氩原子的第一激发电位。本实验就是通过确定各板极电流峰值对应的栅极电位来计算氩原子的第一激发电位。另外，请注意，由于碰撞实验中板极电流 I 的下降并不是完全突然的，I 的极大值附近出现的"峰"总会有一定的宽度，这主要是由于从阴极发出的电子的能量服从一定的统计分布规律。另外，从实验曲线可以看到，板极电流并不降为零，这主要是由于电子与原子的碰撞有一定的几

率,当大部分电子恰好在栅极前使氩原子激发而损失能量时,显然会有一些电子"逃避"了碰撞。

(六)实验步骤与注意事项

(1)观察仪器面板,对照仪器说明,弄清各按键的功能与操作。

(2)按图 4 – 19 – 5 连接面板上的连接线,务必反复检查,切勿连错。经老师检查,确认无误后按下电源开关,开启实验仪。

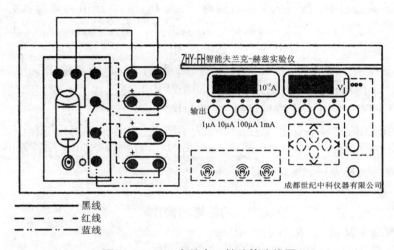

黑线
——— 红线
—·—· 蓝线

图 4 – 19 – 5　夫兰克 – 赫兹管连线图

(3)检查开机后的初始状态。

开机后,实验仪面板应显示如下:

①"1 mA"电流挡位指示灯亮,电流显示为"0001. ";

②"灯丝电压"挡位指示灯亮,电压显示为"000.0",最后一位在闪动;

③工作方式"手动"指示灯亮。

如上述显示不符,应告知指导老师。

(4)选定"手动"工作方式。按下"工作方式"按键,使"手动"指示灯亮。

(5)设定电流量程。根据厂家提供的工作状态参数(贴在机箱上盖的标牌参数),按下图 4 – 19 – 1 所示面板上区③中相应的电流量程按键"1 μA",对应的量程指示灯亮,同时电流读数的小数点位置改变,显示为"0.000",表明量程已变换。

(6)设定各电压源的电压值。需设定的电压源有灯丝电压 U_F、U_{G_1K}、U_{G_2A}。首先用面板上区④中的"灯丝电压"、U_{G_1K}、U_{G_2A} 3 个按键来选定要设定的电压对象,然后根据厂家提供的工作状态参数,用区⑥中的" < "或" > "、" ∧ "或" ∨ "键来设置。

例如:设置灯丝电压为 4. 2 V。首先按下区④中的"灯丝电压"键,对应的指示灯亮,电压显示为"000.0",同时小数点后的"0"闪动;然后按" ∧ "键两下,电压每次增加 0.1 V,电压显示变为"000.2",此时"2"闪动。再按一下" < "键,电压显示仍为"000.2",但此时小数点之前的"0"闪动;然后按" ∧ "键 4 次,电压每次增加 1 V,电压显示变为"004.2",其中"4"

闪动。这样就完成了对灯丝电压为 4.2 V 的设置。

对 U_{G_1K}、U_{G_2A} 电压值的设定类似。

（7）测量操作与数据。在设置好灯丝电压 U_F、U_{G_1K}、U_{G_2A} 之后，按区④中的 U_{G_2K} 键，对应的指示灯亮，电压显示为"000.0"，同时小数点后的"0"闪动。然后按区⑥中的"∧"键，电压显示将改变，F－H 管的板极电流值（即区③中的电流显示）也随之改变。每按一次"∧"键，U_{G_2K} 电压将改变 0.5 V。注意：U_{G_2K} 电压值最大不要超过 80 V。

记下区④显示的 U_{G_2K} 电压值数据及对应的区③显示的电流值（$0 \leqslant U_{G_2K} \leqslant 80$ V）。

在手动测试的过程中，按下区⑦中的启动按键，U_{G_2K} 的电压值将被设置为零。内部存储的测试数据被消除，示波器上显示的波形被消除，但 U_F、U_{G_1K}、U_{G_2A}、电流挡位等的状态不发生改变。这时，操作者可以在该状态下重新进行测试。

如果实验室提供了示波器，则可将区⑤的"信号输出"和"同步输出"分别连接到示波器的信号通道和外同步通道，调节好示波器的同步状态和显示幅度，按上面的方法操作实验仪，在示波器上即可看到 F－H 管板极电流的即时变化。

注：U_{G_2K} 的电压值的最小变化值是 0.5 V，为了使 U_{G_2K} 的电压值每次变化更大，可按"＜"键改变调整位的位置，再按"∧"或"∨"键来调整电压值，可以得到每步大于 0.5 V 的调整速度。

（8）实验数据测量完毕，整理仪器。

注意事项：

（1）实验操作前，应充分了解仪器各功能键的操作。

（2）连线准确无误后，才能开启电源。

（3）电流量程、各电压值要按厂家提供的参数设置。

（4）U_{G_2K} 电压不能超过 80 V。

（七）数据记录及处理

数据表格如表 4 - 19 - 1 所示。

工作状态参数：灯丝电压 $U_F =$ _____ V，$U_{G_1K} =$ _____ V，$U_{G_2A} =$ _____ V。

表 4 - 19 - 1　数据表格

U_{G_2K}/V	0	0.5	1.0	1.5	2.0	…	78.0	78.5	79.0	78.5	80.0
$I_A/\mu A$						…					
电流峰位						…					

处理方法 1：在电流测量数据中，找到各电流峰位，在表中作出标记，按峰值顺序依次标记对应的为 U_1、U_2、…、U_6；然后用逐差法对各电流峰值对应的电压值进行处理，求出相邻峰位的电压差，即为第一激发电位。

处理方法 2：根据实验数据，画出伏安特性图，从图中依次标出各峰值对应的电压分别为 U_1、U_2、…、U_6，然后将各峰值对应的电压代入上式求出第一激发电位。

$$U_0 = \frac{U_6 - U_3 + U_5 - U_2 + U_4 - U_1}{9} = \underline{\hspace{2cm}}$$

(八)思考题

(1)怎样设置 U_F、U_{G_1K}、U_{G_2A}？

(2)为什么相邻电流峰值对应的电压之差就是第一激发电位？

(3)为什么电流的谷值不为零？

(4)为什么随着 U_{G_2K} 的增加，I_A 的峰值越来越高？

(九)夫兰克 – 赫兹实验仪自动测量操作

智能夫兰克 – 赫兹实验仪除可以进行手动测试外,还可以进行自动测试。进行自动测试时,实验仪将自动产生 U_{G_2K} 扫描电压,完成整个测试过程。将示波器与实验仪相连接,在示波器上可看到 F – H 管板极电流随 U_{G_2K} 电压变化的波形。

(1)连线。面板连线与手动测试连线相同。如要通过示波器观察自动测试过程,可将面板上(见图 4 – 19 – 1)区⑤的"信号输出"和"同步输出"分别连接到示波器的信号通道和外同步通道,调节好示波器的同步状态和显示幅度:(0.5 ms, 0.5 V)。

(2)检查开机后的初始状态。

(3)选定"自动"工作方式。按下"工作方式"键,使"自动"指示灯亮。

(4)设置工作状态参数。根据厂家提供的工作状态参数,设置电流档位和灯丝电压 U_F、U_{G_1K}、U_{G_2A}。操作与手动测试一样。

(5)U_{G_2K} 扫描终止电压的设定。进行自动测试时,实验仪将自动产生 U_{G_2K} 扫描电压。实验仪默认 U_{G_2K} 扫描电压的初始值为零,U_{G_2K} 扫描电压大约每 0.4 s 递增 0.2 V,直到扫描终止电压。

要进行自动测试,必须设置电压 U_{G_2K} 的扫描终止电压。

首先,将面板区⑦中的"手动/自动"测试键按下,自动测试指示灯亮;在区④按下 U_{G_2K} 电压源选择键,U_{G_2K} 电压源选择指示灯亮,此时电压显示为"000.0",且小数点后的"0"闪动;按区⑥中的" < "键 2 次,此时电压显示中小数点之前的第二个"0"闪动;再按区⑥中的" ∧ "键 8 次,此时电压显示为"080.0",表示已设置好 U_{G_2K} 的终止电压为 80.0 V。

(6)自动测试启动。自动测试状态设置完成后,在启动自动测试过程前应检查 U_F、U_{G_1K}、U_{G_2A} 的电压设定值是否正确,电流量程选择是否合理,自动测试指示灯是否正确指示。如果有不正确的项目,请重新设置正确。

如果所有设置都是正确、合理的,将区④的电压源选为 U_{G_2K},再按下面板上区⑦的"启动"键,自动测试开始。

在自动测试过程中,通过面板的电压指示区(区④)、测试电流指示区(区③),观察扫描电压 U_{G_2K} 与 F – H 管板极电流的相关变化情况。

如果连接了示波器,可通过示波器观察扫描电压 U_{G_2K} 与 F – H 管板极电流的相关变化的输出波形。

当扫描电压 U_{G_2K} 的电压值大于设定的测试终止电压值后,实验仪将自动结束本次自动测试过程,进入数据查询工作状态。此时电流显示、电压显示均为 0。

测试数据保留在实验仪主机的存储器中,供数据查询过程使用。所以,示波器仍可观测到本次测试数据所形成的波形,直到下次测试开始时才刷新存储器的内容。

在自动测试过程中,为避免面板按键错误操作而导致自动测试失败,面板上除"手动/自动"按键外的所有按键都被屏蔽禁止。

在自动测试过程中,只要按下"手动/自动"键,手动测试指示灯亮,实验仪就中断了自动测试过程,回复到开机初始状态,所有按键都被再次开启工作,这时可进行下一次的测试准备工作。

(7)自动测试后的数据查询。自动测试过程正常结束后,实验仪进入数据查询工作状态。这时面板按键除区③部分还被禁止外,其他都已开启。

区⑦的自动测试指示灯亮,区③的电流量程指示灯指示本次测试的电流量程选择挡位;区④的各电压源选择按键可选择各电压源的电压值指示,其中 U_F、U_{G_1K}、U_{G_2A} 三电压源只能显示原设定的电压值,不能通过区⑥的按键改变相应的电压值。

改变电压源 U_{G_2K} 的指示值,就可查阅到在本次测试过程中电压源 U_{G_2K} 的扫描电压值为当前显示值时,对应的 F-H 管板极电流值的大小,该数值显示于区③的电流指示表上。

(8)结束查询过程,回复初始状态。当需要结束查询过程时,只要按下区⑦的"手动/自动"键,区⑦的手动测试指示灯亮,查询过程结束。面板按键再次全部开启,原设置的电压状态被清除,实验仪存储的测试数据被清除,实验仪回复到初始状态。

(十) 思考题

(1)自动测试时,怎样设置扫描终止电压 U_{G_2K}?

(2)怎样启动自动测试?

(3)怎样查询自动测试数据?

实验 20 　光电效应法测定普朗克常数

光电效应是指一定频率的光照射在金属表面时会有电子从金属表面逸出的现象。光电效应实验对于认识光的本质及早期量子理论的发展，具有里程碑式的意义。

光量子理论创立后，在固体比热、辐射理论、原子光谱等方面都获得成功，人们逐步认识到光具有波动和粒子二象属性。光子的能量 $E = h\nu$ 与频率有关，当光传播时，显示出光的波动性，产生干涉、衍射、偏振等现象；当光和物体发生作用时，它的粒子性又突出了出来。后来科学家发现波粒二象性是一切微观物体的固有属性，并发展了量子力学来描述和解释微观物体的运动规律，使人们对客观世界的认识前进了一大步。普朗克常量联系着微观世界普遍存在的波粒二象性和能量交换量子化的规律，在近代物理学中有着重要的地位。通过亲手实验测量这个微小物理常量，不仅有助于理解光的量子性，对掌握微弱电流测量等实验技术也是有意义的。

（一）实验目的

（1）了解光电效应的规律，加深对光的量子性的理解。
（2）测量普朗克常数 h。

（二）实验器材

ZKY － GD － 4 智能光电效应实验仪（仪器由汞灯及电源、滤波.片、光阑、光电管和智能实验仪）。

（三）预习思考题

（1）光电效应的 4 个基本实验事实是什么？
（2）爱因斯坦光电效应方程是什么？

（四）实验原理

1. 光电效应的实验原理
光电效应的实验原理如图 4 － 20 － 1 所示。

入射光照射到光电管阴极 K 上，产生的光电子在电场的作用下向阳极 A 迁移移成光电流，改变外加电压 U_{AK}，测量出光电流 I 的大小，即可得出光电管的伏安特性曲线。

2. 光电效应的基本实验事实
光电效应的基本实验事实如下：

（1）对应于某一频率，光电效应的 $I － U_{AK}$ 关系如图 4 － 20 － 2 所示。从图中可见，对一定的频率，有一电压 U_0，当 $U_{AK} \leqslant U_0$ 时，电流为零，这个相对于阴极的负值的阳极电压

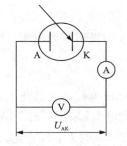

图 4 － 20 － 1 　实验原理图

U_0，被称为截止电压。

（2）当 $U_{AK} > U_0$ 后，I 迅速增加，然后趋于饱和，饱和光电流 I_M 的大小与入射光的强度 P 成正比。

（3）对于不同频率的光，其截止电压的值不同，如图 4 − 20 − 3 所示。

（4）作截止电压 U_0 与频率 ν 的关系图如图 4 − 20 − 4 所示。U_0 与 ν 成线性关系。当入射光频率低于某极限值 ν_0（ν_0 随不同金属而异）时，不论光的强度如何，照射时间多长，都没有光电流产生。

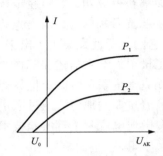

图 4 − 20 − 2　同一频率，不同光强时光电管的伏安特性曲线

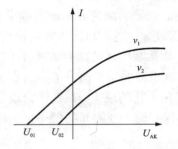

图 4 − 20 − 3　不同频率时光电管的伏安特性曲线

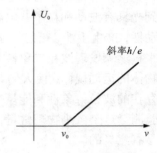

图 4 − 20 − 4　截止电压 U 与入射光频率 ν 的关系图

（5）光电效应是瞬时效应。即使入射光的强度非常微弱，只要频率大于 ν_0，在开始照射后立即有光电子产生，所经过的时间至多为 10^{-9} 秒的数量级。

按照爱因斯坦的光量子理论，光能并不像电磁波理论所想象的那样，分布在波阵面上，而是集中在被称之为光子的微粒上，但这种微粒仍然保持着频率（或波长）的概念，频率为 ν 的光子具有能量 $E = h\nu$，h 为普朗克常数。当光子照射到金属表面上时，一次为金属中的电子全部吸收，而无需积累能量的时间。电子把这能量的一部分用来克服金属表面对它的吸引力，余下的就变为电子离开金属表面后的动能，按照能量守恒原理，爱因斯坦提出了著名的光电效应方程：

$$h\nu = \frac{1}{2}mv_0^2 + A \tag{4 − 20 − 1}$$

式中：A 为金属的逸出功，$\frac{1}{2}mv_0^2$ 为光电子获得的初始动能。由式（4 − 20 − 1）可见，入射到金属表面的光频率越高，逸出的电子动能越大，所以即使阳极电位比阴极电位低时也会有电子落入阳极形成光电流，直至阳极电位低于截止电压，光电流才为零，此时有关系：

$$eU_0 = \frac{1}{2}mv_0^2 \tag{4 − 20 − 2}$$

阳极电位高于截止电压后，随着阳极电位的升高，阳极对阴极发射的电子的收集作用越强，光电流随之上升；当阳极电压高到一定程度，已把阴极发射的光电子几乎全收集到阳极，再增加 U_{AK} 时 I 不再变化，光电流出现饱和，饱和光电流 I_M 的大小与入射光的强度 P 成正比。

光子的能量 $h\nu_0 < A$ 时，电子不能脱离金属，因而没有光电流产生。产生光电效应的最低频率（截止频率）是 $\nu_0 = A/h$。将式（4 − 20 − 2）代入式（4 − 20 − 1）可得：

$$eU_0 = h\upsilon - A \qquad\qquad (4-20-3)$$

此式表明截止电压 U_0 是频率 υ 的线性函数，直线斜率 $k = h/e$，只要用实验方法得出不同的频率对应的截止电压，求出直线斜率 k，就可算出普朗克常数 h。爱因斯坦的光量子理论成功地解释了光电效应规律。

3. 仪器结构及仪器面板图

仪器结构及仪器面板如图 4-20-5 和图 4-20-6 所示：

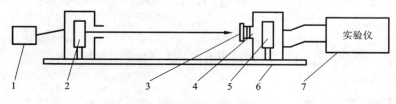

图 4-20-5 仪器结构图

1—汞灯电源；2—汞灯；3—滤色片；4—光阑；5—光电管；6—基座；7—实验仪

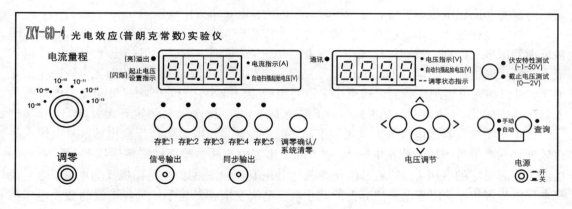

图 4-20-6 实验仪面板图

实验仪有手动和自动两种工作模式，具有数据自动采集，存储，实时显示采集数据，动态显示采集曲线（连接普通示波器，可同时显示 5 个存储区中存储的曲线），及采集完成后查询数据的功能。

（五）实验内容及步骤

1. 测试前准备

（1）连线开机预热

将实验仪及汞灯电源接通，用专用连接线将光电管暗箱电压输入端与实验仪电压输出端（后面板上）连接起来（红-红，蓝-蓝）。（汞灯及光电管暗箱遮光盖盖上），预热 20 分钟。

（2）调距

调整光电管与汞灯距离为约 40 cm 并保持不变。

（3）断线调零

将光电管暗箱电流输出端 K 与实验仪微电流输入端（后面板上）断开，将"电流量程"选

择开关置于所选 10^{-13} A 挡位,进行测试前调零。实验仪在开机或改变电流量程后,都会自动进入调零状态,电压显示为"－－－－"。调零时应旋转"调零"旋钮使电流指示为"000.0"。

（4）连线清零

调节好后,用高频匹配电缆将电流输入连接起来,按"调零确认/系统清零"键,系统进入测试状态。

☆若要动态显示采集曲线,需将实验仪的"信号输出"端口接至示波器的"Y"输入端,"同步输出"端口接至示波器的"外触发"输入端。示波器"触发源"开关拨至"外","Y 衰减"旋钮拨至约"1 V/div","扫描时间"旋钮拨至约"20 μs/div"。此时示波器将用轮流扫描的方式显示 5 个存储区中存储的曲线,横轴代表电压 U_{AK},纵轴代表电流 I。

2. 测普朗克常数 h

（1）问题讨论及测量方法

理论上,测出各频率的光照射下阴极电流为零时对应的 U_{AK},其绝对值即该频率的截止电压,然而实际上由于光电管的阳极反向电流、暗电流、本底电流及极间接触电位差的影响,实测电流并非阴极电流,实测电流为零时对应的 U_{AK} 也并非截止电压。

光电管制作过程中阳极往往被污染,沾上少许阴极材料,入射光照射阳极或入射光从阴极反射到阳极之后都会造成阳极光电子发射,U_{AK} 为负值时,阳极发射的电子向阴极迁移构成了阳极反向电流。暗电流和本底电流是热激发产生的光电流与杂散光照射光电管产生的光电流,可以在光电管制作或测量过程中采取适当措施以减小它们的影响。极间接触电位差与入射光频率无关,只影响 U_0 的准确性,不影响 $U_0-\nu$ 直线斜率,对测定 h 无大影响。

由于本实验仪器的电流放大器灵敏度高,稳定性好;光电管阳极反向电流、暗电流水平也较低。在测量各谱线的截止电压 U_0 时,可采用零电流法,即直接将各谱线照射下测得的电流为零时对应的电压 U_{AK} 的绝对值作为截止电压 U_0。此法的前提是阳极反向电流、暗电流和本底电流都很小,用零电流法测得的截止电压与真实值相差较小。且各谱线的截止电压都相差 ΔU,对 $U_0-\nu$ 曲线的斜率无大的影响,因此对 h 的测量不会产生大的影响。

（2）测量截止电压

测量截止电压时,"伏安特性测试/截止电压测试"状态键应为截止电压测试状态。"电流量程"开关应处于 10^{-13}A 挡。

①手动测量。

使"手动/自动"模式键处于手动模式。

将直径 4 mm 的光阑及 365 nm 的滤色片装在光电管暗箱光输入口上,打开汞灯遮光盖。此时电压表显示 U_{AK} 的值,单位为伏;电流表显示与 U_{AK} 对应的电流值 I,单位为所选择的"电流量程"。用电压调节键 →,←,↑,↓ 可调节 U_{AK} 的值,→,← 键用于选择调节数位,↑,↓ 键用于调节值的大小。

从低到高调节电压（绝对值减小）,观察电流值的变化,从 -1.998 V ~ 0.000 V 每隔 0.1 V 调节电压（当电压为正,电流溢出时应马上减小电压值以保护仪器！）,记下相应电流值;寻找电流为零时对应的 U_{AK},以其绝对值作为该波长对应的 U_0 的值,并将数据记于表 4 - 20 - 1 中。为尽快找到 U_0 的值,调节时应从高位到低位,先确定高位的值,再顺次往低位调节。

依次换上 405 nm, 436 nm, 546 nm, 577 nm 的滤色片, 重复以上测量步骤, 并记好相应数据。

②自动测量。

按"手动/自动"模式键切换到自动模式。

此时电流表左边的指示灯闪烁, 表示系统处于自动测量扫描范围设置状态, 用电压调节键可设置扫描起始电压(左边电流表示数)和终止电压(右边电压表示数)。

对各条谱线, 我们建议扫描范围大致设置为: 365 nm, −1.900 V ~ −1.500 V; 405 nm, −1.600 V ~ −1.200 V; 436 nm, −1.350 V ~ −0.950 V; 546 nm, −0.800 V ~ −0.400 V; 577 nm, −0.650 V ~ −0.250 V。

实验仪设有 5 个数据存储区, 每个存储区可存储 500 组数据, 并有指示灯表示其状态。灯亮表示该存储区已存有数据, 灯不亮为空存储区, 灯闪烁表示系统预选的或正在存储数据的存储区。

设置好扫描起始和终止电压后, 按动相应的存储区按键, 仪器将先清除存储区原有数据, 等待约 30 s, 然后按 4 mV 的步长自动扫描, 并显示、存储相应的电压、电流值。

扫描完成后, 仪器自动进入数据查询状态, 此时查询指示灯亮, 显示区显示扫描起始电压和相应的电流值。用电压调节键改变电压值, 就可查阅到在测试过程中, 扫描电压为当前显示值时相应的电流值。读取电流为零时对应的 U_{AK}, 以其绝对值作为该波长对应的 U_0 的值, 并将数据记于表 4 − 20 − 1 中。

按"查询"键, 查询指示灯灭, 系统回复到扫描范围设置状态, 可进行下一次测量。

在自动测量过程中或测量完成后, 按"手动/自动"键, 系统回复到手动测量模式, 模式转换前工作的存储区内的数据将被清除。

若仪器与示波器连接, 则可观察到 U_{AK} 为负值时各谱线在选定的扫描范围内的伏安特性曲线。

表 4 − 20 − 1　$U_0 − \nu$ 关系

光阑孔 $\phi =$ _____ mm

波长 $\lambda_i/$nm		365	405	436	546	577
频率 $\nu_i/10^{14}$ Hz		8.214	7.408	6.879	5.490	5.196
截止电压 $U_{0i}/$V	手动					
	自动					

由表 4 − 20 − 1 的实验数据, 得出 $U_0 − \nu$ 直线的斜率 k, 即可用 $h = ek$ 求出普朗克常数, 并与 h 的公认值 h 比较求出相对误差 $E_r = \dfrac{h - h_0}{h_0}$, 式中 $e = 1.602 \times 10^{-19}\ C$, $h_0 = 6.626 \times 10^{-34}\ J \cdot s$。

(3)测光电管的伏安特性曲线

①此时, "伏安特性测试/截止电压测试"状态键应为伏安特性测试状态。"电流量程"开关应拨至 10^{-10} A 挡, 并重新调零。

②将直径 4 mm 的光阑及所选谱线的滤色片装在光电管暗箱光输入口上。

③测伏安特性曲线可选用"手动/自动"两种模式之一,测量的最大范围为 -1.0 V ~ 50.0 V,自动测量时步长为 1 V,仪器功能及使用方法如前所述。

④仪器与示波器连接:

a. 可同时观察 5 条谱线在同一光阑、同一距离下伏安饱和特性曲线。

b. 可同时观察某条谱线在不同距离(即不同光强)、同一光阑下的伏安饱和特性曲线。

c. 可同时观察某条谱线在不同光阑(即不同光通量)、同一距离下的伏安饱和特性曲线。

由此可验证光电管饱和光电流与入射光成正比。

记录所测 U_{AK} 及 I 的数据到表 4 - 20 - 2 中,在坐标纸上作对应于以上波长及光强的伏安特性曲线。

在 U_{AK} 为 50 V 时,将仪器设置为手动模式,测量并记录对同一谱线、同一入射距离,光阑分别为 2 mm、4 mm、8 mm 时对应的电流值于表 4 - 20 - 3 中,验证光电管的饱和光电流与入射光强成正比。

也可在 U_{AK} 为 50 V 时,将仪器设置为手动模式,测量并记录对同一谱线、同一光阑时,光电管与入射光在不同距离,如 300 nm、400 mm 等,对应的电流值于表 4 - 20 - 4 中,同样验证光电管的饱和电流与入射光强成正比。

表 4 - 20 - 2　I - U_{AK}关系

波长	U_{AK}/V						
365 nm	$I/(\times 10^{-10}\ \mathrm{A}^{-1})$						
405 nm	$I/(\times 10^{-10}\ \mathrm{A}^{-1})$						
436 nm	$I/(\times 10^{-10}\ \mathrm{A}^{-1})$						

表 4 - 20 - 3　I_{M} - P 关系

$U_{AK} = $ ＿＿＿＿ V　　$\lambda = $ ＿＿＿＿ nm　　$L = $ ＿＿＿＿ mm

光阑孔 ϕ		
$I/(\times 10^{-10}\ \mathrm{A}^{-1})$		

表 4 - 20 - 4　I_{M} - P 关系

$U_{AK} = $ ＿＿＿＿ V　　$\lambda = $ ＿＿＿＿ nm　　$L = $ ＿＿＿＿ mm

入射距离 L		
$I/(\times 10^{-10}\ \mathrm{A}^{-1})$		

(六)思考题

(1)本实验中,测暗电流的目的是什么?

(2)爱因斯坦光电效应方程的物理意义是什么?

(3)在什么条件下光照射金属表面,其表面有光电子逸出?

（4）试从实验结果分析，实验产生误差的主要原因是什么？如何进行改进？

（七）附录

1. 不同波长的 I-U 曲线（图 4-20-7）
2. $U_s = f(\nu)$ 关系曲线（图 4-20-8）

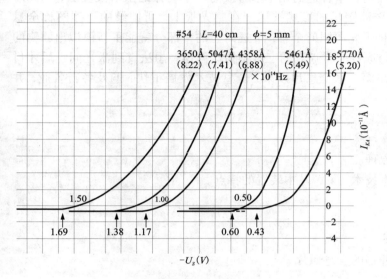

图 4-20-7　I-U 关系曲线

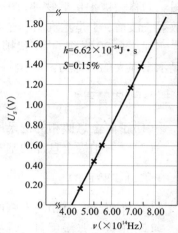

图 4-20-8　$U_s = f(\nu)$ 关系曲线

实验 21　全息摄影

1948 年盖伯(D. Gabor)提出用一个合适的相干参考波与一个物体的散射波叠加,则此散射波的振幅和位相的分布就以干涉图样的形式被记录在感光板上,所记录的干涉图称全息图。如移去被拍摄的物体,用相干光源照射全息图,透射光的一部分就能重新模拟出原物的散射波波前,于是重现出一个与原物非常逼真的三维图像。但这一想法直到激光问世后才付诸实现。自 20 世纪 60 年代拍出第一张全息片以来,全息技术发展很快,遍及各行各业,并显示出强大的生命力。

(一) 实验要求

(1)了解全息照相的记录原理。
(2)学习拍摄全息片的基本技术,了解基本装置的特点。

(二) 实验目的

(1)布置全息照相的光路图。
(2)拍摄一张漫反射三维静物的全息照片。
(3)观察全息底片再现的物象。

(三) 实验仪器与用具

He－Ne 激光器,透镜,分束镜,平面反射镜,全息实验抗震台,全息干板,待拍样品,暗室,显影、定影设备全套,电子定时器。

(四) 预习思考题

(1)全息照相与普通照相有什么不同?
(2)"全息"的含意是什么?
(3)在实验中要注意些什么?

(五) 实验原理

光是电磁波,它的状态由振幅和位相来确定。普通照相只记录了物光的强度,却没有记录物光的相位信息。全息照相则不同,它可同时把物光的振幅和位相即物光的全部信息都记录下来。这种记录方法是借助于物光(信息光)波前和一束参考光的波前相干涉的结果。如干涉斑纹使底片感光,那底片就记下了它们的干涉花纹。如果再用参考光照明这一组干涉斑纹时,物光的波前就重现出来,重现出原物逼真的立体图像。如把这组干涉斑纹准确放回到拍摄它时的位置上,这三维图像无论其大小、位置或者景深,和原物丝毫不差。当改变观察角度时,还可以看到该物不同的侧面,就好像原物还在那里一样。

典型的全息照相光路如图 4－21－1 所示。由氦氖激光器发出的激光束经分光板 2 分成

两束，一束射向反射镜 3′，经反射，由扩束镜 4′
扩束，照射到被拍摄物体 5 上，经物体漫反射后
照射在全息干板 6 上。这束光是由物体漫反射
而来，故称为物光。另一束射向反射镜 3，经它
反射，由 4 扩束后，直接照射干板 6，成为参考
光。物光和参考光出自同一光源并且两束光的
光程差在激光的相干长度以内，因而物光和参考
光是相互干涉的，在全息干板 6 上形成较复杂的
干涉图样(肉眼在一般情况下不能观察到这些图
样)。曝光后的全息干板经显影、定影处理后即
称为全息图。其上记录了物光和参考光相互叠
加所形成的干涉图样，干涉条纹的对比度、走向
以及疏密取决于物光和参考光的振幅和位相，因

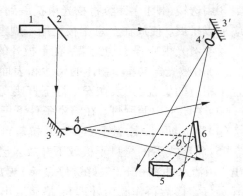

图 4－21－1　全息照相光路图
1—激光器；2—分光板；3、3′—全反镜；
4、4′—扩束镜；5—被摄物体；6—全息干板

而全息干板上记录的干涉条纹包含了被摄物体的振幅信息和位相信息。在高倍显微镜下观
察，全息图是一副复杂的光栅结构图样。

原物的再现是基于全息图的衍射。用原来
的参考光照射所得的全息图，经衍射后产生 3
个波束。其中一个波束直接透射(0 级衍射光)，
是再现光本射，不携带被摄物体的信息，强度有
所衰减。另外两个波束，一束是发散的(+1 级
衍射光)，形成原物的原始像(虚像)；一束是汇
聚的(-1 级衍射光)，形成原始像的共轭像(实
像)。图 4－21－2 为用参考光照明全息图的再
现光路。

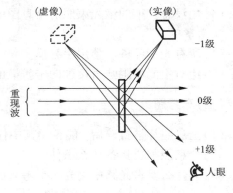

图 4－21－2　全息再现光路图

从上面的介绍看，全息图具有以下特点。

(1)再现出被摄物的形象是完全逼真的三
维立体形象。

(2)具有分割的特点。全息图的任一部分都记录了全部光学信息，所以都能表现出完整
的被摄物形象，只是衍射光强度相应减弱。

(3)全息干板可进行多次曝光记录。只需稍稍改变全息干板与参考光的入射方向的方
位，这些不同景物的形象，可以无干扰地再现，而不发生重叠。再现时，只需适当转动全息
图，就可逐个观察到不同的物像。

(4)全息图的再现像亮度可调。再现时的入射光越强，再现像就越亮。

(六)实验步骤与注意事项

1. 制作全息图
(1)按图 4－21－1 安排光学元件并调整好光路，同时须注意：
①物光路与参考光路的光程差尽量小，不超过 2 cm(用软绳度量)。
②参考光束与物光束在干板处相遇时，其夹角 θ 在 30°~60°之间。

③用透镜(即扩束镜)将物光束扩展到一定程度,以保证被摄物全部受到光照。参考光束也应加以扩展,使放在全息干板处用来观察的小白屏有均匀光照。

④参考光束应强于物光束,在干板处的强度比约为2:1(可在2:1至5:1范围)。

(2)由激光器功率、物体的尺寸和表面反射率确定曝光时间,并把曝光定时器的时间旋钮置于相应的位置上(或在安全灯下直接观察时钟,约30 s左右)。

(3)关闭室内照明灯,在暗室条件下把全息干板夹在干板上,注意乳胶面向着物体。

(4)曝光期间,注意手不要触及抗震台,不能说话和走动,以保持室内空气的稳定。

(5)将曝光后的全息干板取下并放入已稀释的D-19显影液里,待干板有一定的黑度后取出;用清水冲洗一下(最好进停显液)再放入定影液内定影,5 min后取出并用清水冲洗5 min(最好定影后再作漂白处理);最后取出干板,吹干后就得到一张全息图。

2. 观察全息图

(1)将吹干后的全息图按原来的方向夹持在干板架上,挡掉物光束,适当调整观察方向即可看到原来物体所在位置出现逼真的物体三维虚像。

(2)将全息图倒置、旋转、翻面,观察虚像的变化。

(3)用直径约1 cm的小孔遮住全息图的大部分,通过小孔再观察虚像,移动小孔,观察虚像的变化。

(4)用没有扩束的激光束照射全息图的反面,在光屏上观察被摄物的实像。

注意事项:

(1)所有光学元件严禁用手触摸。

(2)绝对不能用眼睛直接朝向未扩散的激光束,以免造成视网膜永久性损伤。

(七)思考题

(1)全息照片被打碎后,能否用其中任一碎片重现整个物像?为什么?

(2)全息照相要具备什么条件?

(3)为什么要求光路中物光与参考光的光程要尽量相等?

(八)全息照相原理的简单数学描述

光是电磁波,当物光(O光)和参考光(R光)传播到干板上时,它们在干板处的函数为:

$$\begin{cases} O(x, y) = |O(x, y)|\cos[\omega t + \varphi_0(x, y)] \\ R(x, y) = |R(x, y)|\cos[\omega t + \varphi_R(x, y)] \end{cases}$$

其中(x, y)是底片(干板)平面坐标参量,为了方便起见,以下省去不写,并将上式写成复数形式:

$$\begin{cases} O = |O|e^{i(\omega t + \varphi_0)} \\ R = |R|e^{i(\omega t + \varphi_R)} \end{cases}$$

两束光在干板处叠加的合成光场为:

$$H = O + R$$

合成光(即干涉条纹)的光强为:

$$I = |O + R|^2 = (O + R)(O^* + R^*) = |O|^2 + |R|^2 + R \cdot O^* + O \cdot R^* \quad (4-21-1)$$

式中:O^*、R^*为O、R的共轭复数。将式(4-21-1)展开得:

$$I = |O|^2 + |R|^2 + 2|O||R|(\varphi_R - \varphi_0) \qquad (4-21-2)$$

式(4-21-2)中最后一项[也就是式(4-21-1)中的后两项]是干涉项,可见干涉条纹中记录了物光波的振幅和相位(全部信息)。

底片(干板)经曝光与冲洗后,就得到一张全息图。由于感光量与入射光强度有关,当入射于干板的光强提高时,干板所得的透射率在曝光和显影后将降低。干板经显、定影之后的透明度(密度或透射率)的分布函数 $t(x, y)$ 应与光强 $I(x, y)$ 成正比,即:

$$t(x, y) = t_0 + \beta I(x, y) \qquad (4-21-3)$$

这里 β 是与干板性能、曝光时间有关的比例系数, t_0 是未曝光时干板的透射率。

当用再现光波 C 照射全息图时,再现光束被全息图(相当于光栅)衍射,即透射光与透射率 $t(x, y)$ 成正比。透射光经调制而成为:

$$Ct(x,y) = C[t_0 + \beta I(x,y)] = Ct_0 + c\beta|O|^2 + C\beta|R|^2 + C\beta R^* \cdot O + C\beta R \cdot O^*$$

$$(4-21-4)$$

可见:

①前三项 $(Ct_0 + c\beta|O|^2 + c\beta|R|^2)$ 没有相干因子,分别为物光与参考光独立照射到干板时的光强。其衍射为零级衍射(直射),不成像。

②后两项 $(C\beta R^* \cdot O)$ 和 $(C\beta R \cdot O^*)$ 为干涉项,在底片上得到干涉花纹,它们保留了物光波的振幅与相位的信息。由于参考光是均匀投射到干板上的,则有: $C(x, y) =$ 常数, $R(x, y) =$ 常数。因此 $(C\beta R^*) \cdot O =$ 常数 $\cdot O$,此项实现了物光波的再现,而成虚像,为 $+1$ 级衍射 $(C\beta R) \cdot O^* =$ 常数 $\cdot O^*$ (此项也再现了物光波,而成共轭实像,为 -1 级衍射)。

实验 22　水的比汽化热的测量实验

物质由液态向气态转化的过程称为汽化。汽化分为两种：在液体的自由表面上进行的汽化称为蒸发，蒸发可以在液体存在的任何温度下进行；在一定温度下，水内部产生气泡膨胀，上升到液面后破裂，这样的汽化过程称为沸腾。沸腾时的温度称为液体的沸点。

汽化过程中，总有一些运动速率大（即动能大）的分子飞离水的表面而成为气体分子，随着这些高速分子的逸出，水的温度将要下降，若要保持温度不变，就要外界不断地供给热量。单位质量的液体转化为同温度气体时所吸收的热量称为该物质的比汽化热。比汽化热与汽化时的温度有关，温度较高时汽化热较小。因为随着温度的升高，液相与气相之间分子能量的差别将逐渐减小。

（一）实验目的

（1）用电热法测定水在沸腾时的比汽化热。
（2）学习用抵消法减小实验误差。
（3）练习用逐差法处理实验数据。

（二）实验仪器

本实验使用 FD – YBQR 型汽化热实验仪，它是数字式模块化综合性实验仪。仪器包含［参见图 4 – 22 – 1（a）和图 4 – 22 – 1（b）］：仪器主机（含开关、控制按钮、质量显示、时间显示以及相关电路）；装水隔热容器；电加热器；电子天平；加热用数显可调直流稳压电源等。

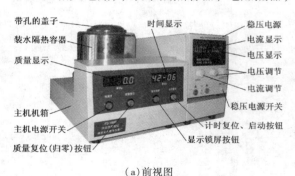

（a）前视图　　　　　　　　　　　　　　　（b）后视图

图 4 – 22 – 1　FD – YBQR 汽化热实验仪

1. 仪器的主要参数

（1）工作电压：交流 220 V；
（2）加热电源：直流数显可调，0 ~ 30 V，0 ~ 5 A；
（3）电子天平：量程 1000 g，精度 0.1 g；
（4）电子计时器：计时范围 99 分 59 秒，精度 1 秒。

2．注意事项

（1）要保持实验环境的稳定性，尽量减小空气对流。

（2）注意安全，小心高温烫伤。

（3）向容器内加入水时，不要把水弄到电子天平和实验装置上。

（4）加热器切勿无水干烧。

（三）预习思考题

（1）什么是水的比汽化热？

（2）测量水的汽化热有哪些方法？请列举。

（四）实验原理

使用如图 4 - 22 - 1 所示的实验仪，在容器中加入适量的水，给电加热器加上稳恒直流电流，水沸腾后，蒸汽从出汽口冒出来。隔热的设计使得散失的热量尽可能的少。测出电加热器两端的电压 U 和电流 I，以及通电时间 Δt 和在 Δt 时间内汽化的水的质量 M，则：

$$UI\Delta t = ML + h$$

式中：L 为水蒸气的比汽化热；h 为 Δt 时间内实验装置总的散失的热量。

为减小 h 对实验结果的影响，我们可以采用抵消法进行测量。在两次时间相等的连续实验中，我们采用不同的电压和电流。假定在相同的时间间隔 Δt 里，实验装置散失的热量 h 相等，则可得到下列等式：

$$U_1 I_1 \Delta t = M_1 L + h$$
$$U_2 I_2 \Delta t = M_2 L + h$$

两式相减，可得：

$$L = \frac{(U_1 I_1 - U_2 I_2)\Delta t}{M_1 - M_2} \qquad\qquad (4 - 22 - 1)$$

式中：U_1、I_1 及 U_2、I_2 分别为相同条件下，两次实验所用不同电压和电流的实验数据。利用式（4 - 22 - 1）可求得水在沸点时的比汽化热。

水在一个大气压下沸腾时的比汽化热的参考值 $L = 2260 \ \text{kJ} \cdot \text{kg}^{-1}$

（五）实验内容与步骤

（1）在容器中加入约 2/3 的水，盖好中间有一个小孔的盖子。

（2）在仪器后部连接好加热电路的连线，两根线不区分正负极（为什么？），将两根工作电源线连接到 220 V 交流电源。

（3）经检查无误后打开两个电源开关，调节输出电压旋钮至最大值，观察容器中的水的变化情况，直至容器中的水完全沸腾，蒸汽从上盖小孔中冒出来。（为缩短水通过加热变为沸腾的时间，可以用事先准备好的热水进行实验。）

（4）调节输出电压旋钮使输出电压为 20.0 V 左右，让水沸腾 10 min 以上，使实验装置的散热达到稳定状态。

（5）按一下"时间复位"按钮，使时间显示复零，再同时按一下"质量复位"和"时间复位"按钮，此时开始计时，同时"质量指示"复零。

(6)按照表 4 – 22 – 1 记录数据，每隔 2 min，记录一次电子天平读数 m（因质量一直在减少故 m 为负值，我们可一律记为正值）和电源的输出电压、电流，从第 0 min 记录到第 18 min。

(7)（可用注射器）往容器中增加适量的水使电子天平读数约为正的 10 g 左右。跟第（3）、（4）步相同，先调节输出电压旋钮至最大值，直至容器中的水完全沸腾，再调节输出电压旋钮使电压为 18.0 V 左右，待水再沸腾 10 min 后，重复第（5）、（6）步的实验内容，数据记入表 4 – 22 – 2。

(8)根据实验数据记录表进行计算，电压、电流取平均值，得到 U_1、I_1 及 U_2、I_2。用逐差法求出 10 min 内水汽化的质量 M_1 和 M_2，由式（4 – 22 – 1）计算水沸腾时的汽化热 L，单位为 $kJ \cdot kg^{-1}$。时间 Δt 取 10 min 即 600 s。

表 4 – 22 – 1　水的汽化热实验数据及其处理之一

t/s	0分0秒	2分0秒	4分0秒	6分0秒	8分0秒
U_1/V					
I_1/A					
m_1/g					
t/s	10分0秒	12分0秒	14分0秒	16分0秒	18分0秒
U_1/V					
I_1/A					
m_1'/g					
$\Delta m_1 = m_1' - m_1$					
$M_1 = \dfrac{\sum \Delta m_1}{5}$					

表 4 – 22 – 2　水的汽化热实验数据及其处理之二

t/s	0分0秒	2分0秒	4分0秒	6分0秒	8分0秒
U_2/V					
I_2/A					
m_2/g					
t/s	10分0秒	12分0秒	14分0秒	16分0秒	18分0秒
U_2/V					
I_2/A					
m_2'/g					
$\Delta m_2 = m_2' - m_2$					
$M_2 = \dfrac{\sum \Delta m_2}{5}$					

（9）由 L 的参考值 2260 kJ · kg^{-1} 计算实验结果的误差。其相对误差为：

$$r = \frac{L - 2260}{2260} \times 100\%$$

分析误差的产生都有哪些可能的原因。

（六）思考题

本实验有哪些因素可能使测量结果产生误差？请提出改进建议。

实验 23　多普勒效应综合实验

当波源和接收器之间有相对运动时，接收器接收到的波的频率与波源发出的频率不同的现象称为多普勒效应。多普勒效应在科学研究、工程技术、交通管理、医疗诊断等各方面都有十分广泛的应用。例如：原子、分子和离子由于热运动使其发射和吸收的光谱线变宽，称为多普勒增宽，在天体物理和受控热核聚变实验装置中，光谱线的多普勒增宽已成为一种分析恒星大气及等离子体物理状态的重要测量和诊断手段。基于多普勒效应原理的雷达系统已广泛应用于导弹、卫星、车辆等运动目标速度的监测。在医学上利用超声波的多普勒效应来检查人体内脏的活动情况、血液的流速等。电磁波（光波）与声波（超声波）的多普勒效应原理是一致的。本实验既可研究超声波的多普勒效应，又可利用多普勒效应将超声波探头作为运动传感器，研究物体的运动状态。

（一）实验要求

（1）理解声波的多普勒效应公式。
（2）掌握验证多普勒效应公式的方法。
（3）通过实验掌握利用多普勒效应测物体速度的方法。
（4）能正确操作仪器并正确处理实验数据。

（二）实验目的

（1）验证多普勒效应公式。
（2）测超声波波速。
（3）利用多普勒效应测运动物体速度。

（三）预习思考题

（1）什么叫多普勒效应？
（2）如何验证多普勒效应的定量关系？
（3）如何利用多普勒效应测量声速和运动物体速度？

（四）实验原理

根据声波的多普勒效应公式，当声源与接收器之间有相对运动时，接收器接收的频率 f 为：

$$f = \frac{u + v_1 \cos\alpha_1}{u - v_2 \cos\alpha_2} f_0 \qquad (4-23-1)$$

式中：f_0 为声源发射频率，u 为声速，v_1 为接收器运动速度，α_1 为声源与接收器连线与接收器运动方向之间的夹角，v_2 为声源运动速度，α_2 为声源与接收器连线与声源运动方向之间的夹角。

本实验中，声源不动，运动物体上的接收器沿声源与接收器连线方向以速率 v 运动，则从式（4 – 23 – 1）可得接收器收到的频率应为：

$$f = \frac{u + v}{u} f_0 \qquad\qquad (4 - 23 - 2)$$

式中：当接收器向着声源运动时，v 取正，反之取负。

若 f_0 保持不变，用光电门测量物体的运动速度 v，并由仪器对接收器收到的频率 f 自动计数，根据式（4 – 23 – 2），作 $f - v$ 关系图，可直观验证多普勒效应。由实验点作直线，其斜率为 $k = f_0/u$，由此可计算声速 $u = f_0/k$。

由式（4 – 23 – 2）可解出：

$$v = u\left(\frac{f}{f_0} - 1\right) \qquad\qquad (4 - 23 - 3)$$

若已知声速 u 及声源频率 f_0，通过设置使仪器以某种时间间隔对接收器接收到的频率 f 自动计数，由微处理器按式（4 – 23 – 3）计算出接收器运动速度，由显示屏显示 $v - t$ 关系图，或调阅有关测量数据，即可得出物体在运动过程中的速度变化情况，进而对物体运动状况及规律进行研究。

（五）实验内容及步骤

1. 实验仪的预调节

实验仪开机后，首先要求输入室温，这是因为计算物体运动速度时要代入声速，而声速是温度的函数。第 2 个界面要求对超声发生器的驱动频率进行调谐。调谐时将所用的发射器与接收器接入实验仪，两者相向放置，用"▶"键调节发生器驱动频率，并以接收器谐振电流达到最大作为谐振的判据。在超声波应用中，需要将发生器与接收器的频率匹配，并将驱动频率调到谐振频率，才能有效地发射与接收超声波。

2. 验证多普勒效应并由测量数据计算声速

将水平运动超声发射/接收器及光电门、电磁铁按实验仪上的标示接入实验仪。调谐后，在实验仪的工作模式选择界面中选择"多普勒效应验证实验"，按确认键后进入测量界面。用"▶"键输入测量次数 6，用"▼"键选择"开始测试"，再次按确认键使电磁铁释放，光电门与接收器处于工作准备状态。

将仪器按图 4 – 23 – 2 安置好，当光电门处于工作准备状态而小车以不同速度通过光电门后，显示屏会显示小车通过光电门时的平均速度与此时接收器收到的平均频率，并可用"▼"键选择是否记录此次数据，按确认键后即可进入下一次测试。

完成测量次数后，显示屏会显示 $f - v$ 关系与 1 组测量数据，若测量点成直线，符合式（4 – 23 – 2）描述的规律，即直观验证了多普勒效应。用"▼"键翻阅数据并记入表 4 – 23 – 1 中，用作图法或线性回归法计算 $f - v$ 关系直线的斜率 k，由 k 计算声速 u，并与声速的理论值比较，声速理论值由 $u_0 = \sqrt{1 + \dfrac{t}{273}}$（m/s）计算，$t$ 表示室温。

表 4 – 23 – 1　多普勒效应的验证与声速的测量

$f_0 = $ _____

测量数据							直线斜率 $k/(1/\text{m})$	声速测量值 $u = (f_0/k)$ $/(\text{m}\cdot\text{s}^{-1})$	声速理论值 u_0 $/(\text{m}\cdot\text{s}^{-1})$	百分误差 $(u - u_0)/u_0$
次数	1	2	3	4	5	6				
$v_n/(\text{m}\cdot\text{s}^{-1})$										
f_n/Hz										

3. 研究匀变速直线运动, 验证牛顿第二运动定律

实验时仪器的安装如图 4 – 23 – 4 所示[见本实验(七)仪器介绍部分], 质量为 M 的垂直运动部件与质量为 m 的砝码托及砝码悬挂于滑轮的两端, 测量前砝码托吸在电磁铁上, 测量时电磁铁释放砝码, 系统在外力作用下加速运动。运动系统的总质量为 $M + m$, 所受合外力为 mg(滑轮转动惯量与摩擦力忽略不计)。根据牛顿第二定律, 系统的加速度应为:

$$a = \frac{m}{M + m} g \qquad (4 - 23 - 4)$$

用天平称量垂直运动部件、砝码托及砝码质量, 每次取不同质量的砝码放于砝码托上, 记录每次实验对应的 m。将垂直运动发射/接收器接入实验仪, 在实验仪的工作模式选择界面中选择"频率调谐"调谐垂直运动发射/接收器的谐振频率, 完成后回到工作模式界面, 选择"变速运动测量实验", 确认后进入测量设置界面。设置采样点总数 8, 采样步距 100 ms, 用"▼"键选择"开始测试", 按确认键使电磁铁释放砝码托, 同时实验仪按设置的参数自动采样。

采样结束后会以类似图 4 – 23 – 3 的界面显示 $v - t$ 直线, 用"▶"键选择"数据", 将显示的采样次数及相应速度记入表 4 – 23 – 2 中(为避免电磁铁剩磁的影响, 第 1 组数据不记。tn 为采样次数与采样步距的乘积)。由记录的 t、v 数据求得 $v - t$ 直线的斜率即为此次实验的加速度 a。

表 4 – 23 – 2　匀变速直线运动的测量

$M = $ _____ kg

n	2	3	4	5	6	7	8	加速度 a $/(\text{m}\cdot\text{s}^{-2})$	m $/\text{kg}$	$\dfrac{m}{M + m}$
$tn = 0.1n/\text{s}$										
v_n										
$tn = 0.1n/\text{s}$										
v_n										
$tn = 0.1n/\text{s}$										
v_n										
$tn = 0.1n/\text{s}$										
v_n										

在结果显示界面中用"▶"键选择返回,确认后重新回到测量设置界面。改变砝码质量,按以上程序进行新的测量。

将表 4 - 23 - 2 得出的加速度 a 作纵轴, $\dfrac{m}{M+m}$ 作横轴作图,若为线性关系,符合式(4 - 23 - 4)描述的规律,即验证了牛顿第二定律,且直线的斜率应为重力加速度。

4. 研究自由落体运动,求自由落体加速度

实验时仪器的安装如图 4 - 23 - 5 所示,将电磁铁移到导轨的上方,测量前垂直运动部件吸在电磁铁上,测量时垂直运动部件自由下落一段距离后被细线拉住。

在实验仪的工作模式选择界面中选择"变速运动测量实验",设置采样点总数 8,采样步距 50 ms。选择"开始测试",按确认键后电磁铁释放,接收器自由下落,实验仪按设置的参数自动采样。将测量数据记录于表 4 - 23 - 3 中,由测量数据求得 v - t 直线的斜率即为重力加速度 g。为减小偶然误差,可作多次测量,将测量的平均值作为测量值,并将测量值与理论值比较,求百分误差。

表 4 - 23 - 3　自由落体运动的测量

n	2	3	4	5	6	7	8	g /(m·s^{-2})	平均值 g	理论值 g	百分误差 $(g-g_0)/g_0$
$tn = 0.05n/\text{s}$											
v_n											
$tn = 0.05n/\text{s}$											
v_n											
$tn = 0.05n/\text{s}$											
v_n											
$tn = 0.05n/\text{s}$											
v_n											

5. 研究简谐振动

当质量为 m 的物体受到大小与位移成正比,而方向指向平衡位置的力的作用时,若以物体的运动方向为 x 轴,其运动方程为:

$$m \frac{\mathrm{d}^2 x}{\mathrm{d}t^2} = -kx \qquad (4 - 23 - 5)$$

由式(4 - 23 - 5)描述的运动称为简谐振动,当初始条件为 $t = 0$ 时, $x = -A_0$, $V = \mathrm{d}x/\mathrm{d}t = 0$,则方程(4 - 23 - 5)的解为:

$$x = -A_0 \cos\omega_0 t \qquad (4 - 23 - 6)$$

将式(4 - 23 - 6)对时间求导,可得速度方程:

$$v = \omega_0 A_0 \sin\omega_0 t \qquad (4 - 23 - 7)$$

由式(4 - 23 - 6)、(4 - 23 - 7)可见物体作简谐振动时,位移和速度都随时间周期变化,式中

$\omega = \sqrt{\dfrac{k}{m}}$，为振动的角频率。测量时仪器的安装类似于图 4 – 23 – 5，将弹簧通过一段细线悬挂于电磁铁上方的挂钩孔中，垂直运动超声接收器的尾翼悬挂在弹簧上，若忽略空气阻力，根据胡克定律，作用力与位移成正比，悬挂在弹簧上的物体应作简谐振动，而式（4 – 23 – 5）中的 k 为弹簧的倔强系数。

实验时先称量垂直运动超声接收器的质量 M，测量接收器悬挂上之后弹簧的伸长量 Δx，记入表 4 – 23 – 4 中，就可计算 k 及 ω_0。

测量简谐振动时设置采样点总数 150，采样步距 100 ms。

选择"开始测试"，将接收器从平衡位置下拉约 20 cm，松手让接收器自由振荡，同时按确认键，让实验仪按设置的参数自动采样，采样结束后会显示如式（4 – 23 – 7）描述的速度随时间变化关系。查阅数据，记录第 1 次速度达到最大时的采样次数 $N_{1\max}$ 和第 11 次速度达到最大时的采样次数 $N_{11\max}$，就可计算实际测量的运动周期 T 及角频率 ω，并可计算 ω_0 与 ω 的百分误差。

表 4 – 23 – 4　简谐振动的测量

M /kg	Δx /m	$k = \dfrac{mg}{\Delta x}$ /$(\mathrm{kg \cdot s^{-2}})$	$\omega = \sqrt{\dfrac{k}{m}}$ /$\mathrm{s^{-1}}$	$N_{1\max}$	$N_{11\max}$	$T = 0.01(N_{11\max} - N_{1\max})$ /s	$\omega = 2\pi/T$ /$\mathrm{s^{-1}}$	百分误差 $(\omega - \omega_0)/\omega_0$

6. 其他变速运动的测量

以上介绍了部分实验内容的测量方法和步骤，这些内容的测量结果可与理论值比较，便于得出明确的结论，适合学生基础实验，也便于使用者对仪器的使用及性能有所了解。若让学生根据原理自行设计实验方案，也可用作综合实验。

与传统物理实验用光电门测量物体运动速度相比，用本仪器测量物体的运动具有更多的设置灵活性，测量快捷，既可根据显示的 v – t 图一目了然地定性了解所研究的运动的特征，又可查阅测量数据作进一步的定量分析。特别适合用于综合实验，让学生自主地对一些复杂的运动进行研究，对理论上难以定量的因素进行分析，并得出自己的结论（如研究摩擦力与运动速度的关系，或与摩擦介质的关系）。

注意事项：

正式测量前，一定要仔细调节超声发声器驱动频率，使超声发射/接收器处于谐振状态。

（六）思考题

（1）如果观察者相对声源离开，其速度等于声速和大于声速，其感到的多普勒效应如何？

（2）弹性波和电磁波的多普勒效应有何异同？

（七）仪器介绍

整套仪器由实验仪、超声发射/接收器、导轨、运动小车、支架、光电门、电磁铁、弹簧、滑轮和砝码等组成。实验仪内置微处理器，带有液晶显示屏，图 4 – 23 – 1 所示为实验仪的面板图。

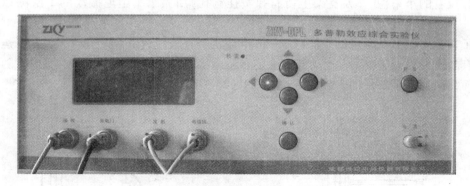

图 4 - 23 - 1　多普勒效应综合实验仪面板图

　　实验仪采用菜单式操作，显示屏显示菜单及操作提示，由键"▲""▼""◄""►"选择菜单或修改参数，按确认键后仪器执行。操作者只需按提示即可完成操作，学生可把时间和精力用于物理概念和研究对象，不必花大量时间熟悉特定的仪器使用，提高了课时利用率。

　　验证多普勒效应时，仪器的安装如图 4 - 23 - 2 所示。导轨长 1.2 m，两侧有安装槽，所有需固定的附件均安装在导轨上。

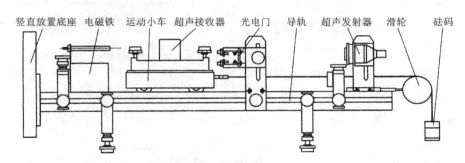

图 4 - 23 - 2　多普勒效应验证实验及测量小车水平运动安装示意图

　　测量时先设置测量次数（选择范围 5 ~ 10），然后使运动小车以不同速度通过光电门（既可用砝码牵引，也可用手推动），仪器自动记录小车通过光电门时的平均运动速度及与之对应的平均接收频率，完成测量次数后，仪器自动存储数据，根据测量数据作 $f - v$ 图，并显示测量数据。

　　做小车水平方向的变速运动测量时，仪器的安装类似图 4 - 23 - 2，只是此时光电门不起作用。

　　测量前设置采样次数（选择范围 8 ~ 150）及采样间隔（选择范围 50 ~ 100 ms），经确认后仪器按设置自动测量，并将测量到的频率转换为速度。完成测量后仪器根据测量数据自动作 $v - t$ 图，也可显示 $f - t$ 图，测量数据或存储实验数据与曲线，供后续研究。图 4 - 23 - 3 表示了采样数 60，采样间隔 80 ms 时，对用

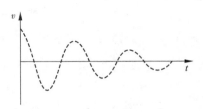

图 4 - 23 - 3　测量阻尼振动

两根弹簧拉着的小车(小车及支架上留有弹簧挂钩孔)所做水平阻尼振动的 1 次测量及显示实例。

　　为了避免摩擦力对测量结果的影响,可将导轨竖直放置,让垂直运动部件上下运动。底座上装有超声发射器,在垂直运动部件上装有超声接收器作垂直运动测量,实验时随测量目的不同而需改变少量部件的安装位置,如图 4 – 23 – 4、图 4 – 23 – 5 所示。

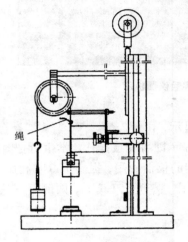

图 4 – 23 – 4　匀变速直线运动安装示意图

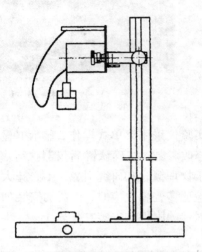

图 4 – 23 – 5　重力加速度测量安装示意图

实验 24　用波尔共振仪研究受迫振动

　　在机械制造和建筑工程等领域中，受迫振动所导致的共振现象引起工程技术人员极大关注。它既有破坏作用，也有实用价值。很多电声器件都是运用共振原理设计制作的。另外，在微观科学研究中，"共振"也是一种重要的研究手段。例如：利用核磁共振和顺磁共振研究物质结构等。

　　表征受迫振动性质是受迫振动的振幅 – 频率特性和相位 – 频率特性（简称幅频和相频特性）。本实验中，采用波尔共振仪定量测定机械受迫振动的幅频特性和相频特性，并利用频闪方法来测定动态的物理量——相位差。

（一）实验目的

　　（1）研究波尔共振仪中弹性摆轮受迫振动的幅频特性和相频特性。
　　（2）研究不同阻尼矩对受迫振动的影响，观察共振现象。
　　（3）学习用频闪法测定运动物体的某些量。

（二）预习思考题

　　（1）受迫振动的振幅和相位差与哪些因素有关？
　　（2）实验中采用什么方法来改变阻尼力矩的大小？它利用了什么原理？
　　（3）实验中是怎么利用频闪原理来测定相位差 ϕ 的？

（三）实验原理

　　物体在周期外力的持续作用下发生的振动称为受迫振动，这种周期性的外力称为策动力。如果外力是按简谐振动规律变化，那么稳定状态时的受迫振动也是简谐振动，此时，振幅保持恒定，振幅的大小与策动力的频率和原振动系统无阻尼时的固有振动频率以及阻尼系数有关。在受迫振动状态下，系统除了受到策动力的作用外，同时还受到回复力和阻尼力的作用。所以在稳定状态时物体的位移、速度变化与策动力变化不是同相位的，而是存在一个相位差。当策动力频率与系统的固有频率相同时产生共振，测试振幅最大，相位差为 90°。

　　实验采用摆轮在弹性力矩作用下自由摆动，在电磁阻尼力矩作用下作受迫振动来研究受迫振动特性，可直观地显示机械振动中的一些物理现象。当摆轮受到周期性策动力矩 $M = M_0\cos\omega t$ 的作用，并在有空气阻尼和电磁阻尼的媒质中运动时（阻尼力矩为 $-b\dfrac{\mathrm{d}\theta}{\mathrm{d}t}$），其运动方程为：

$$J\frac{\mathrm{d}^2\theta}{\mathrm{d}t^2} = -k\theta - b\frac{\mathrm{d}\theta}{\mathrm{d}t} + M_0\cos\omega t \qquad (4-24-1)$$

式中：J 为摆轮的转动惯量，$-k\theta$ 为弹性力矩，M_0 为强迫力矩的幅值，ω 为策动力的圆频率。令：

$$\omega_0^2 = \frac{k}{J}, \ 2\beta = \frac{b}{J}, \ m = \frac{M_0}{J}$$

则式(4－24－1)变为：

$$\frac{d^2\theta}{dt^2} + 2\beta\frac{d\theta}{dt} + \omega_0^2\theta = m\cos\omega t \qquad (4-24-2)$$

当 $m\cos\omega t = 0$ 时，式(4－24－2)即为阻尼振动方程。

若 β 也为 0，则式(4－24－2)为简谐振动方程，其系统的固有频率为 ω_0。

式(4－24－2)的通解为：

$$\theta = \theta_1 e^{-\beta t}\cos(\omega_f t + \alpha) + \theta_2\cos(\omega t + \phi) \qquad (4-24-3)$$

由式(4－24－3)可见，受迫振动可分成两部分：

第一部分，$\theta_1 e^{-\beta t}\cos(\omega_f t + \alpha)$ 和初始条件有关，经过一定时间后衰减消失。

第二部分，说明策动力矩对摆轮做功，向振动体传送能量，最后达到一个稳定的振动状态。

$$\theta_2 = \frac{m}{\sqrt{(\omega_0^2 - \omega^2)^2 + 4\beta^2\omega^2}} \qquad (4-24-4)$$

它与策动力矩之间的相位差为：

$$\phi = \arctan\frac{2\beta\omega}{\omega_0^2 - \omega^2} \qquad (4-24-5)$$

由式(4－24－4)和式(4－24－5)可看出，振幅 θ_2 与相位差 ϕ 的数值取决于策动力矩 M、频率 ω，系统的固有频率 ω_0 和阻尼系数 β 等 4 个因素，而与振动初始状态无关。

由 $\frac{\partial}{\partial\omega}[(\omega_0^2 - \omega^2)^2 + 4\beta^2\omega^2] = 0$ 极值条件可得出，当策动力的圆频率 $\omega = \sqrt{\omega_0^2 - 2\beta^2}$ 时，产生共振，θ 有极大值。若共振时圆频率和振幅分别用 ω_r、θ_r 表示，则：

$$\omega_r = \sqrt{\omega_0^2 - 2\beta^2} \qquad (4-24-6)$$

$$\theta_r = \frac{m}{2\beta\sqrt{\omega_0^2 - 2\beta^2}} \qquad (4-24-7)$$

式(4－24－6)和(4－24－7)表明，阻尼系数 β 越小，共振时圆频率越接近固有频率，振幅 θ_r 也越大，图4－24－1和图4－24－2表示在不同 β 时受迫振动的幅频和相频特性。

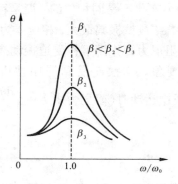

图 4－24－1　幅频特性

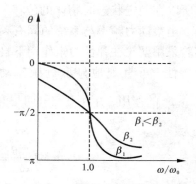

图 4－24－2　相频特性

（四）实验仪器

ZKY - BG 型波尔共振仪由振动仪与电器控制箱两部分组成。振动仪部分如图 4 - 24 - 3 所示，铜质圆形摆轮安装在机架上。弹簧的一端与摆轮的轴相连，另一端可以固定在机架支柱上。在弹簧弹性力的作用下，摆轮可绕轴自由往复摆动。在摆轮的外围有一卷槽型缺口，其中一个长形凹槽比其他凹槽长许多。机架上对准长型缺口处有一个光电门，它与控制箱相连接，用来测量摆轮的振幅（角度值）和摆轮的振动周期。在机架下方有一对带有铁芯的线圈，摆轮恰巧嵌在铁芯的空隙。利用电磁感应原理，当线圈中通过电流后，摆轮受到一个电磁阻尼力的作用。改变电流的大小即可使阻尼大小相应

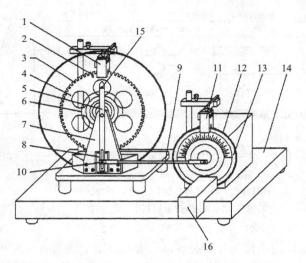

图 4 - 24 - 3　波尔振动仪

1—光电门 H；2—长凹槽 D；3—短凹槽 D；4—铜质摆轮 A；
5—摇杆 M；6—蜗卷弹簧 B；7—支承架；8—阻尼线圈 K；
9—连杆 E；10—摇杆调节螺丝；11—光电门 I；12—角度盘 G；
13—有机玻璃转盘 F；14—底座；15—弹簧夹持螺钉

变化。为使摆轮作受迫振动，在电动机轴上装有偏心轮，通过连杆机构带动摆轮。在电动机轴上装有带刻线的有机玻璃转盘，它随电机一起转动，通过它可以从角度读数盘读出相位差 ϕ。调节控制箱上的电机转速调节旋钮，可以精确改变加于电机上的电压，使电机的转速在实验范围（30 ~ 45 转/min）内连续可调。由于电路中采用特殊稳速装置，电动机采用惯性很小的带有测速发电机的特种电机，所以转速极为稳定。电机的有机玻璃转盘上装有两个挡光片。在角度读数盘中央上方（90°处）也装有光电门（策动力矩信号），并与控制箱相连，以测量策动力矩的周期。

受迫振动时摆轮与外力矩的相位差是利用小型闪光灯来测量的。闪光灯受摆轮信号光电门控制，每当摆轮上长型凹槽通过平衡位置时，光电门被挡光，引起闪光。稳定情况时，在闪光灯照射下可以看到有机玻璃指针好像一直"停在"某一刻度处，这一现象称为频闪现象，所以此数值可方便地直接读出，误差不大于 2°。

摆轮振幅是利用光电门测出摆轮圈上凹型缺口个数，并由数显装置直接显示此值，误差为 2°。

波尔共振仪控制箱的前面板和后面板分别如图 4 - 24 - 4 和图 4 - 24 - 5 所示。

左面 3 位数字显示铜质摆轮的振幅。右面 5 位数字显示时间，计时精度为 10^{-3} s，当"周期选择"置于"1"处显示摆轮的摆动周期，而当扳向"10"时，显示 10 个周期所需的时间，复位按钮仅在开关扳向"10"时起作用。

电机转速调节按钮，是一个带有刻度的多圈电势器，调节此旋钮时可以精确改变电极转速，即改变策动力矩的周期。刻度仅供实验时参考，以便大致确定策动力矩周期值在多圈电势器上的相应位置。

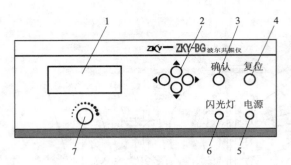

图4-24-4 波尔共振仪前面板示意图

1—液晶显示屏幕;2—方向控制键;
3—确认按键;4—复位按键;5—电源开关;
6—闪光灯开关;7—强迫力周期调节电位器

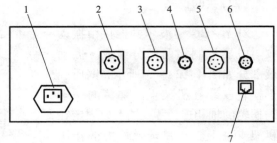

图4-24-5 波尔共振仪后面板示意图

1—电源插座(带保险);2—闪光灯接口;
3—阻尼线圈;4—电机接口;5—振幅输入;
6—周期输入;7—通讯接口

阻尼电流选择开关可以改变通过阻尼线圈内直流电流的大小,从而改变摆轮系统的阻尼系数。选择开关可分6挡:"0"处阻尼电流为零;"1"处最小约为0.2 A;"5"处阻尼电流最大,约为0.6 A。阻尼电流靠15 V稳压装置提供,实验时选用挡位根据情况而定(通常为3,4)。

闪光灯开关用来控制闪光与否,扳向接通位置时,当摆轮长缺口通过平衡位置时便产生闪光,由于频闪现象,可从相位差读数盘上看到刻度线似乎静止不动的读数(实际上有机玻璃盘上刻度线一直在匀速转动)。从而读出相位差数值,为使闪光灯管不易损坏,平时将此开关扳向"关"处,仅在测量相位差时才扳向接通。

电机开关用来控制电机是否转动,在测定阻尼系数和摆轮固有频率与振幅关系时,必须将电机关断。

控制箱与闪光灯和波尔共振仪之间通过各种专用电缆相连接,不会产生接线错误。

(五)实验内容

1. 测定阻尼系数 β

从液显窗口读出摆轮作阻尼振动时的振幅数值 θ_1,θ_2,θ_3,$\cdots$,θ_n,利用公式:

$$\ln \frac{\theta_0 e^{-\beta t}}{\theta_0 e^{-\beta(t+nT)}} = n\beta T = \ln \frac{\theta_0}{\theta_n} \qquad (4-24-8)$$

求出 β 值。式中:n 为阻尼振动的周期次数,θ_n 为第 n 次振动时的振幅,T 为阻尼振动周期的平均值。此值可以测出10个摆轮振动周期值,然后取其平均值。

进行本实验内容时,电机电源必须切断,指针 F 放在0°位置,θ_0 通常选取在130°~150°之间。

2. 测定受迫振动的幅频特性和相频特性曲线

保持阻尼挡位不变,选择强迫振荡进行实验,改变电动机的转速,即改变强迫外力矩频率 ω。当受迫振动稳定后,读取摆轮的振幅值,并利用闪光灯测定受迫振动位移与强迫力间的相位差($\Delta\varphi$ 控制在10°左右)。

强迫力矩的频率可从摆轮振动周期算出,也可以将周期选为"×10"直接测定强迫力矩的10个周期后算出,在达到稳定状态时,两者数值应相同。前者为4位有效数字,后者为5位有效数字。

在共振点附近由于曲线变化较大,因此测量数据相对密集些,此时电机转速的极小变化会引起 $\Delta\varphi$ 很大改变。电机转速旋钮上的读数是一参考数值,建议在不同 ω 时都记下此值,以便实验中要重新测量时参考。

(六)数据记录及处理

1. 阻尼系数 β 的计算

利用公式(4 - 24 - 8)对所测数据(表 4 - 24 - 1)按逐差法处理,用公式(4 - 24 - 9)求出 β 值。

2. 幅频特性和相频特性测量

数据表格如表 4 - 24 - 2 所示。

作幅频特性 $(\theta/\theta_r)^2 - \omega$ 曲线,并由此求 β 值。在阻尼系数较小(满足 $\beta^2 \ll \omega_0^2$)和共振位置附近($\omega = \omega_0$),由于 $\omega_0 + \omega = 2\omega_0$,从式(4 - 24 - 4)和(4 - 24 - 7)可得出:

$$\left(\frac{\theta}{\theta_r}\right)^2 = \frac{4\beta^2\omega_0^2}{4\omega_0^2(\omega - \omega_0)^2 + 4\beta^2\omega_0^2} = \frac{\beta^2}{(\omega - \omega_0)^2 + \beta^2}$$

当 $\theta = \dfrac{1}{\sqrt{2}}\theta_r$, 即 $\left(\dfrac{\theta}{\theta_r}\right)^2 = \dfrac{1}{2}$, 由上式可得:

$$\omega - \omega_0 = \pm\beta$$

此 ω 对应于 $\left(\dfrac{\theta}{\theta_r}\right)^2 = \dfrac{1}{2}$ 处两个值 ω_1, ω_2, 由此得出:

$$\beta = \frac{\omega_2 - \omega_1}{2}(\text{此内容一般不做})$$

将此法与逐差法求得之值作比较并讨论,本实验重点应放在相频特性曲线测量上。

表 4 - 24 - 1　阻尼挡位

序号	振幅/度	序号	振幅/度	$\ln\dfrac{\theta_i}{\theta_{i+5}}$
θ_1		θ_6		
θ_2		θ_7		
θ_3		θ_8		
θ_4		θ_9		
θ_5		θ_{10}		
				平均值

$10T = $ _____ s; $\overline{T} = $ _____ s。

$$5\beta T = \ln\frac{\theta_i}{\theta_{i+5}} \tag{4 - 24 - 9}$$

表 4 – 24 – 2　幅频特性和相频特性测量数据记录表：阻尼开关位置

$10T/\mathrm{s}$ （摆轮）	$\Phi(0)$ 测量值	$\theta(0)$ 测量值	$10T/\mathrm{s}$ （电机）	$\left(\dfrac{\theta}{\theta_r}\right)^2$	T/T_0	$\varphi = \tan^{-1}\dfrac{\beta T_0^2 T}{\pi(T^2 - T_0^2)}$

误差分析：因为本仪器中采用石英晶体作为计时部件，所以测量周期（圆频率）的误差可以忽略不计，误差主要来自阻尼系数 β 的测定和无阻尼振动时系统的固有振动频率 ω_0 的确定，且后者对实验结果影响较大。

在前面的原理部分中我们认为弹簧的弹性系数 k 为常数，它与扭转的角度无关。实际上由于制造工艺及材料性能的影响，k 值随着角度的改变而略有微小的变化（3% 左右），因而造成在不同振幅时系统的固体频率 ω_0 有变化。如果取 ω_0 的平均值，则将在共振点附近使相位差的理论值与实验值相差很大。为此可测出振幅与固有频率 ω_0 的相应数值。在 $\varphi = \arctan^{-1}\dfrac{\beta T_0^2 T}{\pi(T^2 - T_0^2)}$ 公式中，T_0 采用对应于某个振幅的数值代入，这样可使系统误差明显减小。

振幅与共振频率 ω_0 相对应值可以用如下方法：

将电机电源切断，角度盘指针 F 放在"0"处，用手将摆轮拨动到较大处（140° ~ 150°），然后放手，此摆轮作衰减振动，读出每次振幅值相应的摆动周期即可。此法可重复几次，即可作出 θ_n 与 T_0 的对应表。

注意事项：

（1）波尔共振仪各部分均是精密装配，不能随意乱动。控制箱功能与面板上旋钮、按键均较多，务必在弄清其功能后，按规则操作。在进行阻尼振动时，电动机电源必须切断。

（2）阻尼选择开关位置一经选定，在整个实验过程中就不能任意改变。

（七）思考题

（1）从实验结果可得出哪些结论？

（2）实验中为什么当选定阻尼电流后，要求阻尼系数和幅频特性、相频特性的测定一起完成，而不能先测定不同电流时 β 的值，然后再测定相应阻尼电流时的幅频特性与相频特性？

（3）本实验中有几种测定 β 值的方法，哪种方法较好？为什么？

实验 25　磁阻效应实验

　　磁阻器件由于其灵敏度高,抗干扰能力强等优点在工业、交通、仪器仪表、医疗器械、探矿等领域应用十分广泛,如:数字式罗盘、交通车辆检测、导航系统、伪钞鉴别、位置测量等探测器。磁阻器件品种较多,可分为正常磁电阻,各向异性磁电阻,特大磁电阻,巨磁电阻和隧道磁电阻等。其中正常磁电阻应用十分普遍,锑化铟(InSb)传感器是一种价格低廉、灵敏度高的正常磁电阻。它可用于制造在磁场微小变化时测量多种物理量的传感器。砷化镓(CaAs)作为磁探头可测量磁感应强度。研究锑化铟在一定磁感应强度下的电阻能融合霍尔效应和磁阻效应两种物理现象。

(一)实验要求

　　(1)了解砷化镓(CaAs)传感器测磁感应强度的原理,并观察其霍尔效应。
　　(2)了解在不同磁感应强度区域锑化铟磁阻元件的电阻变化 $\Delta R/R(0)$ 与磁感应强度 B 的关系。求出磁电阻与磁感应强度关系的经验公式(非线性区域和线性区域)。

(二)实验目的

　　(1)测定电磁铁的磁感应强度 B 与励磁电流 I_M 的关系和电磁铁磁场分布。
　　(2)测量锑化铟传感器的电阻与磁感应强度的关系。
　　(3)作出锑化铟传感器的电阻变化与磁感应强度的关系曲线。

(三)实验仪器

　　(1)VAA-1电压测量直流双路恒流电源(其中包括0~2 V直流数字电压表)。
　　(2)SXG-1B数字式毫特斯拉仪(CaAs作探头)。
　　(3)电磁铁、锑化铟磁阻传感器,双向双刀开关 K_1、K_2 和导线等。
　　仪器由实验装置箱 AA-1 电压测量直流双路恒流电源和数字式毫特斯拉仪组成,如图4-25-1所示。技术指标如下:
　　(1)恒流源1:输出电流0~1 A,连续可调,分辨率1 mA,三位半数字电流表显示。
　　(2)恒流源2:输出电流0~5.00 mA,连续可调,分辨率0.01 mA,三位半数字电流表显示。
　　(3)电压表:量程 ±1 999.9 mA,分辨率0.1 mA,四位半数字电压表显示。
　　(4)数字毫特仪:量程 0 ±1 999.9 mA,分辨率0.1 mT,四位半数字电压表显示。

(四)预习思考题

　　(1)磁阻效应是如何产生的? 其大小怎样表示?
　　(2)磁阻传感器的电阻在较弱、较强磁场中分别是怎样变化的?

(五)实验原理

一定条件下,导电材料的电阻值 R 随磁感应强度 B 的度化规律称为磁阻效应。如图 4 – 25 – 2 所示,当半导体处于磁场中时,导体或半导体的载流子将受洛仑兹力的作用,发生偏转,在两端产生积聚电荷并产生霍尔电场。如果霍尔电场作用和某一速度载流子的洛仑兹力作用刚好抵消,那么小于或大于该速度的载流子将发生偏转,因而沿外加电场方向运动的载流子数量将减少,电阻增大,表现出横向磁阻效应。若将图 4 – 25 – 2 中 a 端和 b 端短路,则磁阻效应更加明显。通常以电阻率的相对改变量来表示磁阻的大小,即用 $\Delta\rho/\rho(0)$ 表示。其中 $\rho(0)$ 为零磁场时的电阻率。设磁电阻在磁感应强度为 B 的磁场中电阻率为 $\rho(B)$,则 $\Delta\rho = \rho(B) - \rho(0)$。磁阻传感器电阻的相对变化率为 $\Delta R/R(0)$ 正比于 $\Delta\rho/\rho(0)$,这是由于 $\Delta R = R(B) - R(0)$,因此也可以用磁阻传感器电阻的相对改变量 $\Delta R/R(0)$ 来表示磁阻效应的大小。

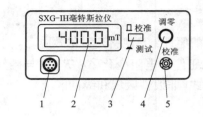

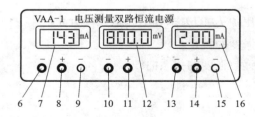

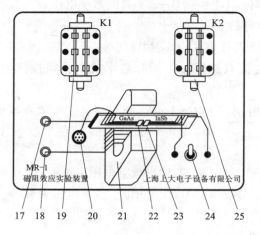

1—毫特仪(高斯计)探头;
2—磁感应强度显示窗口;
3—测量/校准转换按钮开关,按下时测量磁感应强度,弹出时显示与探头灵敏度相关的一个参数,可实现仪器与探头的互换;
4—仪器调零旋钮;
5—校准数据调节电位器;
6—恒流源(励磁)输出接线柱(-);
7—输出电流指示;
8—恒流源(励磁)输出接线柱(-);
9—输出电流调节电位器(多圈);
10—电压测量输入接线柱(-);
11—电压测量输入接线柱(+);
12—测量电压显示;
13—恒流源(实验样品)输出接线柱(-);
14—恒流源(实验样品)输出接线柱(+);
15—输出恒流调节电位器;
16—输出恒流指示;
17—电磁铁线圈接线柱;
18—电磁铁线圈接线柱;
19—双刀双掷闸刀;
20—毫特仪探头连接航空插座;
21—电磁铁(U形矽钢片);
22—GaAs砷化镓霍尔元件;
23—InSb锑化铟电阻实验样品;
24—锑化铟2、4端短路/开路钮子开关;
25—双刀双掷闸刀

图 4 – 25 – 1 实验仪器

图 4 – 25 – 3 所示实验装置,用于测量磁电阻的电阻值 R 与磁感应强度 B 之间的关系。实验证明,当金属或半导体处于较弱磁场中时,一般磁阻传感器电阻相对变化率 $\Delta R/R(0)$ 正比于磁感应强度 B 的平方,而在强磁场中,$\Delta R/R(0)$ 与磁感应强度 B 呈线性关系。磁阻传感器的上述特性在物理学和电子学方面有着重要应用。

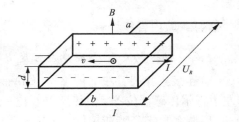

图 4 – 25 – 2　磁阻效应

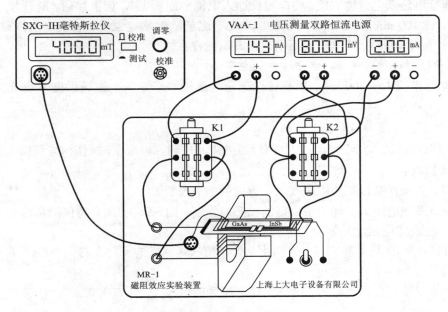

图 4 – 25 – 3　实验装置

如果半导体材料磁阻传感器处于角频率为 ω 的弱正弦波交流磁场中,由于磁电阻相对变化量 $\Delta R/R(0)$ 正比于 B^2,则磁阻传感器的电阻值 R 将随角频率 2ω 作周期性变化。即在弱正弦波交流磁场中,磁阻传感器具有交流电倍频性能。若外界交流磁场的磁感应强度 B 为:

$$B = B_0\cos\omega t \qquad\qquad (4-25-1)$$

式(4 – 25 – 1)中,B_0 为磁感应强度的振幅,ω 为角频率,t 为时间。

设在磁场中:

$$\Delta R/R(0) = KB^2 \qquad\qquad (4-25-2)$$

式(4 – 25 – 2)中,K 为常量。由式(4 – 25 – 1)和式(4 – 25 – 2)可得:

$$\begin{aligned}
R(B) &= R(0) + \Delta R = R(0) + R(0) \times [\Delta R/R(0)]\\
&= R(0) + R(0)KB_0^2\cos^2\omega t\\
&= R(0) + 1/2R(0)KB_0^2 + 1/2R(0)KB_0^2\cos2\omega t \qquad (4-25-3)
\end{aligned}$$

式(4 – 25 – 3)中,$R(0) + 1/2R(0)KB_0^2$ 为不随时间变化的电阻值,而 $(1/2)R(0)KB_0^2\cos2\omega t$ 为以角频率 2ω 作余弦变化的电阻值。因此,磁阻传感器的电阻值在弱正弦波交流磁场中,将产生倍频交流电阻阻值变化。

（六）实验内容和步骤

1. 测量励磁电流 I_M 与磁感应强度 B 的关系（测量电磁铁磁化曲线）

（1）连接实验装置左下传感器（CaAs）探头的航空插头与 SXG–1B 数字毫特斯拉仪，调节左边霍尔传感器位置，使传感器在电磁铁气隙最外（受电磁铁矽钢片残磁影响最小）预热 5 min 后调零数字毫特斯拉仪，使其显示 0.0 mT。

（2）调节左边霍尔传感器位置，使传感器印版上"0"刻度对准电磁铁上中间基准线。

（3）连接电磁铁电流输入线，将电磁铁通入电流。面板上 K_1 向上接通，断开 K_2。调励磁电流为 0 mA，100 mA，200 mA，…，1 000 mA，记录励磁感应强度，绘制电磁铁磁化曲线。其中励磁电流 $I_M=0$ 时，$B\neq0$，表面电磁铁有剩磁存在。

2. 测量电磁铁气隙磁场沿水平方向的分布

调节励磁电流 $I_M=500$ mA，用毫特仪测量电磁铁水平方向上磁场强度 B 分布。作电磁铁气隙磁场沿水平方向的分布 $B–X$ 图。

3. 测量感应强度和磁电阻大小的关系

当双刀双掷开关 K_2 向上闭合时，测量磁电阻元件输入电流端的电压 U_2 和输入电流 I_2。

实验测量时：

（1）调节实验样品位置于电磁铁水平方向的中央位置。

（2）调节励磁电流 I_M，即给予一定的磁感应强度，用 SXG–1B 毫特仪测量给定电流下电磁铁气隙中的磁感应强度并加以记录。

（3）将锑化铟的 2、4 脚短接，使锑化铟处于恒压短路状态，1、3 接入 VAA–1 右面的恒流源，并接于 VAA–1 中间的电压表。

（4）调节仪器右边恒流输出，磁阻元件电流端的电压 U_2 为 800.0 mV。记录流过磁阻元件的电流 I_2 和两端电压 U_2。

实验时可更变励磁电流方向，将发现电磁阻大小与磁场大小有关，与磁场方向无关。

在测量磁电阻特性时，也可给磁电阻通以恒流电流，测量其在磁场中两端的电压，确定其磁电阻的大小，由此原理做成的磁敏元件具有独特的用途。

注意事项：

（1）绝不可将励磁大电流接入实验样品。

（2）传感器在气隙中移动须小心，仔细观察实验样品的位置变化，避免与电磁铁相碰擦。

（3）实验装置附近不宜放置铁磁物品，开机 10 min 后再进行实验。

（七）数据记录及处理

数据表格分别如表 4–25–1、表 4–25–2、表 4–25–3 所示。

表 4–25–1　励磁电流 I_m 与 B 的关系

I_m/mA	0	100	200	300	400	500	600	700	800
B/mT									

表 4 - 25 - 2　电磁铁气隙磁场沿水平方向的分布

X/mm	-20	-18	-16	-14	-12	-10	-8	-6	-4	-2	0
B/mT											
X/mm	0	2	4	6	8	10	12	14	16	18	20
B/mT											

表 4 - 25 - 3　磁感应强度和磁电阻大小的关系

I_M/mA	InSb		$B - \Delta R/R(0)$		
	U_2/mV	I_2/mA	B/mT	R/Ω	$\Delta R/R(0)$

由表 4 – 25 – 1 数据作 B – I_M 直线。由表 4 – 25 – 2 数据作 B – X 图。

由表 4 – 25 – 3 数据作 B – $\Delta R/R(0)$ 曲线。其中 $R = U_2/I_2$，$\Delta R = R(B) - R(0)$。

由 B – $\Delta R/R(0)$ 曲线图可见：

$B < 0.1$ T 时，$\Delta R/R(0)$ 为 B 的二次函数。

令：$Y = \Delta R/R(0)$，$X = B^2$，则 $Y = a + bX$。据实验数据求得 $a =$ _____，$b =$ _____。

用最小二乘法求得相关系数 $r =$ _____，所以，$\Delta R/R(0) =$ _____ + _____ B^2。

$B > 0.14$ T 时，$\Delta R/R(0)$ 为 B 的一次函数。

令：$Y = \Delta R/R(0)$，$X = B$，则 $Y = a + bX$。据实验数据求得 $a =$ _____，$b =$ _____。

用最小二乘法求得相关系数 $r =$ _____。所以，$\Delta R/R(0) =$ _____ + _____ B。

(八) 思考题

(1) 磁阻器件磁电阻 R 与磁感应强度 B 的大小、方向是否有关，为什么？

(2) 要使磁阻器件工作在线性范围内，应使其处在什么样的磁场之中？

实验 26　光纤传输实验

光纤通信系统具有低损耗,宽频带,抗电磁干扰能力强,保密性好,通信容量大等优点,它已成为现代信息社会最主要的通信手段。光纤是利用光的全反射现象制成的导光器件,可以使光束沿着弯曲的光纤路径远距离传播。将电信号转化成光信号后,用光纤将光信号传出去,对方将接收到的光信号还原成电信号,代替了有线电通讯。光纤可弯曲(但不可折或压)成各种形状,因此在高速摄影,医疗器械(如胃镜,肠镜等),工业监控等领域都有广泛应用。

通过本实验,可以对现代光纤传输技术有个初步的了解。

(一)实验要求

(1)了解半导体激光器的光电特性。
(2)了解音频信号光纤传输的基本原理。

(二)实验目的

(1)掌握光纤的端面处理及光纤耦合。
(2)测出纤芯的折射率。

(三)实验仪器与用具

G×1000 光纤实验仪,示波器,音频信号源(单放机)。

(四)预习思考题

(1)光纤通信有哪些优点?
(2)光纤的种类及结构是怎样的?

(五)实验原理

1. 光纤结构和类型
(1)光纤的结构
光纤(Optical Fiber)是由中心的纤芯和外围的包层同轴组成的圆柱形细丝。纤芯的折射率比包层稍高,损耗比包层更低,光能量主要在纤芯内传输。包层为光的传输提供反射面和光隔离,并起一定的机械保护作用。图 4 - 26 - 1 所示为光纤的外形。设纤芯和包层的折射率分别为 n_1 和 n_2,光能量在光纤中传输的必要条件是 $n_1 > n_2$。纤芯和包层的相对折射率差 $\Delta = (n_1 - n_2)/n_1$ 的典型值,一般单模光纤为 $0.3\% \sim 0.6\%$,多模光纤为 $1\% \sim 2\%$。Δ 越大,把光能量束缚在纤芯的能力越强,但信息传输容量却越少。

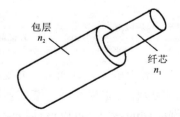

图 4 - 26 - 1　光纤的外形

（2）光纤的类型

光纤种类很多，这里只讨论作为信息传输波导用的由高纯度石英（SiO$_2$）制成的光纤。实用光纤主要有3种基本类型，图4-26-2所示为其横截面的结构和折射率分布，光线在纤芯传播的路径，以及由色散引起的脉冲相对于输入脉冲的畸变。这些光纤的主要特征如下：

突变型多模光纤（Step-Index Fiber, SIF）如图4-26-2（a）所示，纤芯折射率为 n_1 保持不变，到包层突然变为 n_2，这种光纤一般纤芯直径 $2a = 50 \sim 80 \ \mu m$，光线以折线形状沿纤芯中心轴线方向传播，特点是信号畸变大。

渐变型多模光纤（Graded-Index Fiber, GIF）如图4-26-2（b）所示，在纤芯中心折射率最大为 n_1，沿径向 r 向外围逐渐变小，直到包层突然变为 n_2。这种光纤一般纤芯直径 $2a = 50 \ \mu m$，光线以正弦形状沿纤芯中心轴线方向传播，特点是信号畸变小。

单模光纤（Single-Mode Fiber, SMF）如图4-26-2（c）所示，折射率分布与突变型光纤相似，纤芯直径只有 $8 \sim 10 \ \mu m$，光线以直线形状沿纤芯中心轴线方向传播。因为这种光纤只能传输一个模式（两个偏振态简并），所以称为单模光纤，其信号畸变很小。

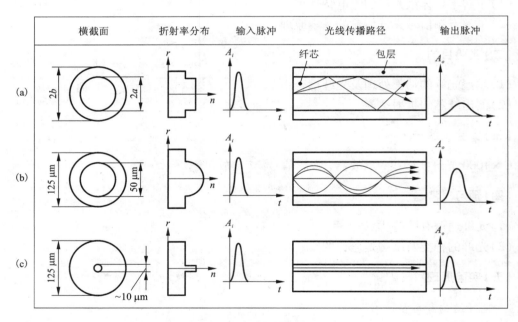

图4-26-2　3种基本类型的光纤

(a)突变型多模光纤；(b)渐变型多模光纤；(c)单模光纤

相对于单模光纤而言，突变型光纤和渐变型光纤的纤芯直径都很大，可以容纳数百个模式，所以称为多模光纤。渐变型多模光纤和单模光纤，包层外径 $2b$ 都选用125 μm。实际上，根据应用的需要，可以设计折射率介于 SIF 和 GIF 之间的各种准渐变型光纤。为调整工作波长或改善色散特性，可以在图4-26-2（c）所示的常规单模光纤的基础上，设计许多结构复杂的特种单模光纤。

2. 光纤的传输原理

要详细描述光纤传输原理，需要求解由麦克斯韦方程组导出的波动方程。但在极限（波

数 $K = 2\pi/\lambda$ 非常大，波长 $\lambda \to 0$）条件下，可以用几何光学的射线方程作近似分析。几何光学的方法比较直观，容易理解，但并不十分严格。

用几何光学方法分析光纤传输原理，我们关注的问题主要是光束在光纤中传播的空间分布和时间分析，并由此得到数值孔径和时间延迟的概念。

（1）数值孔径

为简便起见，以突变型多模光纤的交轴（子午）光线为例，进一步讨论光纤的传输条件。设纤芯和包层折射率分别为 n_1 和 n_2，空气的折射率 $n_0 = 1$，纤芯中心轴线与 z 轴一致，如图 4 – 26 – 3 所示。光线在光纤端面以小角度 θ 从空气入射到纤芯（$n_0 < n_1$），折射角为 θ_1，折射后的光线在纤芯直线传播，并在纤芯与包层交界面以角度 φ_1 入射到包层（$n_1 > n_2$）。改变角度 θ，不同 θ 相应光线将在纤芯与包层交界面发生全反射而返回纤芯，并以折线的形状向前传播，如光线 1。根据斯奈尔（Snell）定律得到：

$$n_0 \sin\theta = n_1 \sin\theta_1 = n_1 \cos\varphi_1$$

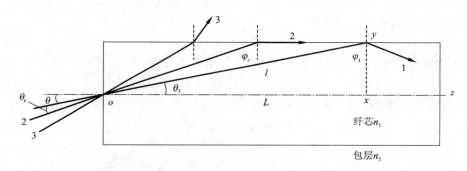

图 4 – 26 – 3　突变型多模光纤的光线传播原理

当 $\theta = \theta_c$ 时，相应的光线将以 φ_c 入射到交界面，并沿交界面向前传播（折射角为 $90°$），如光线 2，当 $\theta > \theta_c$ 时，相应的光线将在交界面折射进入包层逐渐消失，如光线 3。由此可见，只有在半锥角度 $\theta \leqslant \theta_c$ 的圆锥内入射的光束才能在光线中传播。根据这个传播条件，定义临界角 θ_c 的正弦为数值孔径（Numerical Aperture，NA）。根据定义和斯奈尔定律得：

$$NA = n_0 \sin\theta_c = n_1 \cos\varphi_c, \quad n_1 \sin\varphi_c = n_2 \sin 90° \qquad (4 - 26 - 1)$$

$n_0 = 1$，由式（4 – 26 – 1）经简单计算得到：

$$NA = \sqrt{n_1^2 - n_2^2} \approx n_1 \sqrt{2\Delta} \qquad (4 - 26 - 2)$$

式中：$\Delta = (n_1 - n_2)/n_1$ 为纤芯与包层相对折射率差。设 $\Delta = 0.01$，$n_1 = 1.5$ 得到 $NA = 0.21$ 或 $\theta_c = 12.2°$。

NA 表示光纤接收和传播光的能力，NA（或 θ_c）越大，光纤接收光的能力越强，从光源到光纤的耦合效率越高。对于无损耗光纤，在 θ_c 内的入射光都能在光纤中传输。NA 越大，纤芯对光能量的束缚越强，光纤抗弯曲性能越好。但 NA 越大，经光纤传输后产生的信号畸变越大，因而限制了信息传输容量。所以要根据实际使用场合，选择适当的 NA。

（2）时间延迟

现在我们来观察光纤中的传播时间。根据图 4 – 26 – 3，入射角为 θ 的光线在长度为 $L(ox)$ 的光纤中传输，所经历的路程为 $L(oy)$，在 θ 不大的条件下，其传播时间，即时间延迟为：

$$t = \frac{n_1 l}{c} = \frac{n_1 L}{c} \sec\theta \approx \frac{n_1 L}{c}\left(1 + \frac{\theta_1^2}{2}\right) \qquad (4-26-3)$$

式中：c 为真空中的光速。由式($4-26-3$)得到最大的入射角($\theta = \theta_c$)和最小入射角($\theta = 0$)的光线之间时间延迟差近似为：

$$\Delta t = \frac{L}{2n_1 c}\theta_c^2 = \frac{L}{2n_1 c}(NA)^2 \approx \frac{n_1 L}{c}\Delta \qquad (4-26-4)$$

这种时间延迟差在时域产生脉冲展宽，或称为信号畸变。由此可见，突变型多模光纤的信号畸变是由于不同入射角的光线经光纤传输后，其时间延迟不同而产生的。设光纤 $NA = 0.20$，$n_1 = 1.5$，$L = 1$ km，根据式($4-26-4$)得到脉冲展宽 $\Delta\tau = 44$ ns，相当于 10 MHz·km 左右的带宽。

通过测量光脉冲信号在一定长度光纤中的传播时间，可以算出光纤纤芯的平均折射率。在光纤的输入端输入一连串稳定光脉冲信号，并在光纤的输出端接收这一信号，由于光纤的长度引起一个脉冲信号的时间延迟 T_0：

$$T_0 = L/c_n \qquad (4-26-5)$$

式中：c_n 为光在光纤中的速度，L 为光纤长度，如测出 T_0，则：

$$c_n = L/T_0 \qquad (4-26-6)$$

再由 $c_n/c_0 = n_0/n_1$，求出：

$$n_1 = \frac{c_0 n_0}{c_n} = \frac{T_0 c_0 n_0}{L} \qquad (4-26-7)$$

式中：c_0 为光在真空中的速度，n_0、n_1 分别为光的真空、光纤的折射率。

3. 光纤的传输特性

光信号经光纤传输后要产生损耗和畸变(失真)，因而输出信号和输入信号不同。对于脉冲信号，不仅幅度要减小，而且波形要展宽。产生信号畸变的主要原因是光纤中存在的色散。

损耗和色散是光纤最重要的传输特性。损耗限制系统的传输距离，色散则限制系统的传输容量。讨论光纤的色散和损耗的机理和特性，为光纤通信系统的设计提供依据。

(1)光纤色散

色散(Dispersion)是在光纤中传输的光信号，由于不同成分的光的时间延迟不同而产生的一种物理效应。色散一般包括模式色散、材料色散和波导色散。

模式色散是由于不同模式的时间延迟不同而产生的，它取决于光纤的折射率分布，并和光纤材料折射率的波长特性有关。

材料色散是由于光纤的折射率随波长而改变，以及模式内部波长的成分的不同(实际光源不是纯单色光)其时间延迟不同而产生的。这种色散取决于光纤材料折射率的波长特性和光源的谱线宽度。

波导色散是由于波导结构参数与波长有关而产生的，它取决于波导尺寸和纤芯与包层的相对折射率差。

(2)光纤损耗

由于损耗的存在，在光纤中传输的光信号，不管是模拟信号还是数字脉冲，其幅度都要减小。光纤的损耗在很大程度上决定了系统的传输距离。

在最一般的条件下，在光纤内传输的光功率 P 随距离 z 的变化，可以用下式表示：

$$\frac{\mathrm{d}P}{\mathrm{d}z} = -\alpha P \qquad (4-26-8)$$

式中：α 是损耗系数。设长度为 $L(\mathrm{km})$ 的光纤，输入光功率为 P_i，根据式(4-26-8)，输出光功率应为：

$$P_0 = P_i \exp(-\alpha L) \qquad (4-26-9)$$

习惯上 α 的单位用 dB/km，由式(4-26-9)得到损耗系数为：

$$\alpha = \frac{10}{L}\lg\frac{P_i}{P_0} \ (\mathrm{dB/km}) \qquad (4-26-10)$$

4. 光纤的耦合

（1）光纤的端面处理

为了使激光在输入光纤和输出光纤时有一个理想状态，如较高的耦合效率，均匀对称的光斑和模式。一般均需对光纤的端面进行较为细致的处理。一般光纤端面处理有两种主要方法，一种是使用专用刀具进行切割，另一种为研磨处理。本实验中采用较为简单的手工刀具切割，以使光纤面较为平整。

（2）光纤的耦合和耦合效率

本实验中光纤的耦合是指将激光从光纤端面输入光纤，以使激光可沿着光纤进行传播。采用了一套有 5 个自由度的调整机构来进行光纤的耦合（半导体激光器被固定在一个 2 自由度的角度调整架上，光纤固定在一个 3 自由度的直线调整架上）。首先，将经过端面处理的光纤放入光纤夹中压紧。然后装入三维光纤调整架中固定。通过 5 个自由度的反复、细致的调整，使经过聚焦的激光，焦点尽量准确地、垂直地落在光纤端面上，以使尽量多的激光进入光纤。由于激光焦点和光纤的端面过于明亮且细小，因此无法用肉眼来判断耦合情况。从光纤的另一端（输出端）通过观察输出光的强弱（光功率）和光斑的情况来判断耦合情况。将激光耦合进光纤后，在输入端面后的一段光纤壁上看到一些泄露的激光（光纤成红色），这是一些不满足光纤全反射条件的光，从光纤壁上泄露出来的结果。也可在光纤的任何一段通过强烈弯曲光纤来观察这种泄露情况。这是由于强烈的弯曲破坏了该处光纤的轴方向，使一部分光线的全反射条件被破坏，激光从纤芯中泄露出来进入了涂覆层中。光纤的弯曲会改变光纤中光的传输模式、光强和偏振状态。可以通过观察输出端的光斑来观察这些现象。这也是光纤扰模的理论依据。

耦合效率 η 反映了进入光纤中的光的多少。定义如下：

$$\eta = (P_i/P_0) \times 100\% \qquad (4-26-11)$$

其中：P_i 为进入光纤中的光功率，P_0 为激光的输出功率。η 在理论上与光纤的几何尺寸、数值孔径等光纤参数有着直接的关系，在实际操作中它还与光纤端面的处理情况和调整情况有着更直接的关系。在本实验中采用光功率计直接测出 P_i 和 P_0 来求出 η。当然这个 η 同操作者的操作水平有很大关系。

5. 半导体激光器的电光特性

半导体激光器是近年来发展最为迅速的一种激光器。由于它的体积小、重量轻、效率高、成本低，已进入人类社会活动的各个领域。因此对半导体激光器的了解和使用就显得十分重要。本实验对半导体激光器进行一些基本的研究，以掌握半导体激光器的一些基本特性和使用方法。一般半导体激光器的电流与光输出功率的关系如图 4 – 26 – 4 所示。当电流小于 I_0 时输出功率很小，一般认为输出的不是激光；而当电流大于 I_0 时，激光输出功率急剧增大，I_0 即为阈值电流。激光器工作时电流应大于 I_0。但也不可过大，以防损坏激光管（本实验已加了保护电路，防止功率过载）。而对激光器的调制电流应在 I_0 附近，此时光功率对电流变化的灵敏度较高。

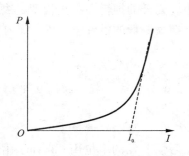

图 4 – 26 – 4 半导体激光器的特性

（六）实验步骤与注意事项

1. 半导体激光器的电光特性

（1）将实验仪功能挡置于"直流"挡。用功率指示计探头换下三维光纤调整架。

（2）打开实验电源，将电流旋钮顺时针旋至量满。

（3）调整激光器的激光指向，使激光进入功率计探头，使显示值达到最大。

（4）逆时针旋转电流旋钮，逐步减小激光器的驱动电流，并记录下电流和相应的光功率值。

（5）绘出电流 – 功率曲线，即为半导体激光器的电光特性曲线。曲线斜率急剧变化处所对应的电流即为阈值电流。

注意：为防止半导体激光器因过载而损坏，实验仪中含有保护电路。当电流过大时，光功率会保持恒定，这是保护电路在起作用，而非半导体激光器的电光特性。

2. 光纤的端面处理和夹持

（1）用专用剥线钳小心地刮去光纤两端的包覆层，长度约 10 mm。

（2）在 5 mm 处用光纤刀刻划一下。用力不要过大，以不使光纤断裂为限。

（3）在刻划处轻轻弯曲纤芯，使之断裂。处理过的光纤端面不应再被触摸，以免损坏和污染。

（4）将光纤的一端小心地放入光纤夹中，伸出长度约 10 mm，用弹簧片压住，放入三维光纤调整架中，锁紧。

（5）将光纤的另一端放入光纤座上的刻槽中，伸出长度约 10 mm，用磁石压住。

3. 光纤的耦合

（1）调整激光的工作电流，使激光不太明亮，用一张白纸在光路中前后移动，确定激光焦点的位置（激光太强会使光点太亮，反而不宜观察）。

（2）通过移动三维光纤调整架和调整 Z 轴旋钮，使光纤端面尽量逼近焦点。

（3）将激光器的工作电流调至最大，通过仔细调整三维光纤调整架上的 X 轴、Y 轴旋钮和激光器调整架上的水平、垂直旋钮，使激光照亮光纤端面并耦合进光纤，用功率指示计监测输出光强的变化，直到最大为止。输入光强与输出光强之比即为耦合效率（不计吸收损耗）。

4. 模拟（音频）信号的调制、输出和解调还原

（1）按实验步骤 2、3 耦合好光纤。

（2）将实验仪的功能挡置于音频调整挡。

（3）将示波器的 CH1 和 CH2 通道分别与"输出波形"和"输入波形"相连。

（4）将示波器"扫描频率"置于 10 μs/div 挡，示波器显示应为近似的矩形波。

（5）从"音频输入"端加入音频模拟信号，这时可观察到示波器上的矩形波的前后沿在晃动。

（6）打开实验仪后面板上的"喇叭"开关，可听到音频信号源中的声音信号。

注意："喇叭"开关平时应处于"关"状态，以免产生不必要的噪声。

5．传输时间的测量

（1）按实验步骤 2、3 所述，将激光耦合进光纤，并使输出功率达到最大。

（2）用二维可调光探头取代原来的功率指示探头。

（3）用信号线将发射板中输出波形与双踪示波器的 CH1 通道相连。

（4）用信号线将接收板中输入波形（解调前）与示波器的 CH2 通道相连。

（5）示波器触发键拨到 CH1 通道，显示键置于双踪同时显示（Dual）。

（6）将实验仪功能键置于"脉冲频率"挡。

（7）打开示波器电源，CH1 的电压旋钮置于"1 V""或 2 V/div"挡上，调整"扫描频率"旋钮，在示波器上应可看到一定频率的方波。

（8）调整实验仪上的"脉冲频率"旋钮，使脉冲频率约为 50 kHz。

（9）CH2 的电压旋钮也置于"1 V"或"2 V/div"挡上，观察 CH2 通道上的波形，并同时调整二维可调光探头的位置和距光纤输出端面之间的距离，使 CH2 的波形尽量成为矩形波。

（10）"扫描频率"置于"1 μs/div"挡，仔细调整"脉冲"频率旋钮，使示波器 CH2 通道上只显示一个上升沿。

（11）再仔细调整二维可调光探头的位置，使上升沿波形尽量前移（以波形幅度的 90% 处为准），并记录下此时的位置。

（12）取下三维光纤调整架，将二维可调光探头置于激光头前，使部分激光进入探头（注意要使探头饱和）。

（13）观察示波器上 CH2 通道的波形，并同时调整二维可调光探头，使波形尽量与步骤（11）中的波形近似，且上升沿尽量靠前，记录上升沿的位置（以波形幅度的 90% 处为准）。

（14）将（11）与（13）步骤中的上升沿位置相比较，其时间差即为光在光纤中的传输时间。

（15）用光纤长度除以传输时间，即为光在光纤中的传输速度，并由此求出光纤纤芯的折射率。

（七）思考题

（1）光纤色散、损耗产生的原因及其危害是什么？

（2）能否提出提高耦合效率的更好设计方案？

实验 27　霍尔效应实验

霍尔效应是磁电效应的一种。在匀强磁场中放一金属薄板，使板面与磁场方向垂直，当金属薄板中沿着与磁场垂直的方向通有电流时，金属薄板的两侧面间会出现电位差。这种电位差叫做霍尔电压，它是 1879 年由美国物理学家霍尔发现的。随着半导体工艺和材料的发展，先后出现了霍尔系数很高的半导体材料，使半导体霍尔元件在磁场的测量中得到广泛的应用，如现在通用的高斯计，其探头就是半导体霍尔元件制成的。

（一）目的和要求

（1）了解用霍尔元件测量磁场的原理。
（2）学习并掌握用霍尔元件测量长直螺线管磁场及分布的方法。
（3）学习并掌握用霍尔元件测量共轴线圈对磁场及分布的方法。
（4）学习并掌握测量单个和两个线圈磁场的方法，验证磁场迭加原理。

（二）实验仪器

HCC－2 型霍尔效应测磁仪实验装置，由霍尔探头、长直螺线管、共轴线圈对标尺及引线固定座组成［仪器说明请参看（七）仪器装置］。仪器的使用注意事项如下：
（1）霍尔器件是易损元件，切忌受挤、压和碰撞等机械损伤！另外，霍尔器件不宜在超过 15 mA 额定控制电流的情况下长期工作，以免发热烧毁。
（2）考虑到测量及器件损坏后维修更换的方便，霍尔器件直接安装在探杆的前端，虽然胶固，但在使用探杆架以及具体测量时，务请注意轻轻地缓慢插入或抽出，以免扯断器件的连接线。
（3）霍尔器件的输出电缆，虽在手柄中经螺钉紧固，但鲁莽操作会将电缆芯线扯断，影响使用。仪器不宜在存在强磁场的环境下工作。

（三）预习思考题

（1）什么叫霍尔效应？怎样利用霍尔元件测磁场？
（2）霍尔元件是否能测量交变磁场？若能测量，请说明。

（四）实验原理

1. 用霍尔法测量磁场的原理

霍尔在研究载流导体在磁场中受力的性质时发现：处在磁场中的载流导体，如果磁场方向和电流方向垂直，则在与磁场和电流都垂直的方向上出现横向电场，这就是霍尔效应。所产生的电场称霍尔电场，相应的电位差称霍尔电压。产生霍尔效应的载流导体称霍尔元件。如图 4－27－1 所示，在厚为 d，长和宽分别为 L 和 D 的 N 型半导体薄片的四个侧面 MN（通常为长 L 的两端面，称电流输入端）和 PQ（通常为宽 D 的两端面，称电压输出端），分别引出

两对电极 MN 极和 PQ 极。当 MN 极通入工作电流 I_H 时，在 PQ 极将出现霍尔电压 U_H。该电压的产生是由于半导体在磁场中作定向运动的载流子（传导电荷的粒子）受到洛伦兹力 f_B 作用而偏转，结果使电荷在 PQ 两侧聚集而成电场，该电场又给载流子一个与 f_B 反向的电场力 f_E。当电场力 f_E 和洛伦兹力 f_B 达到平衡时，霍尔电压 U_H 一定，且

$$U_H = KI_H B \qquad (4-27-1)$$

式中，比例系数 K 称为霍尔元件的灵敏度。根据理论推导：

$$K = \frac{1}{nqd} \qquad (4-27-2)$$

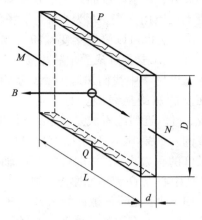

图 4 – 27 – 1

式中：n 为单位体积中载流子的数量，称载流子浓度；q 为载流子的电量；d 为薄片的厚度。显然，霍尔元件的灵敏度 K 越大越好。因 K 和 n 成反比，而半导体载流子的浓度远比金属的为小，因此，一般霍尔元件都是用半导体材料做的。K 又和 d 成反比，所以霍尔元件都很薄，一般只有 0.2 mm。

半导体材料分 N 型和 P 型两种。N 型为电子型材料，载流子为电子，传导的是负电荷；P 型为空穴型材料，相当于带正电的粒子。可见图 4 – 27 – 1 所示的霍尔元件是 N 型半导体材料。如果图 4 – 27 – 1 所示为 P 型半导体材料，则 P 侧面带负电荷，Q 侧面带正电荷。因此，知道了半导体的类型，根据霍尔电压 U_H 的正负，可以定出待测磁场的方向。反之，知道了磁场方向，可以判出半导体的类型。

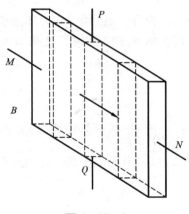

图 4 – 27 – 2

从式（4 – 27 – 1）可见，如果知道了霍尔元件的灵敏度 K，则在测出了工作电流 I_H 和霍尔电压 U_H（通常 U_H 很小，需用电位差计测定）后，即可计算出被测磁场的磁感强度 B 的大小和方向。如果霍尔元件的灵敏度 K 为未知，则需先用标准磁感强度 B 根据式（4 – 27 – 1）式定出 K 值，通常使工作电流 I_H 一定，霍尔电压 U_H 与磁感强度 B 值就可以从仪器上直接读出来了。这样的测磁仪器称特斯拉计（原称高斯计），特斯拉和高斯都是磁感强度 B 的单位，以上所述，就是用霍尔元件测量磁场的原理。必须注意，式（4 – 27 – 1）式是在理想情形下得到的，实际上从 PQ 极上测得的并不仅是霍尔电压 U_H，尚包括其他因素引起的附加电压，其中尤以不等式电位差影响较大。如图 4 – 27 – 2 所示，如果不加磁场，当 MN 极通以工作电流 I_H 时，等位面平行于 MN 平面，但由于材料本身的不均匀性和焊接 PQ 电极时不可能完全几何对称，即两电极不在同一等位面上，致使只要有电流 I_H 存在，PQ 间便有电位差 U_0 产生，U_0 称不等式电位差。

显然，U_0 随工作电压的换向而换向，而磁感强度的换向对 U_0 无影响。随着工艺水平的提高，霍尔元件的不等势电位差已能控制在 0.1 mV 以内。

此外，霍尔电压的产生过程是短暂的，在 $10^{-13} \sim 10^{-11}$ 秒内完成，故工作电流 I_H 可以用直流也可以用交流。I_H 为交流时，霍尔电压 U_H 也是交变的，但 I_H 和 U_H 均为有效值。同样道理，霍尔法也可以测量交变磁场。

2. 载流长直螺线管中的磁场

从电磁学中我们知道，螺线管是绕在圆柱面上的螺旋型线圈。对于密绕的螺线管来说，可以近似地看成是一系列圆线圈并排组成的。如果其半径为 R，总长度为 L，单位长度的匝数为 n，并取螺线管的轴线为 X 轴，其中心点 O 为坐标原点，则：

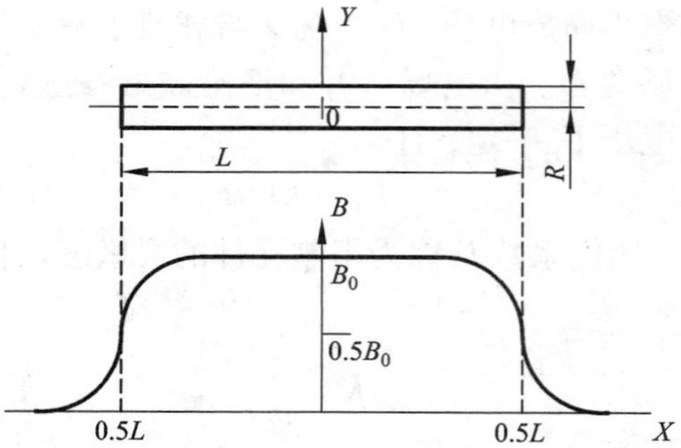

（1）对于无限长螺线管 L 趋近于 ∞ 或当 L 远大于 R 的有限长螺线管，其轴线上的磁场是一个均匀磁场，且等于：

$$B = \mu_0 nI \qquad (4-27-3)$$

式中：μ_0 为真空磁导率；n 为单位长度的线圈匝数；I 为线圈的激磁电流。

在实际中螺线管的长度是有限的，对有限长密绕长直螺线管，轴线上中点的磁感应强度：

$$B = \frac{L}{\sqrt{D^2 + L^2}} \mu_0 nI \qquad (4-27-4)$$

式中：$\dfrac{L}{\sqrt{D^2 + L^2}}$ 为一修正系数，L 和 D 分别为螺线管的长度和直径。

（2）对于半无限长螺丝管端或有限长螺线管两端口磁场为：

$$B \approx \frac{1}{2} \mu_0 nI \qquad (4-27-5)$$

即：端口处磁感应强度约为中部磁感应强度的一半，如图 4－27－3 所示。

3. 一对共轴线圈轴线上的磁场

图 4－27－4(a) 为一对共轴线圈，且绕的方向一致。当两线圈都通以电流 I_M，而距离 a 等于线圈的半径 R 时，可在线圈的轴线上得到不太强的均匀磁场，这时这对共轴线圈称为亥姆霍兹线圈。

图 4 – 27 – 3

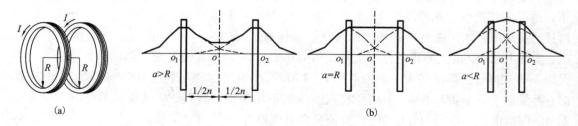

图 4 – 27 – 4

但是，如果这一对共轴线圈的间距不等于半径，轴线上的磁场分布就不均匀，呈现欠耦合、过合状态，两线圈的耦合度可以通过霍尔器件来检测。$a > R$、$a = R$ 和 $a < R$ 时的两线圈磁场分布见图 4 – 27 – 4(b)所示。

通过测量单个和两个线圈的磁场分布，可证明磁场迭加原理，其原理不再多述。

（1）单个载流圆线圈轴线磁场测量

由毕奥 – 萨伐尔定律得，载流圆线圈在线圈轴线上某点的磁感应强度为：

$$B = \frac{\mu_0 R^2 N}{2 \sqrt{(R^2 + X^2)^3}} I_M \qquad (4 - 27 - 6)$$

式中：I_M 为通过圆线圈的电流强度；R 为线圈的平均半径；X 为到线圈圆心的距离；在线圈圆心处，即 $X = 0$ 处：

$$B(0) = \frac{\mu_0 R^2 N}{2 \sqrt{(R^2 + X^2)^3}} I_M = \frac{\mu_0 N}{2R} I_M \qquad (4 - 27 - 7)$$

（2）载流亥姆霍兹线圈磁场测量，证明迭加原理

在亥姆霍兹线圈轴线上，分别测量直流电流通过单个圆线圈即左线圈 B_a 的和右线圈 B_b，再测量两个线圈串接起来组成的亥姆霍兹线圈产生的磁场 B_{a+b}，由实验数据来验证磁场迭加原理。

（3）在上述基础上，改变左右线圈间距离，分别使距离小于 R 和大于 R，分别重复上述实验，测量轴线上的磁场分布。

4. 用霍尔法测量磁场的电路

用霍尔法测量磁场的电路如图 4 – 27 – 5 所示。该图是电路原理图，在用不同的仪器进行测量时，具体电路可以有所变化，但基本原理是一样的。

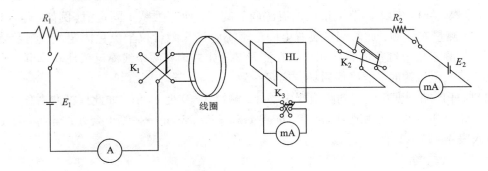

图 4 – 27 – 5

（五）实验内容和数据

1. **直螺线管内的磁场测量**

（1）参照以下方法，调整好测磁仪：

①将霍尔探杆上航空插头与测磁仪测量装置上的探头输入相连，打开电源开关；调节 I_H 调节旋钮，通过 I_H 显示窗口选定合适的霍尔元件工作电流。

②调节 U_H 调零旋钮，使 U_H 显示窗指示为零。

③用连线将被测磁场装置（螺线管式共轴线圈）的电流输入固定座与测量装置上 I_M 输出固定座相连，调节 I_M 调节旋钮，通过 I_M 显示窗指示确定适当的励磁电流值。

④将霍尔探杆伸入到被测磁场处，测磁仪测量装置显示此处的 U_H 值，根据给出的霍尔元件灵敏度 K_H，可计算出所对应的磁感应强度 B。仪器的 K_H 值均写在探杆手柄处。

（2）将螺线管接通恒流电流，并使其电流值为实验所需值（如：0.5 A、1 A等）。

（3）根据探杆上的刻度，将霍尔器件插入到螺线管中心位置（定为坐标原点 O），此时 U_H 表上读数即为反映该点磁感应的霍尔电压值；若探杆插入后，霍尔电压出现负值，则需对调螺线管电流输入固定座上的插线（此时可作为换向作用），以改变螺线管磁场的方向。在本仪器中采用新型霍尔片，霍尔电压大多为正值，负值未接入。

（4）将探杆在螺线管中缓慢前移，从探杆上的刻度读出霍尔元件在螺线管中所处位置 X，同时读出相应点的霍尔电压值；显示出对应点 B 值；如此取 10 个点，将各数据对应记入表 4－27－1 中。

表 4－27－1　数据表格

$I_M =$ _____ A

X/mm										
U_H/mV										
B										

（5）作出 $B = f(x)$ 的关系曲线。

2. 单个载流圆线圈磁场测量

（1）参见图 4－27－6，将测量仪恒流源输出端口⑤用连线与测量装置上固定插座③、④相连（黑接黑、红接红），调节测量仪恒流源调节旋钮，使其为某一固定值（例如：$I_M = 1$ A）；同样，也可测量右线圈，此时测量装置上固定座④应接入测量仪上黑色固定座，测量装置固定座⑤应与测量仪上红色固定座相连。在测量装置上左、右两个线圈已头尾相串联，当固定座⑤和③接入恒流源时，能确保磁场方向盘一致。

（2）探杆顶端刻度0处伸到圆线圈中心处，测得 $X = 0$ 处 U_H 值，如此探杆向右移动，分别使探杆0处与圆线圈中心相距 1 cm、2 cm、3 cm、4 cm、5 cm……等十余处，得到一组 U_H 值，分别填入表 4－27－2 中。

表 4－27－2　数据表格

I_M _____ A

X/cm	1	2	3	4	5	6	7	8	9	10
U_H/mV										
B_a										

（3）由得出的数据，分别可得出 B 值，绘出 $B = f(x)$ 曲线。

3. 测量亥姆霍兹线圈对在不同状况下的磁场分布

在测量 $a > R$、$a = R$ 和 $a < R$ 状况下载流圆线圈对磁场分布，应先测量各种状况下左右两

个单线圈在相同励磁电流 I_M 下的磁场 B_a 和 B_b，测量方法同上，可分别得到两组数据 Ba 值和 Bb 值，然后再测两个线圈串接后在相同电流 I_M 下的磁场分布。

（1）移动右线圈，注意上下标尺一致，使间距 $a > R$；

（2）调节恒流源电流调节旋钮，使电流为某一固定值（如：1 A），此电流应与测单线圈时电流相同，确保线圈磁场相同；

（3）从左线圈中心处向右移动探杆至 X 为 0 cm，1 cm，2 cm，…，10 cm 处，得到相对应的 U_H 值，分别可计算出对应的 B_{a+b} 值，填入表 4 – 27 – 3 中。

表 4 – 27 – 3　数据表格

$a > R$，I_M _____ A

X/cm	0	1	2	3	4	5	6	7	8	9	10
B_a											
B_b											
$B_a + B_b$											
B_{a+b}											

（4）由表 4 – 27 – 3 数据，对照（$B_a + B_b$）值和 B_{a+b} 值，验证磁场迭加原理。

（5）由表 4 – 27 – 3 数据，作出 $a > R$ 状况下的 $B = f(x)$ 曲线。

（6）如此分别使 $a = R$ 和 $a < R$，分别将测量数据列表，可得到相对应状况下的 $B = f(x)$ 曲线。判断构成亥姆霍兹线圈的条件。

4. 考察霍尔电压 U_H 与霍尔器件工作电流 I_H 的关系

从式（4 – 27 – 1）可知 $U_H = K_H B I_M$。对于给定的霍尔器件，K_H 是一个定值，如果给定磁感应强度 B 值，则霍尔电压 U_H 是霍尔器件工作电流 I_X 的函数，即 $U_H = K_H B f(x)$。

参照实验内容"1. 直螺线管内的磁场测量"，固定螺线管电流为一定值，如 1 A；将霍尔器件固定在螺线管中的某一位置，改变霍尔器件工作电流 I_H 值，即 I_X 不同值，并记录相应的霍尔电压值，记入表内（自制表格）；作出 $U_H = f(I_X)$ 的关系曲线图。

（六）思考题

1. 若测出 B_X 的方向与霍尔元件不完全正交，对测量结果的影响是变大还是变小？

2. 伴随霍尔效应有几个副效应？如何消除其影响？

（七）仪器装置

1. **霍尔效应测磁仪实验装置**

实验装置面板如图 4 – 27 – 6 所示。霍尔效应测磁仪测量装置由恒流源、霍尔传感器工作电流源、霍尔电压测量及其显示部分等组成，各部分功能简介如下：

①长直螺线管。螺线管是绕在圆柱面上的螺旋型线圈。

②螺线管励磁电流 I_M 输入固定座。

③共轴线圈对输入电流固定座共用座（接电源负极）。

④共轴线圈对中线圈⑥的输入电流正极端。当固定座③和④接恒流源时，线圈⑥中有电流通过。

⑤共轴线圈对中线圈⑧的输入电流固定座（正极），当固定座③和⑤接入恒流源时，线圈⑥和⑧中均有电流通过，且电流方向一致，组成亥姆霍兹线圈。如果固定座④和⑤接入恒流源，则线圈⑧中有电流通过，而线圈⑥中无电流流过，特别注意的是电流需要换向时，将红、黑两电流输入固定插头对调即可，以起到原理图中换向闸刀的作用。长直螺线管的电流换向同上。

⑥亥姆霍兹左线圈，此线圈已固定在面板上，不可移动。

⑦下标尺：以毫米为刻度，用来测量亥姆霍磁线圈间的距离。

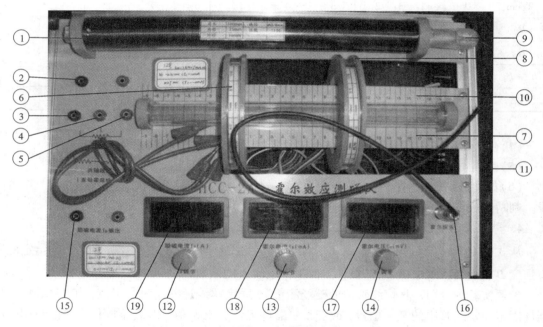

图 4 - 27 - 6　霍尔效应测磁仪实验装置面板

⑧亥姆霍磁右线圈，此线圈可沿中心线移动，移动距离大于 14 cm。

⑨霍尔控杆，左前端装有霍尔测磁传感器，总长度 350 mm，探杆上有 1 mm 分度标尺，传感器通过四芯屏蔽线，航空插头接入测量仪表。

⑩上标尺：与⑦功能相同，线圈在移动后，上、下沿标尺刻度应相同，以保证两线圈平面相平行。

⑪总电源开关，在仪器的右侧面。用来控制整机 AC220V 的接通。

⑫恒流源电流 I_M 调节旋钮，用来调节电流 I_M 的大小，调节范围 0 ~ 1.5A。

⑬霍尔传感器工作电流 I_H 调节旋钮，用来调节霍尔电流 I_H 大小，调节范围 0 ~ 15 mA。

⑭霍尔传感器不等位电势"调零"旋钮。在 $I_H = 0$ mA、$I_M = 0$ A 情况下，调节此调零旋钮，使霍尔电压 U_H 指示窗⑦显示"0"值。

⑮恒流源输出固定座。工作时用枪式迭插头连线与实验装置中各相对应的固定座连接，以输出恒定工作电流。输出电流范围 0 ~ 1.5 A。

⑯霍尔传感器航空固定座，与霍尔传感器探杆上航空插头相连接。

⑰霍尔电压显示窗，显示范围"0 ~ 20" mV。

⑱霍尔工作电流 I_H 显示窗，显示范围"00.00 ~ 19.99" mA。

⑲恒流源电流 I_M 显示窗，显示范围"0.000 ~ 1.999" A。

2. 主要技术参数

(1)霍尔测磁传感器

①霍尔元件

材料：砷化镓　N 型

尺寸：$L \times L \times d = 4 \times 4 \times 0.2$ mm^3

内阻：150 ~ 550 Ω

灵敏度 K：> 18 mV·mA^{-1}·T^{-1}

工作电流 I_H：0 ~ 15 mA

②探杆尺寸：ϕ20 mm $\times$ 350 mm

③探杆刻度长：320 mm(1 mm 分度)

(2)长直螺线管

①线圈外径 $R_2 = 34.0$ mm；线圈内径：$R_1 = 25$ mm；

等效半径(平均半径)：$R = \dfrac{R_2 - R_1}{\ln \dfrac{R_2}{R_1}}$

②线圈线径：ϕ0.9 mm

③线圈有效长度：$L = 300.0$ mm

④位匝数：1150 匝

(3)共轴线圈对

①线圈内径 $R_1 = 90$ cm；线圈外径 $R_2 = 114.0$ cm；总长度：10.0 mm；

线圈等效半径：$R = \dfrac{R_2 - R_1}{\ln \dfrac{R_2}{R_1}}$

②线圈线径：ϕ0.9 mm

③线圈匝数：$N = 105$ 匝

④可移动距离：> 14 cm

(4)励磁电流 I_M：恒流 0 ~ 1.5 A

第 5 章　设计性和研究性实验

实验 28　电阻的伏安特性研究

伏安法测电阻，方法简单，使用方便。但由于电表内阻的影响，测量精度不很高，存在明显的系统误差。本实验根据电阻值不同的精度要求，采用不同的测量方法。从伏安特性曲线所遵循的规律，可以得出该元件的导电特性，从而确定它在电路中的作用。

（一）实验要求

（1）练习使用伏特表、安培表，掌握各元件伏安特性的测量方法，了解其系统误差，正确选择电路。

（2）掌握作图法处理实验数据。

（二）实验目的

测绘线性电阻和晶体二极管的伏安特性曲线。

（三）实验仪器与用具

直流电源，滑线变阻器，微安表，毫安表，电压表，待测电阻和晶体二极管，开关及导线。

（四）预习思考题

（1）伏安法测电阻时，系统误差主要有哪些来源？

（2）用伏安法测电阻时，当待测电阻为几千欧、几欧时，分别应用哪种电路？

（五）实验原理

当直流电流通过待测电阻 R_x 时，用电压表测出 R_x 两端电压 U，同时用电流表测出通过 R_x 的电流 I，根据欧姆定律 $R = U/I$ 算出待测电阻 R_x 的数值，这种方法称为伏安法。以测得的电压值为横坐标，相对应的电流值为纵坐标作图，所得流过电阻元件的电流强度随元件两端电压变化的关系曲线，称为电阻的伏安特性曲线。若所得结果是一直线，这类元件称为线性电阻（如金属膜电阻）；若不是直线，而是一条曲线，则这类元件称为非线性电阻（如二极管），如图 5 - 28 - 1（a）、（b）所示。

要测得一个元件的伏安特性曲线，就应该同时测量流过元件的电流强度及元件两端的电

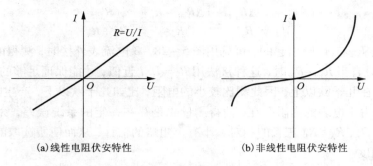

(a)线性电阻伏安特性　　　　　　　(b)非线性电阻伏安特性

图 5 – 28 – 1　电阻的伏安特性曲线

压。其电路连接有两种可能,分别如图 5 – 28 – 2 和图 5 – 28 – 3 所示。前者称为电流表内接,后者称为电流表外接。由于电表的影响,无论哪种接法,都会产生接入误差,下面对它们进行分析。

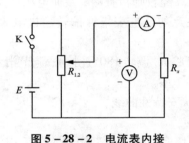

图 5 – 28 – 2　电流表内接

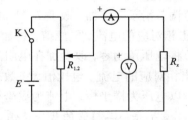

图 5 – 28 – 3　电流表外接

1. 电流表内接

如图 5 – 28 – 2 所示,所测电流是流过 R_x 的电流,但所测电压是 R_x 和电流表上电压之和。设电流表内阻为 R_A,由欧姆定律,电阻的测量值:

$$R_{测} = \frac{U}{I} = \frac{U_x + U_A}{I_x} = R_x + R_A$$

其相对误差:

$$E_1 = \frac{\Delta R_x}{R_x} = \frac{R_{测} - R_x}{R_x} = \frac{R_A}{R_x}$$

此误差是由于电流表有内阻 R_A 引起的。可见用图 5 – 28 – 2 电流表内接时,测得的结果值 $R_{测}$ 比实际值 R_x 偏大。只有当 $R_x \gg R_A$ 时,用 $R_x \doteq U/I$ 近似,才能保证有足够的准确度。R_A 的值一般比较小,约为几欧或更小。此法测比较大的电阻($R_x / R_A > 100$),产生的误差就不大。

2. 电流表外接

如图 5 – 28 – 3 所示,所测电压是 R_x 两端电压,但所测电流是电压表上电流和 R_x 上电流之和。设电压表的电阻为 R_V,则电阻的测量值为:

$$R_{测} = \frac{U}{I} = \frac{U}{U\left(\dfrac{1}{R_V} + \dfrac{1}{R_x}\right)} = \frac{R_V R_x}{R_V + R_x}$$

其相对误差为:

$$E_2 = \frac{|\Delta R_x|}{R_x} = \frac{|\Delta R_{测} - R_x|}{R_x} = \frac{R_x}{R_x + R_V}$$

此误差是由于电压表有内阻引起的，可见用图 5-28-3 电流表外接时，测得的电阻 $R_{测}$ 比实际值 R_x 偏小。只有当 $R_V \gg R_x$ 时，这种接法用 $R_x \doteq U/I$ 近似，才能保证足够的准确度。R_V 的值一般比较大，在几千欧以上，因此测比较小的电阻，比如几十欧以下，产生的误差就不大。

综上所述，由于电表的内阻存在，使得测量总是存在一定的系统误差，究竟采用哪种接法，必须事先对 R_x、R_A、R_V 三者的相对大小有个粗略的估计，从而使所选取的电路测得的结果有足够的准确度。

(六) 实验步骤与注意事项

1. 测量线性电阻的伏安特性

(1) 选择电路：已知电压表内阻为几十千欧，毫安表内阻为几十欧，待测电阻 R_x 为几十欧，选择合适电路，使测得的 R_x 误差较小。按图 5-28-3 连好电路，注意选择好电压表和电流表的量程，滑动变阻器触头处在电压表电压最小处。经教师检查后，接通电源。

(2) 调节滑动变阻器，改变 R_x 上的电流、电压，注意勿使电表指针偏转超过电表量程，分别读出相对应的电流、电压值，将数据填入表 5-28-1 中。

(3) 将电压调为零，改变加在电阻上的电压方向 (可将 R_x 调转 180° 连接)，调节滑动变阻器，读出相对应的电流、电压值，将数据填入表 5-28-1 中。

(4) 以电压为横坐标，电流为纵坐标，绘出电阻的伏安特性曲线。

2. 测量半导体二极管的伏安特性

(1) 测二极管的正向伏安特性：当二极管加正向电压时，管子呈低阻状态，采用电流表外接法，按图 5-28-4 连接电路，电压表量程取 1 V 左右。经教师检查后，接通电源从 0 V 开始缓慢地增加电压 (例如取 0.1 V，0.2 V，…)，在电流变化大的地方，电压间隔应取小一些，读出相应的电流值，直到流过二极管的电流为其允许最大电流 I_{max} 为止，将数据填入表 5-28-2 中，最后断开电源。

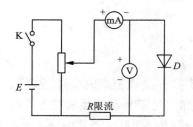

图 5-28-4　测二极管正向伏安特性

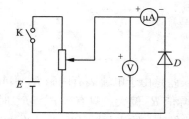

图 5-28-5　测二极管反向伏安特性

(2) 测二极管的反向伏安特性：当二极管加反向电压时，管子呈高阻状态，采用电流表内接法，按图 5-28-5 连接电路。将毫安表换成微安表，电压表量程为 50 V。经教师检查后，接通电源，调节变阻器逐步改变电压 (例如取 2.00 V，4.00 V，…)，读出相应的电流值，并填入表 5-28-2 中。

(3) 以电压为横轴，电流为纵轴，绘出二极管的伏安特性曲线。因正向电流数值为毫安，反向电流数值为微安，在纵轴上半段和下半段坐标纸上每小格代表的电流值可以不同，分别标注清楚。

注意事项：

(1)电流表一定要串联在电路上，经教师检查后，方可进行实验。

(2)测二极管正向伏安特性时，毫安表读数不得超过二极管最大允许电流。

(3)测二极管反向伏安特性时，加在管上的反向电压不得超过反向击穿电压。

(七)数据记录及处理

1. 线性电阻的伏安特性

表 5 - 28 - 1 线性电阻的伏安特性

次数	1	2	3	4	5	6	7	8
正电压/V								
电流/mA								
负电压/V								
电流/mA								

2. 二极管的伏安特性

表 5 - 28 - 2 二极管的伏安特性

次数	1	2	3	4	5	6	7	8
正电压/V								
电流/mA								
负电压/V								
电流/mA								

3. 数据处理

(1)电流 I 为纵坐标，电压 U 为横坐标，绘制线性电阻、二极管的伏安特性曲线，注意坐标比例的选取。由于正、反电压的变化幅度和电流的变化幅度不同，应选取不同的比例，便于曲线能反映出测量的精度。

(2)测量二极管正向电压时，因为电压表的接入，需注意电压表内阻值。如会引起实验误差，则应通过计算进行修正，并在上述图纸上画上修正曲线。

(3)从二极管曲线上取若干电压(如 0.500 V，0.750 V)时的电阻值。

(八)思考题

(1)伏安法测电阻的接入误差是由什么因素引起的？电阻的伏安特性曲线的斜率表示什么？

(2)实验时，用电流表、电压表测 30 Ω、2 kΩ、1 MΩ 电阻时，应采用哪种线路？

(3)设计一个测量小灯泡(12 V/0.1 A)的伏安特性的实验电路。

实验 29　混沌现象的实验研究

目前,科学家给混沌下的定义是:混沌是指发生在确定性系统中的貌似随机的不规则运动,一个确定性理论描述的系统,其行为却表现为不确定性——不可重复、不可预测,这就是混沌现象。进一步研究表明,混沌是非线性动力系统的固有特性,是非线性系统普遍存在的现象。牛顿确定性理论能够完美处理的多为线性系统,而线性系统大多是由非线性系统简化来的。因此,在现实生活和实际工程技术问题中,混沌是无处不在的。混沌的发现和混沌学的建立,同相对论和量子论一样,是对牛顿确定性经典理论的重大突破,为人类观察物质世界打开了一个新的窗口。所以,许多科学家认为,20 世纪物理学永放光芒的 3 件事是:相对论、量子论和混沌学的创立。

非线性动力学及分岔与混沌现象的研究是近二十多年来科学界研究的热门课题,已有大量论文对此学科进行了深入的研究。混沌现象涉及物理学、计算机科学、数学、生物学、电子学和经济学等领域,应用极其广泛。

(一)实验目的

(1)观察非线性电路振荡周期混沌现象,从而对非线性电路及混沌理论有一个深刻了解。
(2)了解有源非线性单元电路的特性。

(二)实验仪器

(1)非线性电路混沌实验仪。
(2)双踪示波器。

(三)预习思考题

(1)非线性负阻电路(元件)在本实验中的作用是什么?
(2)什么是混沌现象?

(四)实验原理

1. 非线性电路与非线性动力学

实验电路如图 5 – 29 – 1 所示,图中只有一个非线性元件 R,它是一个有源非线性负阻器件,电感器 L 和电容器 C_2 组成一个损耗可以忽略的振荡回路。可变电阻 $R_{U_1} + R_{U_2}$ 和电容器 C_1 串联将振荡器产生的正弦信号移相输出,较理想的非线性元件 R 是一个三段分段线性元件。图 5 – 29 – 2 所示的是该电阻的伏安特性曲线,从特性曲线可以看出加在此非线性元件上电压与通过它的电流极性是相反的,加在此元件上的电压增加时,通过它的电流却减小,因而将此元件称为非线性负阻元件。

图 5 – 29 – 1 电路的非线性动力学方程为:

$$C_1 \frac{\mathrm{d}U_{c1}}{\mathrm{d}t} = G \times (U_{c2} - U_{c1}) - g \times U_{c1}$$

$$C_2 \frac{\mathrm{d}U_{c2}}{\mathrm{d}t} = G \times (U_{c1} - U_{c2}) + i_L$$

$$L \frac{\mathrm{d}i_L}{\mathrm{d}t} = -U_{c2}$$

式中：导纳 $G = 1/(R_{U_1} + R_{U_2})$，$U_{c1}$ 和 U_{c2} 分别表示加在 C_1 和 C_2 上的电压，i_L 表示流过电感器 L 的电流，g 表示非线性电阻的导纳。

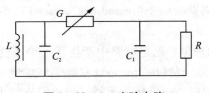

图 5 - 29 - 1　实验电路

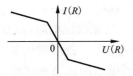

图 5 - 29 - 2　伏安特性曲线

2. 实验电路及实现

这个实验的电路如图 5 - 29 - 3 所示，其中 R 是有源非线性负阻，其 $I - U$ 曲线如图 5 - 29 - 4 所示。

C_1，C_2 是电容，L 是电感，G 是可变电导，实验中通过改变电导值来达到改变参数的目的。

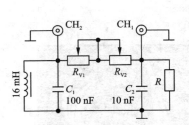

图 5 - 29 - 3　实验电路

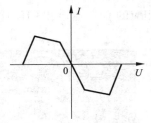

图 5 - 29 - 4　伏安特性曲线

非线性元件的实现方法有许多种，这里使用的是 Kennedy 于 1993 年提出的方法：使用 2 个运算放大器和 6 个电阻来实现，其电路图如图 5 - 29 - 5 所示，其特性曲线示意如图 5 - 29 - 4 所示。由于我们研究的只是元件的外部效应，即其两端电压及流过其电流的关系。因此，在允许的范围内，我

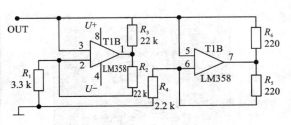

图 5 - 29 - 5　实验电路

们完全可以把它看成一个黑匣子，我们也可以利用电流或电压反位相等技术来实现负阻特性，这里就不一一讨论了。负阻的实现是为了产生振荡。非线性的目的是为了产生混沌等一系列非线性的现象。其实，很难说哪一个是绝对线性的，我们这里特意去做一个非线性的元件只是想让非线性的现象更加明显。

（五）实验内容

1. 实验现象的观察

将示波器调至 $CH_1 - CH_2$ 波形合成挡，调节可变电阻器的阻值，我们可以从示波器上观察到一系列现象。最初仪器刚打开时，电路中有一个短暂的稳态响应现象，这个稳态响应被称作系统的吸引子（attractor），这意味着系统的响应部分虽然初始条件各异，但仍会变化到一个稳态。在本实验中对于初始电路中的微小正负扰动，各对应于一个正负的稳态，当电导继续平滑增大，到达某一值时，我们发现响应部分的电压和电流开始周期性地回到同一个值，产生了振荡，这时，我们就说，我们观察到了一个单周期吸引子（period-one attractor），它的频率决定于电感与非线性电阻组成的回路的特性。

再增加电导时，我们就观察到了一系列非线性的现象：先是电路中产生了一个不连续的变化；电流各电压的振荡周期变成了原来的 2 倍，也称分岔（bifurcation）。继续增加电导，我们还会发现二周期倍增到四周期，四周期倍增到八周期，如果精度足够，当我们连续地，越来越小地调节时就会发现一系列永无止境的周期倍增，最终在有限的范围内会成为无穷周期的循环，从而显示出混沌吸引（chaotic attractor）的性质。

具体操作：把电感器接入电路中，调节 $R_{U_1} + R_{U_2}$ 阻值，在示波器上观测 CH_1 通道信号和 CH_2 通道信号所构成的相图（李萨如图），调节电阻 $R_{U_1} + R_{U_2}$ 值由大至小时（仪器中 W_1 为粗调电位器，W_2 为细调电位器），描绘相图周期的分岔及混沌现象，将一个环形相图的同期定为 P，那么要求观测并记录 $2P$，$4P$，阵发混沌，$3P$，单吸引子（混沌），双吸引子（混沌）共 6 个相图和相应的 CH_1 通道和 CH_2 通道两个输出波形。

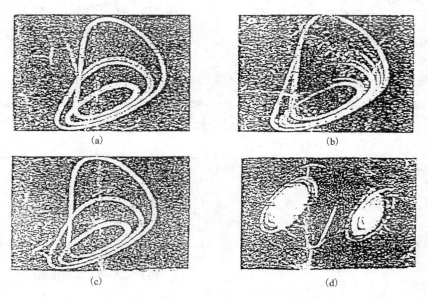

(a)　　　　　　　　　　　　　　(b)

(c)　　　　　　　　　　　　　　(d)

图 5 - 29 - 6　实验现象的观察

需要注意的是，对应于前面所述的不同的初始稳态，调节电导会导致两个不同的但却是稳定的混沌吸引子,这两个混沌吸引子是关于零电位对称的。

实验中,我们很容易观察到倍周期和四周期现象,再有一点变化,就会导致一个单漩涡状的混沌吸引子,较明显的是三周期窗口,观察到这些窗口表明,我们得到的是混沌的解而不是噪声,在调节的最后,我们看到吸引子突然充满了原本两个混沌吸引子所占据的空间,形成了双漩涡混沌吸引子(double scroll chaotic attractor)。由于示波器上的每一点对应着电路中的每一个状态,出现双混沌吸引子就意味着电路在这个状态时,相当于电路处于最初的那个响应状态,最终会到达哪一个状态完全取决于初始条件。

2. 测量非线性单元电路的伏安特性

断开 C_1、C_2,用电位器取代电感,测量非线性单元电路在电压 $U < 0$ 时的伏安特性,作 $I - U$ 关系图。

实验数据记录表格如表 5 - 29 - 1 所示。

表 5 - 29 - 1 数据表格

次数	电压/V	电流/mA	次数	电压/V	电流/mA	次数	电压/V	电流/mA
1			11			21		
2			12			22		
3			13			23		
4			14			24		
5			15			25		
6			16			26		
7			17			27		
8			18			28		
9			19			29		
10			20			30		

(六)思考题

(1)通过本实验,请阐述倍周期分岔、混沌、奇怪吸引子等概念的物理含义。混沌现象对你有什么启示?

(2)固定 G,缓慢改变电源电压(0 ~ ±15 V),为什么 $I - U_{c1}$ 相图会变化?

实验 30　电表的改装和校准实验

电流计(表头)一般只能测量很小的电流和电压,若要用它来测量较大的电流和电压,就必须进行改装来扩大量程。各种多量程、多功能的电表(如万用表等)都是用表头改装、校准制作而成的。

(一)实验目的

将给定的表头改装成某量程的电流表和电压表。

(二)实验仪器与用具

表头,标准微安表,标准毫安表,标准电压表,电阻箱,滑线变阻器,直流电源,开关,导线等。

(三)预习思考题

(1)如何测表头的内阻 R_g?
(2)能否把表头改装成任意量程的表? 为什么?
(3)在校准量程时,如改装表读数偏高或偏低,应怎样调节分流电阻或分压电阻?

(四)实验原理

1. 表头内阻的测定

要改装电表,必须要知道电表的内阻。测电表内阻的方法很多,下面仅介绍半值法和替代法。

(1)半值法

测量线路如图 5-30-1 所示。图中 G 为待测表头, G_0 为微安表,r 为滑线式变阻器,作分压器用,R 为电阻箱,E 为直流稳压电源。断开 K_2,合上开关 K_1,将滑动变阻器的滑动头 C 从最下的 B 端向 A 端

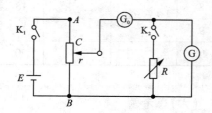

图 5-30-1　半值法测量线路

移动,使 G 满偏,记下 G 和 G_0 的读数。再合上 K_2,改变电阻箱 R 的阻值和滑动变阻器 r 的滑动头 C 的位置,使 G_0 的读数保持不变,G 的读数为原值的一半,这时流过电阻箱 R 上的电流与流过表头 G 的电流相等,则电阻箱 R 上的指示数与表头内阻相等 $R = R_g$。

(2)替代法

测量线路如图 5-30-2 所示。将开关 K_2 扳向 1 端,合上开关 K_1,调节滑线变阻器滑动头 C,改变输出电压,使 G 满度(或某适当值),记下 G_0 的读数。断开 K_1,将 K_2 倒向 2 端,把电阻箱先调到 4 000 Ω 左右,合上 K_1,调节电阻箱 R 的值,使 G_0 保持原值不变,这时电阻箱 R 上的指示数等于表头内阻 $R = R_g$。

2. 用表头改装成电流表

表头只能用来测量小于其量程的电流，如欲测量超过其量程的电流，就必须扩大其量程。扩大量程的方法是在表头的两端并联一个分流电阻 R_s，如图 5－30－3 所示。图中虚线框内的表头和 R_s 组成一个新的电流表。

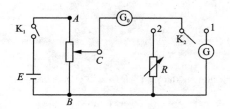

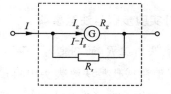

图 5－30－2　替代法测量电路　　　　　　　图 5－30－3　用表头改装电流表

设新电表量程为 I，则当流入电流为 I 时，由于流入表头的电流为 I_g，所以流入分流电阻 R_s 上的电流为 $I - I_g$，因电表与 R_s 并联，则有：

$$I_g R_g = (I - I_g) R_s$$

R_g 是表头的内阻。由上式可算出应并联的分流电阻为：

$$R_s = \frac{I_g}{I - I_g} R_g \qquad\qquad (5-30-1)$$

令 $\dfrac{I}{I_g} = n$，n 称为量程的扩大倍数，则分流电阻为：

$$R_s = \frac{1}{n-1} R_g$$

当表头规格 I_g、R_g 已知，根据所要扩大的倍数 n，就可算出 R_s。同一电表，并联不同的分流电阻，可得到不同量程的电流表。

3. 用表头改装成电压表

表头的满度电压也较小，仅为 $U_g = I_g R_g$，一般在 $10^{-2} \sim 10^{-1}$ V 量级，若要用它测量较大的电压，要在表头上串联分压电阻 R_p 来实现，如图 5－30－4 所示。虚线框中的电表和 R_p 组成一量程为 U 的电压表。

因为 $U = U_g + U_p$，$U_g = I_g R_g$，$U_p = I_g R_p$，所以

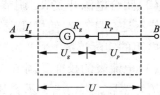

$$R_p = \frac{U}{I_g} - R_g \qquad (5-30-2)$$

图 5－30－4　用表头改装电压表

当表头的 I_g、R_g 已知时，根据需要的伏特计量程，由式(5－30－2)可以计算出应串联的电阻。同一电表串联不同的分压电阻 R_p，就可以得到不同量程的电压表。

4. 改装表的校准

电表经过改装或经过长期使用后，必须进行校准。其方法是将待校准的电表和一准确度等级较高的标准表同时测量一定的电流或电压，分别读出被校准的表各刻度的值 I 和标准表所对应的值 I_s，得到各刻度的修正值：$\delta I = I_s - I$，以 I 为横坐标，δI 为纵坐标画出电表的校正曲线，两个校准点之间用直线连接，整个图形是折线状，如图 5－30－5 所示。以后使用这个

电表时，根据校准曲线可以修正电表的读数，得到较准确的结果。由校准曲线找出最大误差 δI_m，可计算出待校准电表的准确度等级 K。

电表等级标志着电表结构的好坏，低等级的电表其稳定性、重复性等性能都要差些。所以，校准也不可能大幅度地减小误差，一般只能减小半个数量级。而且如果电表使用的环境和校准的环境不同或校准日期过久，校准的数据也会失效。

(五)实验步骤与注意事项

1. 表头内阻 R_g 的测定

用半值法或代替法测表头内阻，实验内容及方法见实验原理 1。

2. 将给定表头改装成 1 mA 的电流表，并校准

(1) 按图 5 – 30 – 6 连接线路，根据式(5 – 30 – 1)计算出分流电阻的阻值 R_s，并在电阻箱上调出 R_s 的值，同时调节滑线变阻器 r 至阻值较小的位置(靠近 B)。

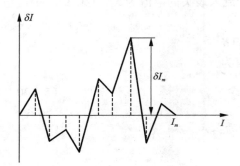

图 5 – 30 – 5　改装表的校准

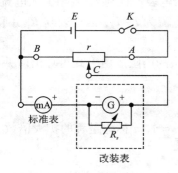

图 5 – 30 – 6　实验线路

(2) 校准标准表和改装表 G 的机械零点。

(3) 闭合电源开关 K，调节 r，使标准表的示数为 1 mA，观察被改装表 G 是否刚好满标度，若不是，调节 R_s 使标准表为 1 mA 时表头正好满标度，记下此时电阻箱的读数 R_s'，R_s' 为分流电阻的实际读数。

(4) 电流表的校准。调节 r，使表头示数(取整格数)逐次变小，记下对应的标准电流表的读数 I_s。然后，再使表头示数逐次增大，记下对应标准电流表的读数 I_s'。分别取其平均值 $\left(\bar{I}_s = \dfrac{I_s + I_s'}{2}\right)$。根据改装表和标准表的对应值，算出各点的修正值 $\delta I = \bar{I}_s - I$，在坐标纸上画出以 δI 为纵坐标、I 为横坐标的 $\delta I - I$ 校正曲线，并计算改装后电流表的准确度等级 K。

3. 将给定表头改装成 1 V 的电压表，并校准

(1) 按图 5 – 30 – 7 连接线路，根据式(5 – 30 – 2)计算出串联电阻 R_p，并在电阻箱上调成 R_p 的值，同时调节 r 使 BC 两端电压在较小的位置。

(2) 标准表表头机械调零。

(3) 闭合电源开关，调节 r，同时适当调节 R_p，使标准电压表读数为 1 V，使表头指针偏转满标度，记下此时的 R_p'。

（4）校准电压表。调节 r，使表头示数逐次变小（取整数格数），记下对应标准伏特表的读数 U_s，然后，再使电表示数逐次增加，记下对应标准伏特表读数 U_s'，分别取其平均值 $\overline{U}_s = \frac{1}{2}(U_s + U_s')$。根据改装表和标准表的对应值，算出各点的修正值 $\delta U = \overline{U}_s - U$，在坐标纸出画上以 δU 为纵坐标、U 为横坐标的校正曲线。计算改装后电压表的准确度等级 K。

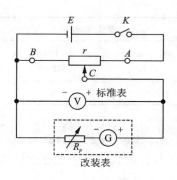

图 5 - 30 - 7　实验线路

（六）数据记录及处理

1. 改装量程 1 mA 的电流表

数据表格如表 5 - 30 - 1 所示。

表 5 - 30 - 1　数据表格

表头示数（格）	50.0	40.0	30.0	20.0	10.0	0.0
标准表读数 I_s/mA（电流减小）						
标准表读数 I_s'/mA（电流增大）						
标准表读数平均值 $\overline{I}_s$/mA						
修正值 $\delta I = (\overline{I}_s - I)$/mA						
改装表读数 I/mA	1.00	0.80	0.60	0.40	0.20	0.00
改装表等级 $K = \dfrac{\lvert \delta I \rvert_{\max}}{\text{量程}} \times 100$						

2. 改装量程为 1 V 的电压表

数据表格如表 5 - 30 - 2 所示。

表 5 - 30 - 2　数据表格

表头示数（格）	50.0	40.0	30.0	20.0	10.0	0.0
标准表读数 U_s/V（电压增大）						
标准表读数 U_s'/V（电压减小）						
标准表读数平均值 $\overline{U}_s$/V						
修正值 $\delta U = (\overline{U}_s - U)$/V						
改装表读数 U/V	1.00	0.80	0.60	0.40	0.20	0.00
改装表等级 $K = \dfrac{\lvert \delta U \rvert_{\max}}{\text{量程}} \times 100$						

3. 参数设计

数据表格如表 5 - 30 - 3 所示。

表 5 – 30 – 3　数据表格

表头参数		分流电阻/Ω		分压电阻/Ω	
满刻度电流 $I_g/\mu A$	内阻 R_g/Ω	计算值 R_s	实际值 R'_s	计算值 R_p	实际值 R'_p

4. 作 $\delta I - I$ 校正曲线与 $\delta U - U$ 校正曲线

校正曲线应是各点逐次连接的折线。

(七)思考题

(1)为什么校准电表时需要把电流(或电压)从大到小做一遍又从小到大做一遍？如果两者完全一致说明什么？两者不一致又说明什么？

(2)在 20℃ 时校准的电表拿到 30℃ 的环境中使用,校准是否仍然有效？这说明校准和测量之间有什么应注意的问题？

(3)要测量 0.5 A 的电流,用下列哪个安培表测量误差最小？

①量程 $I_m = 3$ A,等级 $K = 1.0$ 级。

②量程 $I_m = 1.5$ A,等级 $K = 1.5$ 级。

③量程 $I_m = 1$ A,等级 $K = 2.5$ 级。从结果的比较中得出什么结论？

(4)使用各种电表应注意哪些事项？

(5)电表改装前后,表头允许流过的最大电流和允许加在两端的最大电压是否发生变化？

实验 31　用分光计测折射率

折射率是物质的重要光学特性常数。测定折射率的常用方法有棱镜法、干涉法、多次反射法、偏振法和观察升高法。就其测量精确度来说，以干涉法为最高，偏振法为最低。本实验主要讨论棱镜法，这种方法需用分光计。

(一)实验要求

(1)进一步熟悉分光计的调节和使用。

(2)了解利用分光计测玻璃棱镜折射率的原理和方法。

(二)实验目的

用最小偏向角法测玻璃三棱镜对汞绿光的折射率。

(三)实验仪器与用具

分光计 1 台，玻璃三棱镜 1 个，低压汞灯 1 个。

(四)实验原理

如图 5 - 31 - 1 所示，一束单色光以 i_1 角入射到棱镜 AB 面上，经棱镜两次折射后，从 AC 面射出来，出射角为 i_2'。入射光和出射光之间的夹角 δ 称为偏向角。当棱镜顶角 A 一定时，偏向角的大小是随入射角的变化而变化的。而当 $i_1 = i_2'$ 时，即入射光线和出射光线相对于棱镜对称时 δ 为最小(证明略)。这时的偏向角称为最小偏向角，计为 $\delta_{\min}$。

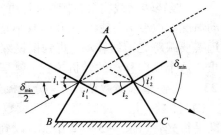

图 5 - 31 - 1　三棱镜最小偏向角原理图

由图 5 - 31 - 1 中可以看出，这时：

$$i_1' = \frac{A}{2}$$

$$\frac{\delta_{\min}}{2} = i_1 - i_1' = i_1 - \frac{A}{2}$$

$$i_1 = \frac{1}{2}(\delta_{\min} + A)$$

设棱镜材料的折射率为 N，则：

$$\sin i_1 = n \sin i_1' = n \sin \frac{A}{2}$$

所以：

$$n = \frac{\sin i_1}{\sin \dfrac{A}{2}} = \frac{\sin \dfrac{\delta_{\min} + A}{2}}{\sin \dfrac{A}{2}}$$

由此可知，要求得棱镜材料折射率 n，必须测出其顶角 A 和最小偏向角 $\delta_{\min}$。

(五)实验步骤

1. 按分光计的调整要求调整分光计

调整方法参阅实验 6。

2. 测量最小偏向角 $\delta_{\min}$

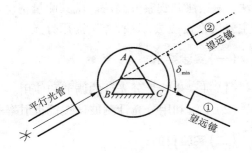

图 5 - 31 - 2　测最小偏向角方法

测量方法：

(1) 平行光管狭缝对准前方水银灯光源，将三棱镜放在载物台上，并使棱镜折射面 AB 与平行光管光轴的夹角大约为 120°（即使入射角 i_1 为 45°~60°），如图 5 - 31 - 2 所示。

(2) 旋松望远镜止动螺钉 16 和游标盘止动螺钉 23（参见图 2 - 6 - 1），移动望远镜至图 5 - 31 - 2 中①所示位置，再左、右微微转动望远镜，找出棱镜出射的各种颜色水银灯光谱线（各种波长的狭缝像）。如果一时看不到光谱线，也可以先用眼睛沿棱镜 AC 面出射光的方向寻找。看到谱线后，再将望远镜转到眼睛所在的方位。

(3) 轻轻转动载物台（改变入射角 i_1），在望远镜中将看到谱线跟着动，注意绿色谱线的移动情况。改变 i_1，使入射角 i_1 减小，即使谱线往 δ 减少的方向转动（向顶角 A 方向移动）。望远镜要跟踪光谱线转动，直到棱镜继续转动，而谱线开始要反向移动（即偏向角反而变大）为止。这个反向移动的转折位置，就是光线以最小偏向角射出的方向。固定载物台（锁紧螺钉 23），再使望远镜微动，使其分划板上的中心竖直叉丝对准其中那条绿色谱线（5 461 Å）。

(4) 测量。记下此时两游标的读数 θ_1 和 θ_2。取下三棱镜（载物台保持不动），转动望远镜对准平行光管（图 5 - 31 - 2 中②，以确定入射光的方向），使竖直叉丝对准狭缝中央的狭缝像，再记下两游标处的读数 θ_1' 和 θ_2'，此时绿谱线的最小偏向角为：

$$\delta_{\min} = \frac{1}{2} (\, |\, \theta_1 - \theta_1' \,| + |\, \theta_2 - \theta_2' \,|\,)$$

转动游标盘即变动载物台的位置，重复测量 3 次，把数据记入表 5 - 31 - 1 中。

表 5 - 31 - 1　数据表格

次数	最小偏向角位置		入射光线位置		$\delta_{A\min} = |\, \theta_1 - \theta_1' \,|$	$\delta_{B\min} = |\, \theta_2 - \theta_2' \,|$	$\delta_{\min} = \dfrac{1}{2}(\delta_{A\min} + \delta_{B\min})$
	游标 A θ_1	游标 B θ_2	游标 A θ_1'	游标 B θ_2'			
1							
2							
3							

（六）数据处理及注意事项

将 $\delta_{\min}$ 值和前一实验中测得的 A 角平均值代入下式：

$$n = \frac{\sin\frac{1}{2}(\delta_{\min}+A)}{\sin\frac{A}{2}}$$

计算 n_1、n_2、n_3，求出 $\bar{n} = \frac{n_1+n_2+n_3}{3}$。

注意事项：

（1）转动载物台，都是指转动游标盘带动载物台一起转动。

（2）狭缝宽度 1 mm 左右为宜，宽了测量误差大，太窄光通量小。狭缝易损坏，应尽量少调。调节时要边看边调，动作要轻，切忌两缝太近。

（3）光学仪器螺钉的调节动作要轻柔，锁紧螺钉也是指锁住即可，不可用力，以免损坏器件。

（4）分光计平行光管对好汞光灯光源后，不要随意挪动位置。

（七）思考题

（1）找最小偏向角时，载物台应向哪个方向转？

（2）玻璃对什么颜色的光折射率大？

（3）同一种材料，对红光和紫光的最小偏向角哪一个要小些？

（4）本实验中三棱镜在载物台上的位置为什么不得任意？适当放置基于哪些考虑？

（5）实验中测出汞光谱中绿光的最小偏向角后，固定载物台和三棱镜，是否可以直接确定其他波长的最小偏向角位置？

实验 32　物质温度特性实验

一、金属电阻温度系数的测定

物质的电阻率随温度而变化的物理现象称为热电阻效应。大多数金属导体的电阻随温度的升高而增加，电阻增加的原因可用其导电机理说明。在金属中参加导电的为自由电子，当温度升高时，虽然自由电子数目基本不变（当温度变化范围不是很大时），但是，每个自由电子的动能将增加，因此，在一定的电场作用下，要使这些杂乱无章的电子作定向运动就会遇到更大的阻力，导致金属电阻随温度的升高而增加。

（一）实验目的

（1）了解和测量金属电阻与温度的关系。
（2）了解金属电阻温度系数的测定原理。
（3）掌握测量金属电阻温度系数的方法。

（二）实验仪器

KD－WT－Ⅰ物质温度特性综合实验仪（见图 5－32－1）、数字万用表。

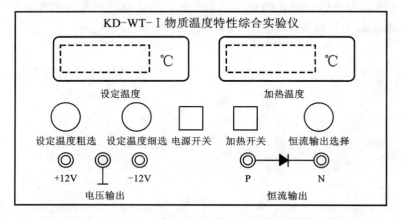

图 5－32－1　KD－WT－Ⅰ物质温度特性综合实验仪面板图

（三）预习思考题

（1）为什么金属的电阻随温度的升高而增加？
（2）写出金属电阻温度系数的计算式。

（四）实验原理

1. 电阻温度系数

各种导体的电阻随着温度的升高而增大，在通常温度下，电阻与温度之间存在着线性关系，可用下式表示：

$$R = R_0(1 + \alpha t) \tag{5 - 32 - 1}$$

式中：R 是温度在 t ℃时的电阻，R_0 为 0 ℃时的电阻，α 为电阻温度系数。

严格来说，α 和温度有关，但在 0~100 ℃范围内，α 的变化很小，可以看作不变。

2. 铂电阻

导体的电阻值随温度变化而变化，通过测量其电阻值推算出被测环境的温度，利用此原理构成的传感器就是热电阻温度传感器。能够用于制作热电阻的金属材料必须具备以下特性：

（1）电阻温度系数要尽可能大和稳定，电阻值与温度之间应具有良好的线性关系。

（2）电阻率高，热容量小，反应速度快。

（3）材料的复现性和工艺性好，价格低。

（4）在测量范围内物理和化学性质稳定。

目前，工业应用最广的材料是铂铜。铂电阻与温度之间的关系，在 0~630.74 ℃范围内用下式表示：

$$R_t = R_0(1 + At + Bt^2) \tag{5 - 32 - 2}$$

在 −200~0 ℃的温度范围内为：

$$R_t = R_0\left[1 + At + Bt^2 + C(t - 100)t^2\right] \tag{5 - 32 - 3}$$

式中：R_0 和 R_t 分别为在 0 ℃和温度 t 时铂电阻的电阻值，A，B，C 为温度系数，由实验确定，$A = 3.908\,02 \times 10^{-3}℃^{-1}$，$B = -5.801\,95 \times 10^{-7}℃^{-2}$，$C = -4.273\,50 \times 10^{-12}℃^{-4}$。由式（5 - 32 - 2）和式（5 - 32 - 3）可见，要确定电阻 R_t 与温度 t 的关系，首先要确定 R_0 的数值，R_0 值不同时，R_t 与 t 的关系不同。目前国内统一设计的一般工业标准铂电阻 R_0 值有 100 Ω 和 500 Ω 两种，并将电阻值 R_t 与温度 t 的相应关系统一列出表格，称其为铂电阻的分度表，分度号分别用 Pt100 和 Pt500 表示。

铂电阻在常用的热电阻中准确度较高，国际温标 1TS - 90 中还规定，将具有特殊构造的铂电阻作为 −259.66~961.78 ℃标准温度计使用，铂电阻广泛用于 200~850 ℃范围内的温度测量，工业中通常在 600 ℃以下。

（五）实验内容与步骤

（1）测 Pt100 的 $R - t$ 曲线。调节"设定温度粗选"和"设定温度细选"，选择设定所需温度点，打开"加热开关"，将 Pt100 插入恒温腔中，待温度稳定在所需温度（如 50 ℃）时，用数字多用表 200 Ω 挡测出此温度时 Pt 100 的电阻值，并记于表 5 - 32 - 1 中。

（2）重复以上步骤，设定温度为 60.0 ℃、70.0 ℃、80.0 ℃、90.0 ℃、100.0 ℃，测出 Pt100 在上述温度时的电阻值。根据上述实验数据，绘出 $R - t$ 曲线。

（3）求 Pt100 的电阻温度系数。根据 $R - t$ 曲线，从图上任取相距较远的两点 (t_1, R_1) 及 (t_2, R_2)，根据式（5 - 32 - 1）有：

$$R_1 = R_0 + R_0 \alpha t_1$$
$$R_2 = R_0 + R_0 \alpha t_2$$

联立两式求解得：

$$\alpha = \frac{R_2 - R_1}{R_0 t_2 - R_0 t_1} \qquad\qquad (5-32-4)$$

（六）数据记录及处理

表 5 - 32 - 1　数据表格

$t/℃$					
R/Ω					

根据上述实验数据，绘出 $R-t$ 曲线，根据所绘曲线求出金属电阻的温度系数。

（七）思考题

（1）用于制作热电阻的金属材料必须具备哪些特征？

（2）根据 $R-t$ 曲线求电阻温度系数 α 时，为什么从图上取相距较远的两点？

二、PN 结正向压降与温度关系的研究和应用

常用的温度传感器有热电偶、测温电阻器和热敏电阻等，这些温度传感器均有各自的优点，但也有它们的不足之处，如热电偶适用温度范围宽，但灵敏度低，且需要参考温度；热敏电阻灵敏度高，热响应快，体积小，缺点是非线性，且一致性较差。这对于仪表的校准和调节均感不便；测温电阻如铂电阻有精度高、线性好的优点，但灵敏度低且价格贵。而 PN 结温度传感器则有灵敏度高、线性较好、热响应快和体小轻巧易集成化等优点，所以其应用势必日益广泛。但是这类传感器的工作温度一般为 $-50 \sim 150\ ℃$，与其他温度传感器相比，测温范围的局限性较大，有待进一步的改进和开发。

（一）实验目的

（1）了解 PN 结正向压降随温度变化的基本关系式。

（2）在恒定正向电流条件下，测绘 PN 结正向压降随温度变化的曲线，并由此确定其灵敏度和被测 PN 结材料的禁带宽度。

（3）学习用 PN 结测温的方法。

（二）实验仪器

KD - WT - I 物质温度特性综合实验仪。

（三）预习思考题

（1）写出 PN 结正向压降与温度关系的函数表达式，怎样求 PN 结正向压降随温度变化的

灵敏度?

（2）PN 结测温的理论依据是什么?

（四）实验原理

理想的 PN 结的正向电流 I_F 和正向压降 V_F 存在如下关系:

$$I_F = I_s \exp\left(\frac{qV_F}{kT}\right) \tag{5-32-5}$$

其中: q 为电子电荷, k 为玻尔兹曼常数, T 为绝对温度, I_s 为反向饱和电流, 它是一个和 PN 结构材料的禁带宽度以及温度等有关的系数, 可以证明:

$$I_s = CT^r \exp\left(-\frac{qV_g(0)}{kT}\right) \tag{5-32-6}$$

其中: C 是与结面积、掺杂浓度等有关的参数; r 也是常数, 其数值取决于少数载流子迁移率对温度的关系, 通常取 $r = 3.4$; $V_g(0)$ 为绝对零度时 PN 结材料的导带底和价带顶的电势差。

将式（5-32-6）代入式（5-32-5）, 两边取对数可得:

$$V_F = V_g(0) - \left(\frac{k}{q}\ln\frac{C}{I_F}\right)T - \frac{kT}{q}\ln T^r = V_1 + V_{n1} \tag{5-32-7}$$

其中:

$$V_1 = V_g(0) - \left(\frac{k}{q}\ln\frac{C}{I_F}\right)T, \quad V_{n1} = -\frac{kT}{q}\ln T^r$$

式（5-32-7）就是 PN 结正向压降作为电流和温度函数的表达式, 它是 PN 结温度传感器的基本方程。令 $I_F =$ 常数, 则正向压降只随温度而变化, 但是在式（5-32-7）中除线性项 V_1 外还包含非线性项 V_{n1}。下面来分析一下 V_{n1} 项所引起的线性误差。

设温度由 T_1 变为 T 时, 正向电压由 V_{F1} 变为 V_F, 由式（5-32-7）可得:

$$V_F = V_g(0) - [V_g(0) - V_{F1}]\frac{T}{T_1} - \frac{kT}{q}\ln\left(\frac{T}{T_1}\right)^2 \tag{5-32-8}$$

按理想的线性温度响应, V_F 应取如下形式:

$$V_{理想} = V_{F1} + \frac{\partial V_{F1}}{\partial T}(T - T_1) \tag{5-32-9}$$

$\dfrac{\partial V_{F1}}{\partial T}$ 为曲线的斜率, 且 T_1 温度时的 $\dfrac{\partial V_{F1}}{\partial T}$ 值等于 T 温度时的 $\dfrac{\partial V_{F1}}{\partial T}$ 值。

由式（5-32-7）可得:

$$\frac{\partial V_{F1}}{\partial T} = -\frac{V_g(0) - V_{F1}}{T_1} - \frac{k}{q}r \tag{5-32-10}$$

所以

$$V_{理想} = V_{F1} + \left[-\frac{V_g(0) - V_{F1}}{T_1} - \frac{k}{q}r\right]^{T-T_1}$$

$$= V_g(0) - [V_g(0) - V_{F1}]\frac{T}{T_1} - \frac{k}{q}(T - T_1)r \tag{5-32-11}$$

由理想线性温度响应式（5-32-11）和实际响应式（5-32-8）相比较, 可得实际响应对线性的理论偏差为:

$$\Delta = V_{理想} - V_F = -\frac{k}{q}(T - T_1)r + \frac{kT}{q}\ln\left(\frac{T}{T_1}\right)^2 \qquad (5-32-12)$$

设 $T_1 = 300\ \text{K}$, $T = 310\ \text{K}$, 取 $r = 3.4$, 由式 $(5-32-12)$ 可得 $\Delta = 0.048\ \text{mV}$, 而相应的 V_F 的改变量约 20 mV, 相比之下误差甚小, 不过当温度变化范围增大时, V_F 温度响应的非线性误差将有所递增, 这主要由 r 因子所致。

综上所述, 在恒流供电条件下, PN 结的 V_F 对 T 的依赖关系取决于线性项 V_1, 即正向压降几乎随温度升高而线性下降, 这就是 PN 结测温的理论依据。必须指出, 上述结论仅适用于杂质全部电离, 本征激发可以忽略的温度区间(对于通常的硅二极管来说, 温度范围为 $-50 \sim 150\ ℃$)。如果温度低于或高于上述范围时, 由于杂质电离因子减少或本征载流子迅速增加, $V_F - T$ 关系将产生新的非线性。这一现象说明 $V_F - T$ 的特性还随 PN 结的材料而异, 对于宽带材料(如 GaAs) 的 PN 结, 其高温端的线性区则宽; 而材料杂质电离能小(如 InSb) 的 PN 结, 则低温端的线性范围宽。对于给定的 PN 结, 即使在杂质导电和非本征激发温度范围内, 其线性度亦随温度的高低而有所不同。这是非线性项 V_{n1} 引起的。由 V_{n1} 对 T 的二阶导数 $\dfrac{\mathrm{d}^2 V_{n1}}{\mathrm{d}T^2} = \dfrac{1}{T}$ 可知, $\dfrac{\mathrm{d}V_{n1}}{\mathrm{d}T}$ 的变化与 T 成反比, 所以 $V_F - T$ 的线性度高温端优于低温端, 这是 PN 结温度传感器的普遍规律。此外, 由式 $(5-32-8)$ 可知, 减小 I_F, 可以改善线性度, 但并不能从根本上解决问题, 目前行之有效的方法大致有两种。

(1) 利用对管的两个 be 结(将三极管的基极与集电极短路, 与发射极组成一个 PN 结), 分别在不同电流 I_{F1}, I_{F2} 下工作, 由此获得两者之差 $V_{F1} - V_{F2}$ 与温度呈线性函数关系, 即:

$$V_{F1} - V_{F2} = \frac{kT}{q}\ln\frac{I_{F1}}{I_{F2}}$$

由于晶体管的参数有一定的离散性, 实际值与理论值仍存在差距, 但与单个 PN 结相比, 其线性度与精度均有所提高, 这种电路结构与恒流、放大等电路集成一体, 便构成集成电路温度传感器。

(2) 采用电流函数发生器来消除非线性误差。由式 $(5-32-7)$ 可知, 非线性误差来自 T' 项, 利用函数发生器, I_F 比例于绝对温度的 r 次方, 则 $V_F - T$ 的线性理论误差为 $\Delta = 0$, 实验值与理论值比较一致, 其精度可达 0.01 ℃。

(五) 实验内容与步骤

(1) 将装有 PN 结的恒温体插入恒温腔中。

(2) 用导线与主机相连, 打开主机电流开关, 并选择适当的温度(如 50 ℃)。

(3) 将 PN 结恒流开关选择 50 μA, 然后将加热开关打开并开始加热, 待恒温腔内的温度稳定在设定温度(50.0 ℃)后, 记下对应的 PN 结正向压降 V_1, 再将 PN 结恒流开关选择 100 μA, 保持温度不变, 记下对应的 PN 结正向压降 V_1'。

(4) 重新选择设定温度 T_2(55.0 ℃)、T_3(60.0 ℃)、T_4(65.0 ℃)、T_5(70.0 ℃)、T_6(75.0 ℃)、T_7(80.0 ℃)、T_8(85.0 ℃)、T_9(90.0 ℃)、T_{10}(95.0 ℃), 并测量出其对应的正向压降 V_2、V_3、V_4、V_5、V_6、V_7、V_8、V_9、V_{10} 值和 V_2'、V_3'、V_4'、V_5'、V_6'、V_7'、V_8'、V_9'、V_{10}'。

(5) 描绘 $U_F - T$ 曲线, 求出 PN 结正向压降随温度变化的灵敏度 $S(\text{mV}/℃)$, 即曲线斜率, $S = \Delta U_F / \Delta T\ (\text{mV}/℃)$, 式中 ΔU_F 为与温度区间 ΔT 对应的电压变化量(严格地讲, 灵敏

度是变量,在这里有平均的意思)。

(6)估算被测 PN 结的禁带宽度,根据式(5 - 32 - 10),略去非线性项,可得 $V_g(0) = V_{F1} - S \cdot T_1$,禁带宽度 $E_g(0) = qV_g(0)$。

(7)如表 5 - 32 - 2 所示,记录实验数据,比较两组测量结果。

表 5 - 32 - 2 数据表格

I_F		1	2	...	10
50 μA	T_R	50.0 ℃	55.0 ℃		
	V_F				
	S				
100 μA	T_R'	50.0 ℃	55.0 ℃		
	V_F'				
	S'				

(六)思考题

(1)怎样求被测 PN 结的禁带宽度 $V_g(0)$?写出相关的计算式。

(2)起点不同对 $U_F - T$ 曲线是否有影响?由你得到的 $U_F - T$ 曲线,可否找到 0 ℃时的 U_F?

(3)在测量 PN 结正向压降和温度的变化关系时,温度高时 $V_F - T$ 线性好,还是温度低时好?

(4)测量时,为什么温度必须在 -50 ~ 150 ℃ 范围内?

实验 33 液体粘度的研究

当液体内各部分之间有相对运动时，接触面之间存在内摩擦力，阻碍液体的相对运动，这种性质称为液体的粘滞性，液体的内摩擦力称为粘滞力。粘滞力的大小与接触面面积以及接触面处的速度梯度成正比，比例系数 η 称为粘度(或粘滞系数)。

对液体粘度的研究成果在流体力学、化学化工、医疗、水利等领域都有广泛的应用，例如，在用管道输送液体时，要根据输送液体的流量、压力差、输送距离及液体粘度，设计输送管道的口径。

粘度的大小取决于液体的性质与温度，温度升高，粘度将迅速减小。例如蓖麻油在室温附近温度改变 1℃，粘度值改变约 10%。因此，测定液体在不同温度的粘度有很大的实际意义，欲准确测量液体的粘度，必须精确控制液体温度。

(一)实验目的

(1)测量在不同温度下蓖麻油的粘度。
(2)了解温度控制的原理。

(二)实验仪器

变温粘滞系数实验仪。

(三)预习思考题

(1)该实验的主要注意事项是什么？
(2)在实验中落针的速度是如何变化的？如何计算？

(四)实验原理

当针在待测液体中沿容器中轴垂直下落时，经过一段时间，针的重力与粘滞阻力以及针上下端面压力差达到平衡，针变为匀速运动，这时针的速度称为收尾速度，此速度可通过测量针内两磁铁经过传感器的时间间隔 T 求得。

对于牛顿液体，在恒温条件下，求动力粘度 η 的公式为:

$$\eta = \frac{g \times R_2^2 (\rho_s - \rho_L)}{2 \times V_\infty} \times \frac{1 + \dfrac{2}{3L_r}}{1 - \dfrac{3}{2 C_w L_r} \times \left(\ln \dfrac{R_1}{R_2} - 1 \right)} \times \left(\ln \frac{R_1}{R_2} - 1 \right) \qquad (5-33-1)$$

式中: R_1 为容器内筒半径，R_2 为落针外半径，V_∞ 为针下落收尾速度，g 为重力加速度，ρ_s 为针的有效密度，ρ_L 为液体密度，η 为液体粘度，其中壁和针长的修正系数为:

$$C_w = 1 - 2.04k + 2.09k^3 - 0.95k^2, \text{ 其中 } k = R_1/R_2 \qquad (5-33-2)$$

$$L_r = (L - 2R_2)/2R_2 \qquad (5-33-3)$$

在实际情况下，式(5-33-1)可作简化，并考虑到 $V_\infty = \dfrac{L}{T}$，其中：L 为两磁铁同名磁极的间距；T 为两磁铁经过传感器的时间间隔。

则式(5-31-1)可改写为：

$$\eta = \frac{gR_2^2 T}{2L}(\rho_s - \rho_L)\left(1 + \frac{2}{3L_r}\right)\left(\ln\frac{R_1}{R_2} - \frac{R_1^2 - R_2^2}{R_1^2 + R_2^2}\right) \tag{5-33-4}$$

在变温条件下，还必须考虑到液体密度随温度的改变：

$$\rho_L = \rho_0 / \left[1 + \beta(t + t_0)\right] \tag{5-33-5}$$

β 值可用实验方法确定，大约 $\beta = 0.93 \times 10^{-3}/℃$。

$$\rho_0 = \rho_{20℃} = 963 \text{ kg/m}^3, \quad t_0 = 20\ ℃$$

这样，将式(5-33-5)代入式(5-33-1)，即可计算粘度 η。

(五)实验仪器介绍

1. 仪器概述

一体化 PH-Ⅳ型变温式落针粘度计(如图5-33-2所示)用以研究液体的粘度(粘滞系数)随温度变化的关系。此仪器采用中空长圆柱体(针)在待测液体中垂直下落，通过测量针的收尾速度确定粘度。采用霍尔传感器和多功能毫秒计(单扳机计时器)测量落针的速度，并将粘度显示出来，对待测液体进行水浴加热，通过控温装置，达到预定的温度。巧妙的取针装置和投针装置，使测量过程极为简便，既适用于牛顿液体，又适用于非牛顿液体，还可测定液体密度。本仪器既可为大专院校做教学实验，又可供厂矿测量液体粘度和密度。

2. 仪器结构

仪器由本体、落针、霍尔传感器、控温计时系数4部分组成。

(1)本体结构如图5-33-1所示。用透明玻璃管制成的内外两个圆筒容器，竖直固定在水平机座上，机座底部有调水平的螺丝。内筒长550 mm，内筒内直径($2R_1$)约40 mm，外筒直径约60 mm。内筒盛放待测液体(如蓖麻油)，内外筒之间通过控温系统灌水，用以对内筒水浴加热。外筒的一侧上、下端各有一接口，用橡胶管与控温系统的水泵相连，机座上树立一块铝合金支架，其上装有霍尔传感器和取针装置。圆筒容器顶部盒子上装有投针装置(发射器)，它包括喇叭形的导环和带永久磁铁的拉杆。装导环为便于取针和让针沿容器中轴线下落。用取针装置把针由容器底部提起，针沿导环到达盖子顶部，被拉杆的磁铁吸住。拉起拉杆，针因重力作用而沿容器中轴线下落。

(2)落针。它是有机玻璃制成的空细长圆柱体，总长约为185 mm，其外半径为 R_2，直径为 d，约5.7 mm，有效密度为 ρ_S。它的下端为半球形，上端为圆台状，便于拉杆相吸。内部两端有永久磁铁，异名磁极相对。磁铁的同名磁极间的距离为 L(170 mm)，内部有配重的铅条，改变铅条的数量，可改变针的有效密度 ρ_S。

(3)霍尔传感器。它是灵敏度极高的开关型霍尔传感器，外部有螺纹，可用螺母固定在仪器本体的铝板上。输出信号通过屏蔽电缆、航空插头接到单扳机计时器上。传感器由5 V直流电源供电，外壳用非磁性金属材料(铜)封装，每当磁铁经过霍尔传感器前端时，传感器即输出一个矩形脉冲，同时有 LED(发光二极管)指示。这种磁铁传感器的使用，为非透明液体的测量带来方便。

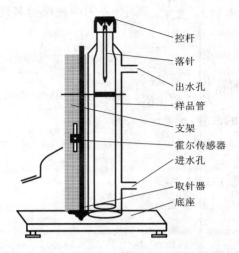
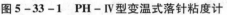

图 5 – 33 – 1　PH – Ⅳ型变温式落针粘度计　　　　图 5 – 33 – 2　PH – Ⅳ型变温式落针粘度计实物图

　　(4)单扳机计时器。以单扳机为基础的 SD – A 型多功能毫秒计用以计时和处理数据,硬件采用 MCS – 51 系列微处理芯片,配有并行接口,驱动电路,输入由 4 * 4 键盘实现。显示为 6 个数码管,软件固化在 2764EPROM 中,霍尔传感器产生的脉冲经整形后,从航空插座输入单扳机,由计时器完成两次脉冲之间的计时,接受参数输入,并将结果计算和显示出来。

　　(5)控温系统。控温系统由水泵、加热装置及控温装置组成。微型水泵运转时,水流自粘度计本体的底部流入,自顶部流出,形成水循环,对待测液体进行水浴加热,功率为 100 W,并通过控温装置的调节,达到预定温度。待测液体的温度则用置于其中的温度计测量。

　　注意事项:

　　(1)应让针沿圆筒中心轴线下落。

　　(2)落针过程中,针应保持竖直状态。若针头部偏向霍尔探头,数据偏大;若针尾部偏向霍尔探头,数据偏小。

　　(3)用取针装置将针拉起悬挂在容器上端后,由于液体受到扰动,处于不稳定状态,应稍等片刻,再将针投下,进行测量。

　　(4)取针装置将针拉起并悬挂后,应将取针装置上的磁铁旋转,离开容器,以免对针的下落造成影响。

　　(5)建议实验者先在复位后用计停键手动测量落针时间,然后用霍尔探头作自动测量,训练实验技巧。

　　(6)取针和投针时均需小心操作,以免把仪器本体弄倒,打坏圆筒。

　　(7)实验完毕,测出的液体粘滞系数 η 在存在的系统误差、环境误差等一系列的误差情况下,误差范围在 8% ~ 15% 之间。

(六)实验内容与步骤

1. 仪器的安装

　　(1)将仪器本体放在平整的桌面上,取下容器盖子,将待测液体(如蓖麻油)注满容器

（务必注满），再将盖子加在容器上，用底角螺丝来调节粘度计本体，通过水准仪观察平台是否水平，即圆筒容器是否垂直。

（2）将仪器本体的橡皮管连接到控温系统上，下面的橡皮管连接控温系统后面板上的出水孔，上面的橡皮管接入水孔。用漏斗往水箱内注水，使水位管的水位达到管的 2/3，加水完毕，经检查确认没有渗漏后，擦干仪器及机身，再将控温装置电源接到 220 V 交流电源上。

（3）将霍尔传感器安装在粘度计的铝板上，让探头与圆筒容器垂直，并尽量接近圆筒。传感器的输出电缆接到控温机箱后面板上的航空插座上。

2．研究液体粘度随温度的变化

（1）加热液体：接通控温系统的电源，按下控温按钮，启动水泵，将温度控制器编码开关调到某一温度（例如高于室温 5 ℃），对待测液体水浴加热，到达设定温度后，红色指示灯亮，进行保温，由于热惯性，需待一段时间后，才能达到平衡，记下容器中酒精温度的读数（此为液体温度）。

（2）控温机箱上的数显表显示"PH－2"，霍尔传感器上的 LED 应亮。

（3）用游标卡尺测量针的直径和长度 L，计算针的体积 V（用量筒直接测量针的体积亦可）。用天平称针的质量 m，从而求出针的有效密度 $\rho_S = m/V$。

（4）用比重计测量液体的密度 ρ_L，若无比重计，ρ_L 由实验室给出［或根据式（5－35－5）算出预定温度下的液体密度］。

（5）取下容器端的盖子，将针放入液体中，然后盖上盖子。

（6）按控温机箱上的复位键，显示"PH－2"，表示已经进入复位状态。

（7）按"2"键，"H"或"L"表示毫秒计进入计时待命状态。

（8）将投针装置的磁铁拉起，让针落下，稍待片刻，数显表显示时间（毫秒）。［参考：如果按 A 键提示修改参数，第一次显示落针的有效密度（如：2 260 kg/m³），第二次显示蓖麻油的有效密度（如：950 kg/m³），第三次按 A 键显示该设定温度下的液体粘度。］

（9）用取针装置将针拉起，重复测量。将测量值填入表 5－33－1 中。

（10）设定其他温度，继续加热液体，测定设定温度下液体的粘度，做粘度与温度关系曲线。

实验全部完成后，用磁铁将落针吸引至样品管口，用控杆吸住，以备下次实验使用。

（七）数据记录及处理

表 5－33－1　粘度的测定

$\rho_0 = \underline{\hspace{2cm}}$ kg/m³；$L = \underline{\hspace{2cm}}$ m

温度/℃ 　　次数 参数	1	2	3	4	5	6	$\overline{\eta}$/Pa·s
T/ms							
η/Pa·s							
T/ms							
η/Pa·s							

温度/℃　　参数	次数	1	2	3	4	5	6	$\overline{\eta}$/Pa·s
	T/ms							
	η/Pa·s							
	T/ms							
	η/Pa·s							
	T/ms							
	η/Pa·s							
	T/ms							
	η/Pa·s							

(八) 思考题

(1) 通过本实验装置, 是否可以测量液体的密度? 如果可以的话, 请说明理由。

(2) 如果只改变本实验落针的密度, 对该实验可能造成什么影响?

实验 34　数字万用表设计实验

随着大规模集成电路的发展，传统的指针式电表已逐渐被数字式电表所取代。传统指针式电表测量精度低，体积大，读数不便，作为实验仪器容易被损坏，而数字式电表格则能弥补它的不足，因而数字式电表正广泛应用于各个方面。

（一）实验目的

（1）学会分压，分流原理。
（2）学会数字万用表的使用。
（3）掌握电阻 – 电压转换，电流 – 电压转换，交流 – 直流转换原理。

（二）实验仪器

KD – SDG – Ⅰ数字万用表设计实验仪，导线，数字万用表等。

（三）预习思考题

（1）为什么说三位半数字表头仅仅是一个只能测量 0 ~ 199.9 mV 的电压表？
（2）交流电压或电流测量时要先转换成直流电压或电流，为什么？
（3）能否把数字表的量程改变成任意量程？为什么？

（四）实验原理

一般数字式仪表，通常由 A/D（模/数）转换电路、时钟电路、驱动电路、显示电路等组成，数字式电表（表头）不经改装直接测量仅能测量直流电压量，如果要测量非直流电压量，如电流、电阻等必须先把这些量转换成直流电压量才能测量。

KD – SBG – Ⅰ数字万用表设计实验仪使用的数字式电表（表头）电路是由 7107 主体构成，是一个三位半数字电表，即最高位第 4 位只能显示"1"和"0（或不显示）"，所以表头直接能测量的仅仅是 0 ~ 199.9 mV 的直流电压。如果要测量大于 199.9 mV 的电压则要经分压电路使直接输入表头的电压不大于 199.9 mV 才能正确地测量并显示出来，如果要测量直流电流或电阻就必须先把这些量通过线性转换电路转换成电压量再输入表头测量显示。如果数值太大则要经过分压电路。如果测量交流电压或电流则必须经过交流/直流（AC/DC）转换电路，变成直流电压或电流才能正确测量显示。总之输入表头的只有是 0 ~ 199.9mV 的直流电压信号才能正确测量显示出来。

KD – SBG – Ⅰ数字万用表设计实验仪面板如图 5 – 34 – 1 所示。

1. 电压的扩程

（1）由于电压表头仅能测量小于 200 mV 的直流电压，要测量大于 200 mV 的电压，就必须通过分压电路达到表头的量限。

（2）分压原理图（图 5 – 34 – 2）。

KD-SBG-I 数字万用表设计性实验仪

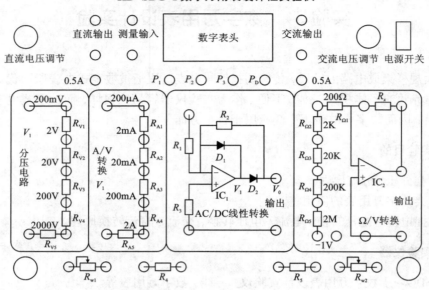

图 5 – 34 – 1 实验仪面板图

用 V_i 代表待测量，V_{in} 代表表头的输入，凡是 V_i 大于 200 mV 时必须经过分压网络，达到规定的 V_{in} 值，表头才能正确显示测量值。实验仪的分压网如图 5 – 34 – 2 所示，其中：$R_{V1} = 900$ kΩ，$R_{V2} = 90$ kΩ，$R_{V3} = 9$ kΩ，$R_{V4} = 900$ Ω，$R_{V5} = 100$ Ω。

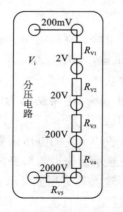

图 5 – 34 – 2 分压原理图

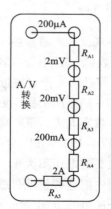

图 5 – 34 – 3 A/V 转换电路

（3）电表小数点的确定。

对于 200 mV，200 V 应点亮 DP3，20 V 应点亮 DP2，2V 应点亮 DP1。对于后述的测电流、电阻原理相同。实验者自己设计。

2. 电流的测量

（1）前面已述，基本数字电表（表头）仅能测量直流电压，要测电流必须通过电流 – 电压

（A－V）转换电路，如图 5－34－3 所示。对于电流表应尽量使其内阻要小，即测量时对原被测电路的电流影响要小。

（2）电路原理。I_i 代表被测电流，R_A 为分流电阻，则 $V_{in} = I_i R_A$。通过合理改变 R_A 的阻值，可以测量相应的电流，R_A 的阻值可选择 $R_{A1} = 1\ \text{k}\Omega$，$R_{A2} = 100\ \Omega$，$R_{A3} = 10\ \Omega$，$R_{A4} = 1\ \Omega$，$R_{A5} = 0.1\ \Omega$ 等，相应的测量范围分别是 $200\ \mu\text{A}$，$2\ \text{mA}$，$20\ \text{mA}$，$200\ \text{mA}$，2A 等。

3. 电阻的测量

（1）原理与上述类似，即将电阻－电压（Ω－V）进行线性转换，电路如图 5－34－4 所示。被测电阻接入标 R_x 的位置，则可被线性转换成电压信号输出，把这个输出 V_{out} 作为 V_{in} 接入表头即可被测量显示。

（2）电路原理：V_s 是基准电压大小，等于 $-1\ \text{V}$，R_Ω 是一个电阻网络，改变它就可以改变运算放大器的输入电阻，如基准电压 V_s 与输出电阻 R_Ω 网络相连，运算放大器的输出电压为：

$$V_{out} = -\frac{R_X}{R_\Omega} V_s$$

因为 $V_s = -1\ \text{V}$，所以 R_Ω 一旦确定则 V_{out} 随 R_x 线性变化，从而实现了电阻－电压的转换。改变 R_Ω 则可以改变被测电阻的范围，即量程。实验仪可选的量程为 $200\ \Omega$，$2\ \text{k}\Omega$，$20\text{k}\Omega$，$200\ \text{k}\Omega$，$2\ \text{M}\Omega$ 等。

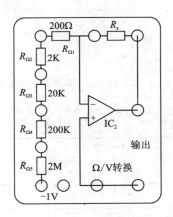

图 5－34－4　$\Omega/$V 转换电路

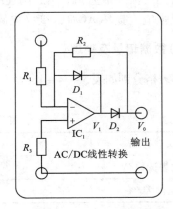

图 5－34－5　AC/DC 转换电路

4. 交流电压、电流的测量

（1）在测量交流电压、电流时，必须通过交流/直流（AC/DC）交换电路把交流电压、电流变成直流电压、电流才能进行测量。测交流电压时先经分压电路，再接入 AC/DC 变换电路，变成直流电压且其值不大于 200 mV，然后接入表头测量显示。测交流电流时先经电流/电压转换电路，再经 AC/DC 变换电路，变成直流电压并使其值不大于 200 mV，再接入表头测量显示。

（2）交流/直流变化电路原理。如图 5－34－5 所示的 AC/DC 变换电路中，D_1、D_2 为整流二极管，当输入信号电压为正极性 $V_x > 0$ 时，$V_i < 0$ 为负电压，D_1 导通 D_2 截止，输出电压 $V_0 = 0$。当输出电压为负，$V_x < 0$，放大器输出 $V_0 = 0 = V_i = -R_2 V_x / R_1$，从而实现了对输入信号的线性交直变换。

(五)实验内容及步骤

1. 直流电压的测量

实验仪提供了 $0 \sim 20$ V 的直流电压,电压的大小可以通过面板上的电位器来调节。测量时可以将此电压作待测电压。通过分压电路选择合适的量程后直接连入实验仪表头测量输入。

2. 直流电流的测量

测量直流电流时,可选用实验仪(面板上)提供的直流电压,经过电阻或电位器组成回路形成电流(注意如电阻不大时电压不能太高,否则将过流烧保险而开路)。测量时将电流引入A/V 转换输入端,选好合适的量程后接入表头测量显示。

3. 电阻的测量

将仪器上提供的待测电阻 $R_4 = 1$ kΩ, $R_5 = 100$ kΩ, $R_{w1} = 1$ kΩ, $R_{w2} = 10$ kΩ 等用导线接入 R_x 两端。选择好量程(注意所选量程和所测电阻不能相差太大,否则误差将增大),即用插线将 V_s(-1.000 V)与所选量程连接,如:测量 1 kΩ 电阻选择"2 K"挡,只要用插线将 V_s(-1.000 V)端与"2 K"挡短接即可,将放大器的输出接入表头测量显示。

4. 交流电压、电流的测量

先将交流电压或电流接入分压电路或 A/V 转换电路,再由相应的量程输出接入 AC/DC 变换电路把交流变成直流,然后用连线接入表头测量显示(注意:先分压,再 A/V 转换可防高电压或强电流损坏 AC/DC 变换电路)。

(六)数据记录及处理

数据表格分别如表 5 - 34 - 1、表 5 - 34 - 2、表 5 - 34 - 3、表 5 - 34 - 4、表 5 - 34 - 5 所示。

表 5 - 34 - 1　直流电压测量

表头读数/V				…
万用表读数/V				
相对误差/%				

表 5 - 34 - 2　直流电流测量

表头读数/mA				…
万用表读数/mA				
相对误差/%				

表 5 - 34 - 3　电阻的测量

表头读数/kΩ				…
万用表读数/kΩ				
相对误差/%				

表 5 – 34 – 4 交流电压的测量

表头读数/V				...
万用表读数/V				
相对误差/%				

表 5 – 34 – 5 交流电流的测量

表头读数/mA				...
万用表读数/mA				
相对误差/%				

注意事项：

（1）当待测量绝对值 > 199.9 mV 时，表头最高位显示为 ±1，表示溢出，应改变电阻网络的阻值，使输入表头的电压减小。

（2）分清电流/电阻变换电路及交流/直流变换电路，不可弄错以免出现故障。

（3）使用仪器提供的可调电压作被测量时先要调到较小值再逐步增大，可免超量程烧保险开路，造成表头读数无变化。

（七）思考题

（1）怎样确定小数点的位置？

（2）为什么实验仪交流量的误差大于直流量的误差？

（3）测量电阻的误差主要是怎样产生的？怎样减小误差？

实验 35 压力传感器特性的研究及应用

压力传感器是将被测压力转换为电流或电压信号，它广泛应用于生产实践中。电阻应变片压力传感器是常用的一种压力传感器，电阻应变片是这种传感器的敏感元件。用电阻应变片可以测量拉伸、压缩、扭转和剪切等应变或应力。使用时往往根据测量要求，将一个或几个应变片按一定方式接入某种测量电桥，实现预期的测量功能。

（一）实验要求

（1）测量应变式传感器的压力特性，计算其灵敏度。
（2）掌握电子秤的设计、制作和调试技巧，并设计一个量程为 199.9 g 的电子秤。

（二）实验目的

（1）了解金属箔式应变片的应变效应和性能。
（2）测量规则物体的密度。
（3）测量液体表面张力系数。

（三）实验仪器与用具

KD－YL－1 压力传感器特性及应用综合实验仪、应变传感器实验模板、实验装置、游标卡尺和砝码。

（1）KD－YL－1 压力传感器特性及应用综合实验仪面板如图 5－35－1 所示。

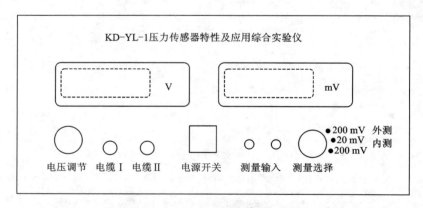

图 5－35－1 KD－YL－1 压力传感器特性及应用综合实验仪面板图

（2）应变传感器实验模板如图 5－35－2 所示。
（3）实验装置如图 5－35－3 所示。

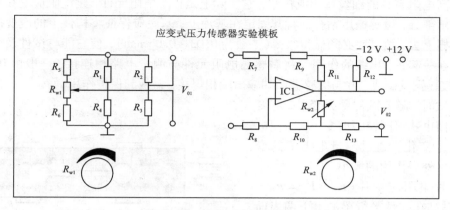

图 5－35－2　应变式压力传感器实验模板图

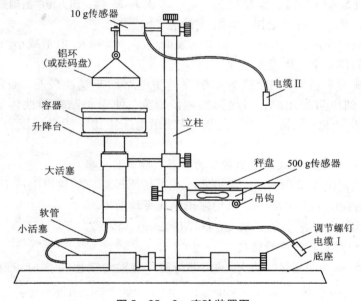

图 5－35－3　实验装置图

（四）预习思考题

（1）压力传感器是怎样将压力转化为电压输出的？

（2）测液体表面张力系数时，小环为什么要水平放置？

（五）实验原理

1．压力传感器

由于导体的电阻与材料的电阻率以及它的几何尺寸（长度和截面）有关，当导体承受机械形变时，其电阻率、长度和截面积都要发生变化，从而导致其电阻发生变化，因此电阻应变片能将机械构件上应力的变化转换为电阻的变化。

电阻应变片一般由敏感栅、基底、粘合剂、引线、盖片等组成。敏感栅由直径为 0.01～

0.05 mm 高电阻系数的细丝弯曲成栅状，它实际上是一个电阻元件，是电阻应变片感受构件应变的敏感部分，敏感栅用粘合剂将其固定在基片上；基底应保证将构件上的应变准确地传送到敏感栅上去，故基底必须做得很薄（一般为 0.03~0.06 mm），使它能与试件及敏感栅牢固地粘结在一起；引出线的作用是将敏感栅电阻元件与测量电路相连接，一般由 0.1~0.2 mm 低阻镀锡铜丝制成，并与敏感栅两端输出端相焊接；盖板起保护作用。

　　在测试时，随着试件受力变形，应变片的敏感栅也获得同样的形变，从而使电阻随之发生变化。通过测量电阻值的变化可反映出外力作用的大小。

　　将 4 片电阻应变片（$R_1 = R_2 = R_3 = R_4$）分别粘贴在弹性平行梁的上下两表面适当的位置，梁的一端固定，另一端自由用于加载外力（图 5-35-4），弹性梁受载荷作用而弯曲，梁的上表面受拉，电阻

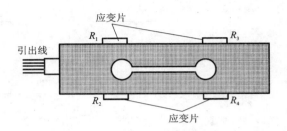

图 5-35-4　压力传感器测量原理图

片 R_1 和 R_3 亦受拉伸作用，电阻增大；梁的下表面受压，R_2 和 R_4 电阻减小。这样，外力的作用通过梁的形变而使 4 个电阻发生变化。

　　由应变片组成的全桥测量电路（为了消除电桥电路的非线性误差，通常采用非平衡电桥），当受应片受到压力作用时，引起弹性体的形变，使得粘贴在弹性体上的电阻应变片 $R_1 \sim R_4$ 的阻值发生变化，电桥将产生输出，其输出电压正比于所受的压力，这就是压力传感器。

　　2. 用标准砝码测量应变式传感器的压力特性，计算其灵敏度

　　按顺序增加砝码的数量（每次增加 20 g），记下传感器对应的输出电压 U；再逐一减少砝码，记下传感器对应的输出电压 U'，求出输出电压平均值 $\overline{U}$。

　　用逐差法求出力敏传感器的灵敏度：$s = \Delta U / \Delta mg$（mV/N）。

　　3. 电子秤的设计，测物质的密度

　　参见图 5-35-2。用连接线将 V_{01} 输出端与放大器输入端相连，加标准砝码测量放大器输出端的电压 V_{02}。调节 R_{w2} 标定电子秤。

　　用游标卡尺测量物质的体积 V，用传感器测量物质的质量 m，则密度 $\rho = \dfrac{m}{V}$。

　　4. 液体表面张力系数的测量

　　将一个外径为 D_1，内径为 D_2 的小金属环固定（悬挂）在传感器上，然后使该环浸没于液体中，并渐渐拉起圆环，当它从液面拉脱瞬间，传感器受到的拉力差值（即液体表面张力）f 为：

$$f = (U_1 - U_2)/B = \Delta U / B$$

其中：U_1、U_2 分别为金属环刚要脱离液面的瞬间和脱离后传感器的输出电压，B 为力敏传感器的灵敏度。液体表面张力系数为：

$$\alpha = f/\left[\pi(D_1 + D_2)\right] \quad （\text{N/m}）$$

（六）实验内容与步骤

1. 压力传感器的压力特性测量

（1）开机预热。

（2）将传感器输出电缆 I 线（即秤盘电缆线）接入综合实验仪电缆 I 座，测量选择置于内测 200 mV，接通电源，调节工作电压为 9 V，在托盘上加砝码，按顺序每次增加 20 g，直至 200 g，分别测传感器的输出电压，然后逐一减少砝码，测输出电压记录于表 5 – 35 – 1，根据其平均值，用逐差法求出灵敏度 s。

（3）改变工作电压分别为 12 V 和 15 V，重复（2）的测量，测量相应的灵敏度 s。

2. 电子秤的设计

（1）连线：秤盘电缆 I 与"实验模板仪"左上角的插座相连，右角插孔用电缆线连接"综合实验仪"的电缆座 I，用连接线将 V_{01} 输出端与放大器输入端相连，红、黑二表笔线从 V_{02} 连接"测量输入"插孔，测量选择用"外测"。

（2）调零：工作电压调 15 V（不小于 12 V），调节 R_{W1} 使输出电压为 00.0 mV。

（3）定标：加标准砝码 100 g，调节 R_{W2} 使放大器输出的电压 V_{02} 为 100.0 mV（即 1 mV 为 1 g）。取下砝码后若不再是 0.0 mV，再调 R_{W1}，反复两次调零与定标即可。

（4）加标准砝码 150 g 测量，放大器输出端的电压 V_{02} 应为 150.0 mV，否则微调 R_{W2} 使放大器输出端的电压 V_{02} 为 150.0 mV。

（5）重复（2）、（3）、（4）步使放大器输出端的电压 V_{02} 偏差最小。

（6）测试：将任意砝码放入托盘，测其质量。

3. 物质密度的测量

用游标卡尺测量圆柱的体积 V，用传感器和实验模板组成的电子秤测量圆柱的质量 m（表 5 – 35 – 2）。

4. 测量液体表面张力系数

（1）连线：将小挂盘传感器电缆线 II 插入"综合实验仪"的电缆座 II，用"内测"选择 200 mV，工作电压用 14 V。

（2）将砝码盘挂在力敏传感器的钩上。

（3）对力敏传感器定标：整机预热约 10 min 后，在力敏传感器的挂盘上分别加放各种质量砝码（加放砝码时应尽量轻），测出相应的电压输出值（表 5 – 35 – 3）。计算出力敏传感器的灵敏度 B。

（4）用游标卡尺测定吊环的内外直径。

（5）在容器内放入被测液体并放在升降台上。

（6）测定液体表面张力系数：挂上吊环，以顺时针转动与小活塞相连的升降台调节螺丝时，液体表面上升，当环下沿部分均浸入液体中时，改为逆时针转动该螺丝，这时液面往下降（相对而言，吊环往上提拉），在此过程中，可观察到液体产生的浮力与张力的情况，并观察环浸入液体中及从液体中拉起时的现象，特别应注意吊环即将拉断液柱前一瞬间数字电压表读数值为 U_1，拉断后数字电压表读数值为 U_2，记下这两个数（表 5 – 35 – 4）。

注意事项：

在整个电路连接好之后才能打开电源开关；严禁带电插拔电缆插头。

（七）数据记录及处理

表 5 – 35 – 1　压力传感器的压力特性测量
（表内填写测出的对应输出电压，单位：mV）

m/g									
9	加								
	减								
	$\overline{U}$								
12	加								
	减								
	$\overline{U}$								
15	加								
	减								
	$\overline{U}$								

用逐差法分 5 组求平均，求出位移传感器的灵敏度（即定标系数）：$s = \Delta U / \Delta mg$，

9 V：$s = $ ＿＿＿＿＿＿ mV/N；

12 V：$s = $ ＿＿＿＿＿＿ mV/N；

15 V：$s = $ ＿＿＿＿＿＿ mV/N；

表 5 – 35 – 2　物质密度的测定
（柱高 h 和直径 D 可在不同位置测 3 次求平均值并填入）

材料	h/cm	D/cm	V/cm^3	m/g	$\rho = m/V$
铝					
铜					

表 5 – 35 – 3　力敏传感器定标

砝码 m/g									
输出电压 U/mV									

用逐差法分 5 组求平均：$\Delta \overline{U} = $ ＿＿＿＿＿＿ mV，

再求得仪器的灵敏度：$B = \dfrac{\Delta \overline{U}}{\Delta mg} = $ ＿＿＿＿＿＿ mV。

表 5 - 35 - 4　纯水(或其他液体)的表面张力系数测量

(水温_____℃)

测量次数	U_1/mV	U_2/mV	ΔU/mV	f/(×10⁻³ N)	α/(×10⁻³ N/m)
1					
2					
3					
4					
5					

吊环的内外直径(在环的不同位置测 3 次,求出平均值)为:

外径 $D_1 =$ _____ cm, 内径 $D_2 =$ _____ cm

求得在此温度下的表面张力系数(平均值)为:

$$\overline{\alpha} = \underline{\hspace{3cm}} \text{ N/m}$$

说明:液体表面张力系数与温度有关,温度升高,α 就减小;也与含杂质有关。经查表,纯水在 18℃时的表面张力系数标准值 $\alpha = 73 \times 10^{-3}$ N/m,

百分误差 = _____%

(八)思考题

(1)在测量液体表面张力系数的实验中,引起误差的因素有哪些? 操作时应注意什么?

(2)什么是传感器的灵敏度? 由测量结果可见,它与什么有关?

实验 36　光拍法测量光的速度

光速是物理学中的基本恒量之一，准确测定光速一直是物理学、天文学等领域的重要任务。

（一）实验要求

理解光拍频波的概念，掌握声光调制获得光拍频波的原理。

（二）实验目的

测定光在空气中的传播速度。

（三）实验仪器

光速仪，脉冲示波器，数字频率计等。

（四）实验原理

用比较位相法间接地测定光速，两束光的光程差 ΔX 与位相差 $\Delta \varphi$ 的关系为：

$$\Delta \varphi = 2\pi \frac{\Delta X}{\lambda}$$

当位相差 $\Delta \varphi = 2\pi$ 时，光程差 ΔX 就等于波长 λ。通过光电检测器把光信号转变成电信号显示在示波器上，就很容易比较其位相关系。

由于光的频率极高($f > 10^{-14}$ Hz)，光电检测器的光敏面不能反应这样快的光强变化，它仅能反应 10^8 Hz 以下的光强变化，并产生与该变化相应的交变光电流，所以用光拍频波的形式转化成频率较低的载波进行检测。

1. 光拍频波的形成和传播

根据光波的叠加原理，两束传播方向相同，频率相差较小的单色光相互叠加，即形成拍。对于振幅相同($E_1 = E_2 = E$)、频率分别为 f_1 和 f_2 的沿相同方向传播的两单色光，当 $f_1 > f_2$ 和 $\Delta f = f_1 - f_2$ 较小时，它们的位移方程分别为：

$$E_1 = E\cos(\omega_1 t - k_1 x + \varphi_1)$$
$$E_2 = E\cos(\omega_2 t - k_2 x + \varphi_2)$$

将这两束光迭加，得：

$$E = E_1 + E_2 = 2E\cos\left[\frac{\omega_1 - \omega_2}{2}\left(t - \frac{x}{c}\right) + \frac{\varphi_1 - \varphi_2}{2}\right]\cos\left[\frac{\omega_1 + \omega_2}{2}\left(t - \frac{x}{c}\right) + \frac{\varphi_1 - \varphi_2}{2}\right]$$

$$(5 - 36 - 1)$$

令 $A = 2E\cos\left[\dfrac{\omega_1 - \omega_2}{2}\left(t - \dfrac{x}{c}\right) + \dfrac{\varphi_1 - \varphi_2}{2}\right]$，则：

$$E = A\cos\left[\frac{\omega_1 + \omega_2}{2}\left(t - \frac{x}{c}\right) + \frac{\varphi_1 + \varphi_2}{2}\right]$$

$$(5 - 36 - 2)$$

上式说明，合成波是振幅为 A、角频率为 $\dfrac{\omega_1+\omega_2}{2}$ 的沿 X 方向传播的前进波。由于振幅 A 以频率 $\Delta f=\dfrac{\omega_1-\omega_2}{2\pi}$ 周期性地缓慢变化，因此称 A 为光拍频波。Δf 为两相拍单色光波的频率之差，简称拍频。

由于 ω_1 和 ω_2 的数值很大，而$(\omega_1-\omega_2)$的数值远小于$(\omega_1+\omega_2)$，所以，E_1 的变化极快，A 的变化缓慢。光拍频波的形成和传播如图 5 – 36 – 1 所示。

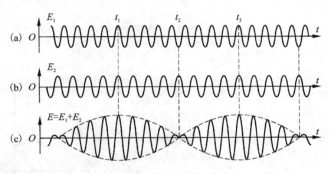

图 5 – 36 – 1　光拍频波的形成

在实验中，用光电检测器接收拍频波光信号，光电检测器的光敏面上产生的光电流 I_c 与光强（电场强度的平方）成正比，故：

$$I_c = gE_t^2 \qquad (5-36-3)$$

式中 g 为光电接收器的光电转换系数。把式$(5-36-2)$代入式$(5-36-3)$，可求 I_c 的平均值 $\overline{I_c}$。把 I_c 对时间积分，并取光电检测器响应时间 $\tau(1/f<\tau<1/\Delta f)$ 的平均值，其中高频成分的平均值为零，只剩下常数项和缓变项（缓变项为光拍信号）：

$$\overline{I_c}=\frac{1}{\tau}\int_\tau I_c \mathrm{d}t = gE^2\Big[1+\cos(\omega_1-\omega_2)\Big(t-\frac{x}{c}\Big)+\varphi_1-\varphi_2\Big] \qquad (5-36-4)$$

式中$(\varphi_1-\varphi_2)$为初相。该式说明，光电检测器输出的光电流包含直流和光拍频波两种成分。滤去直流成分，可得到频率为 Δf、初相为$(\varphi_1-\varphi_2)$的简谐拍频光信号：

$$I_t = gE^2\cos\Big[(\omega_1-\omega_2)\Big(t-\frac{x}{c}\Big)+\varphi_1-\varphi_2\Big] \qquad (5-36-5)$$

式$(5-36-5)$说明，拍频光信号 I_t 的位相随空间的位置坐标 X 及初相$(\varphi_1-\varphi_2)$的不同而变化。在某一时刻 t，该信号的振幅随空间位置 X 的分布情况如图 5 – 36 – 2 所示。

图 5 – 36 – 2 说明，在某一时刻 t，置于空间中不同位置的光电检测器，将输出不同

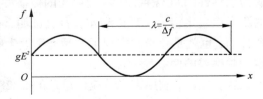

图 5 – 36 – 2　光拍频波的空间分布

位相的简谐光电流。从而，用比较位相的方法可以间接地测定光速。假设测量线上有点 X_A 和点 X_B，由式$(5-36-5)$可知，在某一时刻 t，点 X_A 与点 X_B 之间的距离等于光拍频波的波

长 λ 的整数倍时,该两点的位相差为:

$$(\omega_1 - \omega_2)\frac{X_A - X_B}{c} = 2n\pi \quad n = 1, 2, 3, \cdots$$

考虑到 $\omega_1 - \omega_2 = 2\pi\Delta f$,从而:

$$X_A - X_B = n\frac{c}{\Delta f} \quad n = 1, 2, 3, \cdots \qquad (5-36-6)$$

由于相邻两个位相点之间的距离 $(X_A - X_B)$ 等于光拍频波的波长 λ,并注意到此时的 $n=1$,由式 $(5-36-6)$ 可得:

$$X_A - X_B = \lambda = \frac{c}{\Delta f} \qquad (5-36-7)$$

上式说明,只要我们在实验中测出 Δf 和 λ,就可间接确定光速 c。

2. 利用声光效应产生光拍频波

光拍频波要求相拍的两光束有确定的频率差。本实验利用氦-氖激发器的 6 328 Å 谱线作单色光源,通过声光效应使 6 328 Å 谱线产生固定的频率差。图 5-36-3 为声光效应原理图。功率信号源输出的频率为 1.5 MHz 左右、功率为 1 W 左右的正弦信号加在移频器的晶体压电换能器上,超声波沿 X 方向通过声光介质,在该介质内部产生应变,导致介质的折射率在时间和空间上发生周期性变化,在各向同性介质中折射率的改变为:

$$\Delta n = \mu\sin(kx - \Omega t)$$

从而,声光介质内部的折射率 $n(x)$ 为:

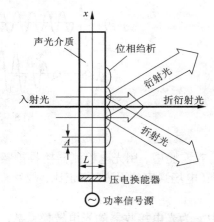

图 5-36-3　声光效应原理示意图

$$n(x) = n + \Delta n = n + \mu\sin(kx - \Omega t) \qquad (5-36-8)$$

式中:k 是介质中声波数,Ω 为声波角频率,μ 是"声致折射率变化"的幅值。入射的平面激光束与超声波在声光介质中相遇,光通过厚度为 L 的声光介质时,位相的改变为:

$$\Delta\varphi(x) = n(x)k_0 L = nk_0 L + \mu k_0 L\sin(k_0 x - \Omega t) \qquad (5-36-9)$$

式中:k_0 为真空中的光波数;$nk_0 L$ 为通过不存在超声波的介质后的位相改变;$\mu k_0 L\sin(kx - \Omega t)$ 为介质中存在超声波而引起的光的附加位相改变,这种改变在 x 方向呈周期性变化,好像光栅一样,所以又称为"位相光栅"。这样就使得 6 328 Å 的单色光波的波阵面由原来的平面改变为周期性的"位相绉折",使得光的传播方向发生了改变。由波动光学原理可知,这是入射的激光束发生衍射。理论和实验都已证明,这种衍射光的频率产生了与超声波频率有关的频率移动,也就是超声波实现了使激光束发生频移的目的,从而使人们可能在实验中获得有确定的频率差的两束光。

在实验室中,利用声光效应使单色的 6 328 Å 激光束产生频移的方法有行波法和驻波法。利用行波法使单色激光束产生频移的原理如图 5-36-4 所示。

在声光介质的一端是声源(压电换能器),在与声源相对的一个端面上涂有吸声材料,使超声波反射降到最低程度,保证在声光介质中只有声行波通过。超声波与激光单色波相互作用的结果,使 6 328 Å 激光束产生对称多极衍射。第 L 级衍射光的角频率 $\omega_L = \omega_0 + L\Omega$,其中

的 ω_0 为入射光的角频率，$L = \pm 1$，± 2，$\cdots$，$+1$ 级衍射光的角频率 $\omega_1 = \omega_0 + \Omega$，0 级衍射光的角频率 $\omega_2 = \omega_0$，与该条件的拍频率 Δf 相应的角频率 $\Delta\omega_1 - \omega_2 = \Omega$，仔细调节光路，可使 $+1$ 与 0 级二光束平行叠加，产生频差为 Ω 的光拍频波。

驻波法是使声光介质传播声音的厚度为超声波半波长的整数倍，使超声波发生反射，在声光介质中出现驻波声场，产生 L 级对称衍射，这种衍射可用图 5 – 36 – 5 表示。

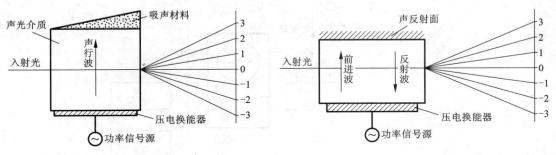

图 5 – 36 – 4 行波法产生对称衍射　　　　　图 5 – 36 – 5 驻波法产生光的衍射

由于驻波法产生的衍射光比行波法的衍射效率高很多，所以本实验采用驻波法使 6 328 Å 单色激光谱线产生频移，该法的第 L 级衍射光的角频率 ωL 的数值为：

$$\omega_1 = \omega_0 + (L + 2m)\Omega \qquad (5-36-10)$$

上式中的 L、$m = 0$，± 1，± 2，$\cdots$。上式说明，在同一级衍射光束内有许多不同频率的光波相互叠加，但各种成分的强度互不相同。所以，不需移动光路就可以获得光拍频波。通常取第一级衍射光进行实验，由 $m = 0$，-1 的两种频率的光束叠加，得到频差为 2Ω 的光拍频波。

(五) 实验步骤

1. 光速仪的检查和调整

按照图 5 – 36 – 6 接好光速仪的电路，检查各光学元件的几何位置。接通电源开关，将仪器预热 15 min，使氦 – 氖激光器的输出功率稳定在最大值。按照说明书使脉冲示波器处于外触发状态。接通稳压电源开关，检查直流电压，使直流电源正常向仪器供电。

调整光栏和反射镜的中心高度，使光栏和各个反射镜的中心等高，并让 $+1$ 级和 -1 级衍射光通过光栏再投射到各相邻的反射镜的中心点。将功率信号源发出的角频率为 Ω 的超声波调制信号加到声光调制器上，并用数字频率计精确测出该频率的实际数值。用斩光器分别切断近程光和远程光，在脉冲示波器的荧光屏上分别检查与远程光束和近程光束相应的经分频的光拍频波形。

2. 双光束位相比较法测量光速

(1) 在图 5 – 36 – 7 中把示波器 X 轴输入改用示波器本身的扫描系统进行扫描，把功率信号源的输出信号作示波器的外触发信号。用斩光器切断通过半反镜的远程光，示波器荧光屏上将出现近程光束的正弦波形。用斩光器切断近程光束，示波器上将出现远程光束的正弦波形。如果示波器荧光屏上波形的幅度不相等，可调节光电倍增管 (或光电二极管) 前的透镜，改变进入光检测器光敏面的光强的大小，使近程光束与远程光束的幅值相等。当近程光束与

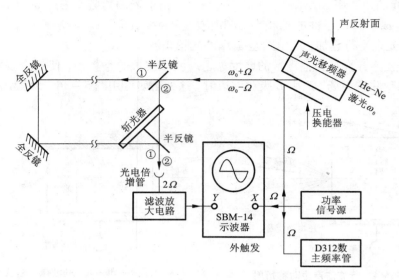

图 5 − 36 − 6　光速测定仪光路图

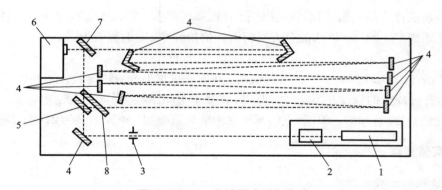

图 5 − 36 − 7　光拍频法测定光速

1—He − He 激光源；2—声光移频器；3—光栏；4—全反射镜；
5—分光镜；6—光电检测及放大器；7—半反射镜；8—斩光镜

远程光束的光程差为拍频波的波长的整数倍时，在示波器上两光束的正弦波形就完全重合。因此，只要在光速仪的轨道上缓慢移动滑动平台及其反射镜，并使两光束的正弦波形在示波器荧光屏上完全重合，远程光与近程光的光程差 L 就恰好等于光拍频波的波长（$L = \lambda$）。从而，求得光速 $c = \Delta f \cdot \lambda = \Delta f \cdot L$，而 Δf 的实际数值可由数字频率计读出。

（2）保持上述条件不变，在光速仪的轨道上缓慢移动滑动平台及其反射镜，并使示波器的荧光屏上呈现出远程光速与近程光速的光程差 L 为半个拍频波长 $\lambda/2$ 的图形。根据 $L = \lambda/2$，求得光速 $c = \Delta f \cdot \lambda = \Delta f \cdot 2L$。

（六）数据处理及注意事项

数据表格如表 5 − 36 − 1 所示。

表 5 - 36 - 1　数据表格

$\Delta\varphi$	信号频率/Hz	光程表 L/m	光速 c/(m·s^{-1})
2π			
π			

注意事项：

(1)声光移频器的引线及冷却铜块不得拆卸。

(2)光源和各单元电路的直流电源,高压电源要按规定的极性接好,严禁反接。

(3)切忌用手或其他污秽和粗糙物接触光学元件的光学面。

(4)切勿带电触摸激光管电源和激光管电极等高压部位,保证人身安全。

(5)仪器不工作时,接收头罩盖要关好,以免光电倍增管疲劳。

(七)思考题

(1)远程光束与近程光束的光程差 L 分别为一个拍频波长($L = \lambda$)和半个拍频波长($L = \lambda/2$)时,示波器上的图像应有何种区别?

(2)实验中如何提高测量值的精度? 本实验的误差如何估计和计算?

(3)在实验中怎样防止假相移的产生? 如何消除假相移?

(八)光拍法激光光速测定仪介绍

本仪器由主机和示波器组成。通过它能直接在示波器的荧光屏上显示两路光程不同的光拍频波的波形和位相,从而间接确定光在空气中的传播速度。

1. 仪器结构

本仪器由发射部分、光路、接收部分和电源 4 种不同功能的设备组成。氦 - 氖激光器、声光移频器和功率信号源构成本仪器的发射部分。仪器的光路由光栏、全反射镜、半反射镜、斩光器、条形轨道、箱体 6 部分组成。光电接收盒和信号处理盒组成仪器的接收部分。电源由氦 - 氖激光器电源和直流稳压电源组合而成。整个仪器结构紧凑、操作方便、测量精度较高。

2. 仪器的电路原理

(1)光拍频信号发射

长 250 mm 的氦 - 氖激光管发出的谱线波长 6 328 Å,辐射功率大于 1 mW,这种激光束射入声光移频器中。功率为 1 W 左右的功率信号源输出频率为 15 MHz 左右的简谐信号,该信号在移频器的晶体压电换能器上,在声光介质中产生驻波,使介质产生相应的疏密变化,形成一位相光栅。因而,从声光移频器中射出的光具有两种以上的频率,所产生的光拍频信号为功率信号源发生的功率信号的倍频。功率信号源采用考比兹振荡电路,经过预放大,最后由功放输出。

(2)光拍接收和信号处理

光波经光电倍增管(或光电二极管)接收,并转化为电信号。在同一级衍射光束中含有许多不同频率的光波,当光电倍增管(或光电二极管)接收这种光束时,这些不同频率的光波各自产生自己的光电流,使得总光电流中含有许多不需要的成分,所需要的光拍频信号淹没在噪声之中,很难进行观测。本仪器采用通频带很窄的表面声波滤波器抑制噪声,使信噪比得到明显提高。滤波放大器如图 5 - 36 - 8 所示。

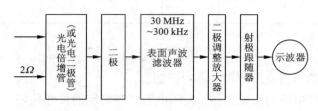

图 5 - 36 - 8   滤波放大器

(3)电源

氦 - 氖激光器采用倍压整流电源,工作电压部分用大电解电容器,保证有一定的电流输出。触发电压采用小容量的电容器,因而时间常数很小、结构简单。

3. 仪器的实验精度

(1)假相移的产生和防止

本仪器的实验精度除要求准确测定频率和光程差以外,还要求准确测定位相。如果操作不当,将产生虚假位移,影响实验精度。产生虚假位移的主要因素是光电二极管(或光电倍增管)光敏面上各点的灵敏度存在差异,使得光电子渡越时间 t 的不一致。

近程光沿透镜 L 光轴入射,会聚在 P_1 点。远程光离光轴入射,会聚在 P_2 点。由于这种原因将出现虚假相移,造成附加误差(如图 5 - 36 - 9 所示)。

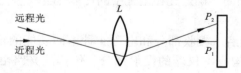

图 5 - 36 - 9   假相移的产生原理

由图 5 - 36 - 9 可知,使远程光和近程光均沿着透镜 L 的主光轴入射,便可防止虚假相移的产生。

(2)近程光与远程光的同轴检验

在近程光路上放置一个光栏片,用斩光器先后切断远程光和近程光,而允许近程光和远程光通过,观察近程光与远程光在光敏面上反射后,两光束是否都成像在透镜的光轴上。如果两光束在光敏面上反射后再通过透镜成像在光轴上,则实验中不存在虚假相移。

实验 37　液体表面张力系数的测定

表面张力是液体表面的重要特性，这种应力存在于极薄的表面层内，是液体表面层内分子力作用的结果。液体表面层的分子有从液面挤入液体内的趋势，从而使液体尽量缩小其表面的趋势，整个液面如同一张拉紧了的弹性薄膜。我们将这种沿着液体表面，使液体表面收缩的力称作液体表面张力。作用于液面单位长度上的表面张力称作表面张力系数。测量该系数的方法有：拉脱法、毛细管法和最大气泡压力法等。本书实验介绍用拉脱法测定液体表面张力系数。

（一）实验要求

（1）了解并掌握拉脱法测量表面张力系数的原理。
（2）熟悉焦利秤的结构和使用方法。
（3）设计出实验数据记录表格。

（二）实验目的

（1）学习焦利秤的使用方法。
（2）用拉脱法测量液体的表面张力系数，了解液体的表面特性。

（三）实验仪器与用具

焦利秤，金属丝框，砝码，玻璃皿，游标卡尺，温度计。

（四）预习思考题

（1）焦利秤与普通秤有什么区别？
（2）实验中应该注意什么？你应该如何对待本次实验？

（五）实验原理

设想在液面上有一长为 l 的线段，那么表面张力的作用就表现在线段 l 两边的液面以力 f 相互作用，f 的方向垂直于线段 l，且与液面相切，大小与 l 的长度成正比，即

$$f = \alpha l \qquad (5-37-1)$$

式中：α 为液体的表面张力系数，它在数值上等于作用在液体表面单位长度上的力。在国际单位制中，表面张力系数的单位为牛［顿］每米，记为 $N \cdot m^{-1}$。表面张力系数 α 的大小与液体的性质、温度和所含的杂质有关。

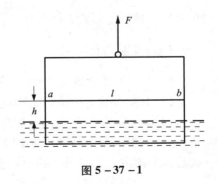

图 5 - 37 - 1

如图 5 - 37 - 1 所示，将金属丝框垂直浸入水中润湿后往上提起，此时金属丝框下面将带出一水膜。该膜有着两个表面，每一表面与水面相交的线段上都受到大小为 $f = \alpha l$，方向竖直向下的表面张力的

作用。要把金属丝框从水中拉脱出来，就必须在金属丝框上加一定的力 F。当水膜刚要被拉断时，则有

$$F = mg + m'g + 2\alpha l \qquad (5-37-2)$$

式中：mg、$m'g$ 分别为金属丝框和水膜所受的重力。据上式有

$$\alpha = \frac{F - mg - m'g}{2l} \qquad (5-37-3)$$

设金属丝的直径为 d，当水膜刚要被拉断时膜的高度为 h，水膜的长度为 l。因为拉出的液膜有前后两个表面，中间有一层厚度约为 d 的被测液体膜，该液体膜所受重力为：

$$m'g = \rho dhlg$$

由上式可见，只要测量金属丝框的宽度 l、直径 d 和水膜拉断时的高度 h，用焦利秤测出 $F - mg$ 之值，就可用式（5-37-3）算出水的表面张力系数。

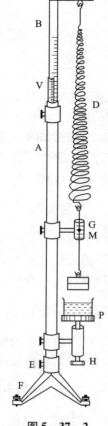

图 5-37-2

（六）实验仪器介绍

焦利秤是一种精细的弹簧秤，常用于测量微小的力。如图 5-37-2 所示，带有米尺刻度的圆柱 B 套在中空立管 A 内，A 管上附有游标 V。调节旋钮 P 可使 B 在 A 管内上下移动。B 的横梁上悬挂一个锥型细弹簧 D，弹簧的下端挂着一面刻有水平线 G 的小镜，小镜悬空在刻有水平线 M 的玻璃管中间。小镜下端的小钩用来悬挂砝码盘和金属丝框。调节螺旋 H 可让工作平台 P 做上下移动。

使用焦利秤时，通过调节旋钮 E 使圆柱 B 上下移动，从而调节弹簧 D 的升降，目的在于使小镜上的水平刻线 G、玻璃管上的水平刻线 M 以及 M 刻线在小镜中的像三者重合（简称"三线对齐"），这样可以保持 G 线的位置不变。应当指出，普通弹簧秤是上端固定，加负荷后向下伸长。而焦利秤是保持弹簧的下端（G 线）的位置不变，则弹簧加负载后的伸长量 Δx 与弹簧上端点向上的移动量相等，它可用圆柱 B 上的主尺和套管 A 上的游标来测量。再根据胡克定律

$$F = k\Delta x \qquad (5-37-4)$$

在已知弹簧劲度系数 k 的条件下，求出力 F 的量值。

（七）实验内容

1. 测量弹簧的劲度系数

（1）挂好弹簧、小镜和砝码盘，使小镜穿过玻璃管并恰好在其中。

（2）调节三足底座上的底脚螺丝，使立管 A 处于垂直状态。

（3）调节升降旋钮 E，使小镜的刻线 G、玻璃管的刻线 M 及 M 在小镜中的像三者重合。从游标上读出未加砝码时的位置坐标 x_0。

（4）在砝码盘内逐次添加相同的小砝码 Δm（如取 $\Delta m = 0.50$ g）。每增添一只砝码，都要调节升降旋钮 E，使焦利秤重新达到"三线对齐"，再分别读出其位置坐标 x_i。

（5）用逐差法处理所测数据，求出弹簧的劲度系数 $\bar{k}$。

2. 测量水的表面张力系数

（1）把金属丝框、玻璃皿和镊子清洗干净，并用蒸馏水冲洗。用镊子将金属丝框挂在小镜下端的挂钩上，同时把装入适量蒸馏水的玻璃皿置于平台上。

（2）调节平台升降螺旋 H，使金属丝框浸入水中。再调节升降旋钮 E，使焦利秤达到"三线对齐"，记下游标所示的位置坐标 x_0。

（3）调节升降旋钮 E，使金属丝框缓缓上升，同时调节 H 使液面逐渐下降，并保持"三线对齐"。当水膜刚被拉断时，记下游标所示的位置坐标 x。

（4）重复上述步骤 6 次，求出弹簧的伸长量 $x-x_0$ 和平均伸长量 $\overline{(x-x_0)}$，于是有 $F-mg=\bar{k}\cdot\overline{(x-x_0)}$。

（5）记录室温，并用游标卡尺测量金属丝框的宽度 L，测量 6 次。

（6）根据式（5-37-3）算出液体的表面张力系数的平均值 $\bar{\alpha}$，并计算出其标准误差 $\sigma_{\bar{\alpha}}$，写出测量结果。

（七）实验数据记录及处理

表 5-37-1　测量弹簧劲度系数

$\Delta m=$ _____ g

i	m_i/g	x_i/cm	i	m_i/g	x_i/cm	$(x_{i+5}-x_i)/\text{cm}$	$\overline{(x_{i+5}-x_i)}/\text{cm}$
0			5				
1			6				
2			7				
3			8				
4			9				

$\bar{k}=$ _____ N·m^{-1}

表 5-37-2　测量水的表面张力系数

$t=$ _____ ℃

次数	x_0/cm	x/cm	$(x-x_0)/\text{cm}$	$\overline{(x-x_0)}/\text{cm}$	L_i/cm	$\bar{L}/\text{cm}$
1						
2						
3						
4						
5						
6						

$\bar{\alpha}=$ _____ N·m^{-1}

$\sigma_{\bar{\alpha}}=$ _____ N·m^{-1}

$\alpha=\bar{\alpha}\pm\sigma_{\bar{\alpha}}=$ _____ N·m^{-1}

（八）思考题

（1）为什么荷叶上的水滴、油里的水滴等均呈球形？

（2）测金属丝框的宽度 L 时，应测它的内宽还是外宽？为什么？

（3）若中空立管不垂直，对测量有何影响？试做定量分析。

（九）注意事项

（1）焦利秤中使用的弹簧是精密易损元件，要轻拿轻放，切忌用力拉。

（2）实验时动作必须仔细、缓慢。平台一次只能下降一点，如果动作鲁莽，会使液膜过早破裂，带来较大误差。

（3）实验过程中小镜子和玻璃管不能相接触，否则会造成较大误差。

（4）实验过程中要避免液体被污染。若液体中混入其他杂质，会使表面张力系数发生改变，不能反映原来的真实情况。

（5）每次实验前玻璃杯和门形框要用酒精清洗后才能使用。实验结束后用吸水纸将门形框表面擦干，以免锈蚀。

附　录

一、国际单位制

1. 7 个 SI 基本单位的定义

(1)长度单位——米(m)

米等于光在真空中 1/299 792 458 s 时间间隔内所经路径的长度(第 17 届国际计量大会,1983)。

(2)质量单位——千克(kg)

千克是质量单位,等于国际千克原器的质量(第 1 届国际计量大会,1889;第 3 届国际计量大会,1901)。

(3)时间单位——秒(s)

秒是铯–133 原子基态的两个超精细能级之间跃迁所对应的辐射的 9 192 631 770 个周期的持续时间(第 13 届国际计量大会,1967,决议 1)。

(4)电流单位——安[培](A)

安培是电流的单位。在真空中,截面可忽略的两根相距 1 m 的无限长平行圆直导线内通以等量恒定电流时,若导线间相互作用力在每米长度上为 2×10^{-7} N,则每根导线中的电流为 1 A(国际计量委员会,1946,协议 2;第 9 届国际计量大会,1948,批准)。

(5)热力学温度单位——开[尔文](K)

热力学温度单位开尔文是水三相点热力学温度的 1/273.16(第 13 届国际计量大会,1967,决议 4)。

(6)物质的量单位——摩[尔](mol)

摩尔是一系统的物质的量,该系统中所包含的基本单元数与 0.012 kg 碳–12 的原子数目相等。在使用摩尔时,基本单元应予指明,可以是原子、分子、离子、电子及其他粒子,或是这些粒子的特定组合(第 14 届国际计量大会,1971,决议 3)。

(7)光强度单位——坎[德拉](cd)

坎德拉是一光源在给定的方向上的发光强度,该光源发出频率为 450×10^{12} Hz 的单色辐射,且在此方向上的辐射强度为(1/683)W/sr(第 16 届国际计量大会,1979,决议 3)。

2. SI 的基本内容

国际单位制(SI)的基本内容包括:

(1)SI 基本单位及其定义与符号。

(2)有专门名称的 SI 导出单位(包括 SI 辅助单位)及其定义与符号。

(3)SI 词头与符号。

(4)可与 SI 并用的单位及其与 SI 的关系。

分别列表如下：

表1　国际单位制（SI）的基本单位

量的名称	单位名称	单位符号
长度	米	m
质量(重量)	千克(公斤)	kg
时间	秒	s
电流	安[培]	A
热力学温度	开[尔文]	K
物质的量	摩[尔]	mol
发光强度	坎[德拉]	cd

表2　包括SI辅助单位在内具有专门名称的SI导出单位

量的名称	SI 导出单位		
	名称	符号	用 SI 基本单位和 SI 导出单位表示
[平面]角	弧度	rad	$rad = m/m = 1$
立体角	球面度	sr	$sr = m^2/m^2 = 1$
频率	赫[兹]	Hz	$Hz = s^{-1}$
力,重力	牛[顿]	N	$N = kg \cdot m/s^2$
压力,压强,应力	帕[斯卡]	Pa	$Pa = N/m^2 = m^{-1} \cdot kg \cdot s^{-2}$
能[量],功,热量	焦[耳]	J	$J = N \cdot m = m^2 \cdot kg \cdot s^{-2}$
功率,辐[射能]通量	瓦[特]	W	$W = J/s = m^2 \cdot kg \cdot s^{-3}$
电荷[量]	库[伦]	C	$C = A \cdot s$
电压,电动势,电位	伏[特]	V	$V = M/A = m^2 \cdot kg \cdot s^{-3} \cdot A^{-1}$
电容	法[拉]	F	$F = C/A = m^{-2} \cdot kg^{-1} \cdot s^4 \cdot A^2$
电阻	欧[姆]	Ω	$\Omega = V/A = m^2 \cdot kg \cdot s^{-3} \cdot A^{-2}$
电导	西[门子]	S	$S = \Omega^{-1} = m^{-2} \cdot kg^{-1} \cdot s^3 \cdot A^2$
磁通[量]	韦[伯]	Wb	$Wb = V \cdot s = m^2 \cdot kg \cdot s^{-2} \cdot A^{-1}$
磁通[量]密度	特[斯拉]	T	$T = Wb/m^2 = kg \cdot s^{-2} \cdot A^{-1}$
电感	亨[利]	H	$H = Wb/A = m^2 \cdot kg \cdot s^{-2} \cdot A^{-2}$
摄氏温度	摄氏度	℃	$℃ = K$
光通量	流[明]	lm	$lm = cd \cdot sr$
[光]照度	勒[克斯]	lx	$lx = lm/m^2 = m^{-2} \cdot cd \cdot sr$

表3　因人类健康安全防护上的需要而确定的具有专门名称的 SI 导出单位

量的名称	SI 导出单位		
	名称	称号	用 SI 基本单位和 SI 导出单位表示
［放射性］活度	贝可［勒尔］	Bq	$Bq = s^{-1}$
吸收剂量 比授［予］能 比释动能	戈［瑞］	Gy	$Gy = J/kg = m^2 \cdot s^{-2}$
剂量当量	希［沃特］	Sv	$Sv = J/kg = m^2 \cdot s^{-2}$

表 4　SI 词头

因数	词头名称		符号
	原文［法］	中文	
10^{24}	yotta	尧［它］	Y
10^{21}	zetta	泽［它］	Z
10^{18}	exa	艾［可萨］	E
10^{15}	peta	拍［它］	P
10^{12}	tera	太［拉］	T
10^{9}	giga	吉［咖］	G
10^{6}	mega	兆	M
10^{3}	kilo	千	k
10^{2}	hecto	百	h
10^{1}	deca	十	da
10^{-1}	deci	分	d
10^{-2}	centi	厘	c
10^{-3}	milli	毫	m
10^{-6}	micro	微	μ
10^{-9}	nano	纳［诺］	n
10^{-12}	pico	皮［可］	p
10^{-15}	femto	飞［母托］	f
10^{-18}	atto	阿［托］	a
10^{-21}	zepto	仄［普托］	z
10^{-24}	yocto	幺［科托］	y

表 5　部分与国际单位制并用的单位

单位名称	单位符号	用 SI 单位表示的值
分	min	1 min = 60 s
[小]时[①]	h	1 h = 60 s = 3 600 s
日	d	1 d = 24 h = 86 400 s
度	°	1° = (π/180) rad
[角]分	′	1′ = (1/60°) = (π/10 800) rad
[角]秒	″	1″ = (1/60)′ = (π/648 000) rad
升[②]	L,l	1 L = 1 dm^3 = 10^{-3} m^3
吨[③]	t	1 t = 10^3 kg

注：①这个单位的符号包括在第 9 届国际计量大会(1948)的决议 7 中。

②这个单位及其符号 l 是国际计量委员会于 1879 年通过的。为了避免升的符号 l 和数字 1 之间发生混淆,第 16 届国际计量大会通过了另一个符号 L。

③这个单位及其符号是国际计量委员会于 1879 年通过的。在一些讲英语的国家,这个单位叫做"米制吨"。

　　除表 5 所列单位外,还有两个单位允许与 SI 并用于某些领域,它们分别是"电子伏" (eV)和"原子质量单位"(u)。这两个单位是独立定义的,即它们本身就是物理常量,只是由于国际间协议而作为单位使用。

二、常用物理参数

表6　基本和重要的物理常数

名称	符号	数值	单位符号
真空中光速	c	$2.997\,924\,58 \times 10^{-8}$	$m \cdot s^{-1}$
基本电荷	e	$1.602\,177\,33(49) \times 10^{-19}$	C
电子的静止质量	m_e	$9.109\,389\,7(54) \times 10^{-31}$	kg
中子质量	m_n	$1.674\,928\,6(10) \times 10^{-27}$	kg
质子质量	m_p	$1.672\,623\,1(10) \times 10^{-27}$	kg
质子质量单位	u	$1.660\,540(10) \times 10^{-27}$	kg
普朗克常数	h	$6.626\,075\,5(40) \times 10^{-34}$	$J \cdot s$
阿伏伽德罗常数	N_0	$6.022\,136\,7(36) \times 10^{23}$	mol^{-1}
摩尔气体常数	R	$8.314\,510(70)$	$J \cdot mol^{-1} \cdot K^{-1}$
玻尔兹曼常数	k	$1.380\,658(12) \times 10^{-23}$	$J \cdot K^{-1}$
万有引力常数	G	$6.672\,59(85) \times 10^{-11}$	$N \cdot m^2 \cdot kg^{-2}$
法拉第常数	F	$9.648\,530\,9(29) \times 10^{4}$	$C \cdot mol^{-1}$
热功当量	J	4.186	$J \cdot cal^{-1}$
里德伯常数	R_{∞}	$1.097\,303\,153\,4(13) \times 10^{7}$	m^{-1}
洛喜密脱常数	n	$2.686\,763(23) \times 10^{25}$	m^{-3}
库仑常数	$e^2/4\pi\varepsilon$	14.42	$cV \cdot m^{-19}$
电子荷质比	e/m_e	$-1.758\,819\,62(53) \times 10^{11}$	$C \cdot kg^{-1}$
标准大气压	Pa	$1.013\,25 \times 10^{5}$	Pa
冰点绝对温度	T_0	273.15	K
标准状态下声音在空气中的速度	$\eta_{声}$	331.46	$m \cdot s^{-1}$
标准状态下干燥空气的密度	$\rho_{空气}$	1.293	$kg \cdot m^{-2}$
标准状态下水银密度	$\rho_{水银}$	$13\,595.04$	$kg \cdot m^{-2}$
标准状态下理想气体的摩尔体积	V_m	$22.413\,10(19) \times 10^{-3}$	$m^3 \cdot mol^{-1}$
真空介电常数(电容率)	ε_0	$8.854\,187\,817 \times 10^{-12}$	$F \cdot m^{-1}$
真空磁导率	η_0	$12.563\,706\,14 \times 10^{-7}$	$H \cdot m^{-1}$
钠光谱中黄线波长	D	589.3×10^{-9}	m
在15℃, 101\,325\,Pa 时镉光谱中红线的波长	λ_{0d}	$643.846\,99 \times 10^{-9}$	m

表7 在20℃时常用固体和液体的密度

物质	密度（kg·m^{-3}）	物质	密度（kg·m^{-3}）
铝	2 698.9	水晶玻璃	2 900 ~ 3 000
铜	8 960	窗玻璃	2 400 ~ 2 700
铁	7 874	冰(0℃)	800 ~ 920
银	10 500	甲醇	792
金	19 320	乙醇	789.4
钨	19 300	乙醚	714
铂	21 450	汽车用汽油	710 ~ 720
铅	11 350	氟利昂 – 12	1 329
锡	7 298	（氟氯烷 – 12）	
水银	13 546.2	变压器油	840 ~ 890
钢	7 600 ~ 7 900	甘油	1 260
石英	2 500 ~ 2 800	蜂蜜	1 435

表8 水在标准大气压下不同温度的不同密度

温度 t/℃	密度 ρ/（kg·m^{-3}）	温度 t/℃	密度 ρ/（kg·m^{-3}）	温度 t/℃	密度 ρ/（kg·m^{-3}）
0	999.841	17	998.774	34	994.371
1	999.900	18	998.595	35	994.031
2	999.941	19	998.405	36	993.68
3	999.965	20	998.203	37	993.33
4	999.973	21	997.992	38	992.96
5	999.965	22	997.770	39	992.59
6	999.941	23	997.538	40	992.21
7	999.902	24	997.296	41	991.83
8	999.849	25	997.044	42	991.44
9	999.781	26	996.783	50	988.04
10	999.700	27	996.512	60	983.21
11	999.605	28	996.232	70	977.78
12	999.498	29	995.944	80	971.80
13	999.377	30	995.646	90	965.31
14	999.244	31	995.340	100	958.35
15	999.099	32	995.025		
16	998.943	33	994.702		

表 9　在海平面上不同纬度处的重力加速度

纬度 $\psi/(°)$	$g/(m \cdot s^{-2})$	纬度 $\psi/(°)$	$g/(m \cdot s^{-2})$
0	9.780 49	50	9.810 79
5	9.780 88	55	9.815 15
10	9.782 04	60	9.819 24
15	9.783 94	65	9.822 94
20	9.786 52	70	9.826 14
25	9.789 69	75	9.828 73
30	9.793 38	80	9.830 65
35	9.797 46	85	9.831 82
40	9.801 80	90	9.832 21
45	9.806 29		

表 10　固体的线膨胀系数

物质	温度或温度范围/℃	$a/(10^{-6}℃^{-1})$
铝	0 ~ 100	23.8
铜	0 ~ 100	17.1
铁	0 ~ 100	12.2
金	0 ~ 100	14.3
银	0 ~ 100	19.6
钢(碳 0.05%)	0 ~ 100	12.0
康铜	0 ~ 100	15.2
铅	0 ~ 100	29.2
锌	0 ~ 100	32
铂	0 ~ 100	9.1
钨	0 ~ 100	4.5
石英玻璃	20 ~ 200	0.56
窗玻璃	20 ~ 200	9.5
花岗石	20	6 ~ 9
瓷器	20 ~ 700	3.4 ~ 4.1

表 11　20℃时某些金属的弹性模量(杨氏模量)

金属	杨氏模量 E	
	吉帕(GPa)	Pa($N \cdot m^{-2}$)
铝	70.00 ~ 71.00	$(7.000 ~ 7.100) \times 10^{10}$
钨	415.0	4.150×10^{11}
铁	190.0 ~ 210.0	$(1.900 ~ 2.100) \times 10^{11}$
铜	105.00 ~ 130.0	$(1.050 ~ 1.300) \times 10^{11}$

金属	杨氏模量 E	
	吉帕(GPa)	Pa(N·m^{-2})
金	79.00	7.900×10^{10}
银	70.00 ~ 82.00	$(7.000 \sim 8.200) \times 10^{10}$
锌	800.0	8.000×10^{11}
镍	205.0	2.050×10^{11}
铬	240.0 ~ 250.0	$(2.400 \sim 2.500) \times 10^{11}$
合金钢	210.0 ~ 220.0	$(2.100 \sim 2.200) \times 10^{11}$
碳钢	200.0 ~ 220.0	$(2.000 \sim 2.100) \times 10^{11}$
康铜	163.0	1.630×10^{11}

表 12　20℃时与空气接触的液体的表面张力系数

液体	$\sigma/(10^{-3} \cdot m^{-1})$	液体	$\sigma/(10^{-3} \cdot m^{-1})$
航空汽油(在 10℃时)	21	甘油	63
石油	30	水银	513
煤油	24	甲醇	22.6
松节油	28.8	甲醇(在 0℃时)	24.5
水	72.75	乙醇	22.0
肥皂溶液	40	甲醇(在 60℃时)	18.4
氟利昂 – 12	9.0	甲醇(在 0℃时)	24.1
蓖麻油	36.4		

表 13　在不同温度下与空气接触的水的表面张力系数

温度/℃	$\sigma/(10^{-3} \cdot m^{-1})$	温度/℃	$\sigma/(10^{-3} \cdot m^{-1})$	温度/℃	$\sigma/(10^{-3} \cdot m^{-1})$
0	75.62	16	73.34	30	71.15
5	74.90	17	73.20	40	69.55
6	74.76	18	73.05	50	67.90
8	74.48	19	72.89	60	66.17
10	74.20	20	72.75	70	64.41
11	74.07	21	72.60	80	62.60
12	73.92	22	72.44	90	60.74
13	73.78	23	72.28	100	58.84
14	73.64	24	72.12		
15	73.48	25	71.96		

表 14　不同温度时水的粘滞系数

温度/℃	粘度 $\eta/(10^{-6}\ \mathrm{Nm^{-2}\cdot s})$	温度/℃	粘度 $\eta/(10^{-6}\ \mathrm{Nm^{-2}\cdot s})$
0	1 787.8	60	469.7
10	1 305.3	70	406.0
20	1 004.2	80	355.0
30	801.2	90	314.8
40	653.1	100	282.5
50	549.2		

表 15　液体的粘滞系数

液体	温度/℃	$\eta/(\mu\mathrm{Pa\cdot s})$	液体	温度/℃	$\eta/(\mu\mathrm{Pa\cdot s})$
汽油	0	1 788	甘油	−20	134×10^{6}
	18	530		0	121×10^{5}
甲醇	0	717		20	$1\ 499\times10^{3}$
	20	584		100	12 945
乙醇	−20	2 780	蜂蜜	20	650×10^{4}
	0	1 780		80	100×10^{8}
	20	1 190	鱼肝油	20	45 600
乙醚	0	296		80	4 600
	20	243	水银	−20	1 855
变压器油	20	19 800		0	1 685
蓖麻油	10	242×10^{4}		20	1 554
葵花子油	20	5 000		100	1 224

表 16　固体的比热容

物质	温度/℃	比热容	
		kcal(kg·K)	kJ(kg·K)
铝	20	0.214	0.895
黄铜	20	0.091 7	0.380
铜	20	0.092	0.385
铂	20	0.032	0.134
生铁	0~100	0.13	0.54
铁	20	0.115	0.481
铅	20	0.030 6	0.130
镍	20	0.115	0.481
银	20	0.056	0.234
钢	20	0.107	0.447
锌	20	0.093	0.389
玻璃		0.14~0.22	0.585~0.920
冰	−40~0	0.43	1.797
水		0.999	4.176

表 17　液体的比热容

液体	温度/℃	比热容	
		kJ(kg·K)	kcal(kg·K)
乙醇	0	2.30	0.55
	20	2.47	0.59
甲醇	0	2.43	0.58
	20	2.47	0.59
乙醚	20	2.34	0.56
水	0	4.220	1.009
	20	4.182	0.999
氟利昂 – 12	20	0.84	0.20
变压器油	0 ~ 100	1.88	0.45
汽油	10	1.42	0.34
	50	2.09	0.50
水银	0	0.146 5	0.035 0
	20	0.139 0	0.033 2
甘油	18		0.58

表 18　某些金属和合金的电阻率及其温度系数

金属或合金	电阻率/μΩ·m	温度系数/℃$^{-1}$	金属或合金	电阻率/μΩ·m	温度系数/℃$^{-1}$
铝	0.028	42×10^{-4}	锌	0.059	42×10^{-4}
铜	0.0172	43×10^{-4}	锡	0.12	44×10^{-4}
银	0.016	40×10^{-4}	水银	0.958	10×10^{-4}
金	0.024	40×10^{-4}	武德合金	0.52	37×10^{-4}
铁	0.098	60×10^{-4}	钢(0.10% ~0.15%碳)	0.10 ~ 0.14	6×10^{-3}
铅	0.205	37×10^{-4}	康铜	0.47 ~ 0.51	$(-0.04 ~ +0.01) \times 10^{-3}$
铂	0.105	39×10^{-4}	铜锰镍合金	0.34 ~ 1.00	$(-0.03 ~ +0.02) \times 10^{-3}$
钨	0.055	48×10^{-4}	镍铬合金	0.98 ~ 1.10	$(0.03 ~ 0.4) \times 10^{-3}$

表 19　标准化热电偶的特性

名称	国标	分度号	旧分度号	测量范围/℃	100℃时的电动势/mV
铂铑 10 – 铂	GB3772 – 83	S	LB – 3	0 ~1 600	0.645
铂铑 30 – 铂铑 6	GB2902 – 82	B	LL – 2	0 ~1 800	0.033
铂铑 13 – 铂	GB1598 – 86	R	FDB – 2	0 ~1 600	0.647
镍铬 – 镍硅	GB2614 – 85	K	EU – 2	–200 ~1 300	4.095
镍铬 – 考铜			EA – 2	0 ~800	6.985
镍铬 – 康铜	GB4993 – 85	E		–200 ~900	5.268
铜 – 康铜	GB2903 – 89	T	CK	–200 ~350	4.277
铁 – 康铜	GB4994 – 85	J		–40 ~750	6.317

表 20　在常温下某些物质相对于空气的光的折射率

物　质 \ 波长	H^a 线 (656.3 nm)	D 线 (589.3 nm)	H 线 (486.1 nm)
水 (18℃)	1.334 1	1.333 2	1.337 3
乙醇 (18℃)	1.360 9	1.362 5	1.366 5
二硫化碳 (18℃)	1.619 9	1.629 1	1.654 1
冕玻璃 (轻)	1.512 7	1.515 3	1.521 4
冕玻璃 (重)	1.612 6	1.615 2	1.621 3
燧石玻璃 (轻)	1.603 8	1.608 5	1.620 0
燧石玻璃 (重)	1.743 8	1.751 5	1.772 3
方解石 (寻常光)	1.654 5	1.658 5	1.667 9
方解石 (非常光)	1.484 6	1.486 4	1.490 8
水晶 (寻常光)	1.541 8	1.544 2	1.549 6
水晶 (非常光)	1.550 9	1.553 3	1.558 9

表 21　常用光源的谱线波长 (单位：nm)

一、H (氢)
656.28 红
486.13 绿蓝
434.05 蓝
410.17 蓝紫
397.01 蓝紫

二、He (氦)
706.52 红
667.82 红
587.56 (Dz) 黄
501.57 绿
492.19 绿蓝
471.31 蓝

447.15 蓝
402.62 蓝紫
388.87 蓝紫

三、Ne (氖)
650.65 红
640.23 橙
639.30 橙
626.65 橙
621.73 橙
614.31 橙
588.19 黄
585.25 黄

四、Na (钠)

589.592 (D_1) 黄
588.995 (D_2) 黄

五、Hg (汞)
623.44 橙
579.07 黄
576.96 黄
646.07 绿
491.60 绿蓝
435.83 蓝
407.68 蓝紫
404.66 蓝紫

六、He－Ne 激光
632.8 橙

三、常用仪器的性能参数

表 22　长度测量

	名称	主要技术性能	特点和简要说明
基准量具及实现原理	饱和吸收稳频激光辐射（或称为激光波长基准）	CIPM 推荐了用于复现米定义的 8 种饱和吸收频率激光辐射（频率值、波长值及其不确定度），其中最常用的是 633 nm，由碘稳频 He – Ne 激光器实现复现，规定其复现性为 2.5×10^{-11}	$^{127}I_2$ 和 $^{129}I_2$ 分子在 633 nm 附近有多条强吸收谱线，且每条吸收线又有多个超精细结构分量。置碘吸收室于 He – Ne 激光器谐振腔内，当激光频率调谐到吸收线中心频率附近时，其激光输出功率曲线上出现饱和吸收峰，通过稳频器将激光频率自动锁定到吸收线中心
	线纹尺	标准线纹尺有线纹米尺和 200 mm 短尺两种，一般线纹尺的长度有 0.1 m，0.5 m，2m，5 m，10 m，20 m，50 m 等 1～1 000 mm 线纹尺准确度： 1 等：± (0.1+0.4 L/m) μm 2 等：± (0.2+0.8 L/m) μm 3 等：± (3＋7 L/m) μm	作为长度标准用或作为检定低一级量具的标准量具
	量块	按制造误差分成： 00,0,1,2,(3)，标准(k)6 级 00 级，小于 10 mm 的量块，工作面上任意点的长度偏差不得超过 ± 0.06 μm	是长度计量中使用最广和准确度最高的实物标准，常为六面体，有两个平行的工作面，以两工作面中心点的距离来复现量值
常用量具	钢直尺	规格　　　　　全长允差 ～300 mm　　　± 0.1 mm 300～500 mm　± 0.15 mm 500～1 000 mm　± 0.2 mm	测量范围再大，可用钢卷尺，其规格有 1 m，2 m，5 m，10 m，20 m，50 m。1 m，2m 的钢卷尺全长允差分别为 ± 0.5 mm，± 1 mm
	游标卡尺	测量范围：有 125 mm，200 mm，300 mm，500mm 等 游标分度值：0.1 mm，0.05 mm，0.02 mm 示值误差：0～300 的同分度值；＞300～500 的相应为 0.1 mm，0.05 mm，0.04 mm	游标卡尺可用来测量内、外直径及长度，另外还有专门测量深度和高度的游标卡尺
	螺旋测微计（千分尺）	量限：10 mm，25 mm，50 mm，75 mm，100 mm 示值误差（≤100 mm 的）： 1 级为 ± 0.004 mm 0 级为 ± 0.002 mm	千分尺的刻度值通常为 0.01 mm，另外还有刻度值为 0.002 mm 和 0.005 mm 的杠杆千分尺
常用测量仪器	测量显微镜	JLC 型：测微鼓轮的刻度值为 0.01 mm 测量误差：被测长度 L_m 和温度为 20℃ ±3℃ 时为 ± $(5+\dfrac{L}{15})$ μm	显微镜目镜、物镜放大倍数可以改变。可用于观察、瞄准或直角坐标测量，有圆工作台的还可测量角度
	阿贝比长仪	测量范围：0～200 mm 示值误差：$(0.9+\dfrac{L}{300-4H})$ μm L(mm)——被测长度 H(mm)——离工作台面高度	与精密石英刻度尺比较长度
	电感式测微仪	哈量型 示值范围(μm)：± 125，± 50，± 25，± 12.5，± 5 分度值(μm)：5,2,1,0.5,0.2 示值误差：各挡均不大于 ± 0.5 倍 TESA，CH 型示值范围(μm)：± 10，± 3，± 1 分度值(μm)：0.5,0.1,0.05	一对电感线圈组成电桥的两臂，位移使线圈中铁芯移动，因而线圈电感一个增大，一个减小，并且电桥失去平衡，相应的有电压输出。其大小在一定范围内与位移成正比

名称		主要技术性能	特点和简要说明
常用测量仪器	电容式测微仪	20 世纪 70 年代产品 示值范围(μm): $-2\sim8$, $-20\sim80$ 分度值(μm):0.2,2 示值误差:1 μm 20 世纪 80 年代已有分辨率达 10^{-9} m 的产品	将被测尺寸变化转换成电容的变化将电容接入电路,便可转换成电压信号
	线位移光栅(长度光栅)	测量范围:30~1 000 mm 分辨率:1 μm 或 0.1 μm,甚至更高	光栅实际上是一种刻线很密的尺。用一小块光栅作为指示光栅覆盖在主光栅上,中间留有一小间隙,两光栅的刻线相交成一小角度,在近于光栅的垂直方向上出现条纹,称为莫尔条纹。当指示光栅移动一小距离时,莫尔条纹在垂直方向上移动一较大距离,通过光电计数可测出位移量
	感应同步器,磁尺,电栅(容栅)	分辨率可达 1 μm 或 10 μm	多在精密机床上应用
	单频激光干涉仪	量程一般可达 20 m 分辨率可达 0.01 μm	激光作为光源,借助于一光学干涉系统可将位移量转变成经过的干涉纹数目。通过光电计数和电子计算直接给出位移量。测量准确度高,需要恒温、防震等较好的环境条件
	双频激光干涉仪	量程可达 60 m,分辨率一般可达 0.01 μm,最高可达亚埃量级	与单频激光干涉仪相比,抗干扰能力力强,环境条件要求底,成本高

* 表22～表29 选自丁慎训,物理实验教程(普通物理实验部分).北京:清华大学出版社,1992.(略作补充及修改)

表 23　时间和频率测量

名称	主要技术性能	特点和简要说明
铯束原子频率标准	频率 $f_0=9\ 192\ 631\ 770$ Hz 不确定度优于 1×10^{-13} 稳定度 7×10^{-15}	用作时间标准。在国际单位制中规定,与铯-133 原子基态的两个超精细能级间跃迁相对应的辐射的 9 192 631 770 个周期的持续时间作为时间单位秒
石英晶体振荡器	频率范围很宽,频率稳定度在 $10^{-4}\sim10^{-12}$ 范围内,经校准,1 年内可保持在 10^{-9},高质量的石英晶体振荡器,在经常校准时,可达 10^{-11}	在时间频率精确测量中获得广泛应用。频率稳定度与选用的石英材料及恒温条件关系密切
电子计数器测量时间间隔和频率	测量准确度主要决定于作为时基信号的频率准确度及开关门的触发误差,测量准确度较高	以频率稳定的脉冲信号作为时基信号,经过控制门送入电子计数器,由起始时间信号去开门、终止时间信号去关门,计数器计得时基信号脉冲数乘以脉冲周期即为被测时间间隔。用时间间隔为 1 s 的信号去开门、关门,计数器所计的被测信号脉冲数即为被测信号频率
示波器	测频率的准确度不很高	可测频率、时间间隔、相位差等,使用方便
秒表	机械式秒表,分辨率一般为 1/30 s,电子秒表分辨率一般为 0.01 s	

表 24 质量测量

名称		主要技术性能	特点和简要说明
质量基准	国际千克原器	直径和高均为 39 mm 的铂铱合金圆柱体,含铂 90%、铱 10%,在温度为 293.15 K 时,其体积为 46.396 cm³	1889 年,第一届国际计量大会决定该原器作为质量单位,保存在巴黎国际计量局原器库里
	中国国家千克基准	No.60:质量值为 1 kg + 0.271 mg,标准不确定度为 0.008 mg。表达为:$m_{No.60}$ = (1 000.000 271 ± 0.000 008) g	该原器 1965 年从英国引进,经 BI – PM 检定,由中国计量科学院(NIM)保存和使用
常用量具及仪器	天平	按天平的最大称量 m_{max} 与检定标尺间隔 d(即分度值、感量)之比分为 10 个准确度级别,1~10 级相应为比值 $(m_{max}/d) \geq 1 \times 10^{-7}$、$4 \times 10^{-6}$、$2 \times 10^{-6}$、$1 \times 10^{-6}$、$4 \times 10^{-5}$、$2 \times 10^{-5}$、$1 \times 10^{-5}$、$4 \times 10^{-4}$、$2 \times 10^{-4}$、$1 \times 10^{-4}$。其中 1~7 级为高精密天平,8~10 级为精密天平	按结构形式分,有杠杆天平、无杠杆天平、等臂、不等臂天平,单盘、双盘天平,还有扭力天平、电磁天平、电子天平等 按用途分,有标准天平、分析天平、工业天平、专用天平 按分度值分,有超微量、微量、半微量、普通等天平
	砝码	按准确度高低分 5 等,各等级砝码的允差(mg)为: 标称质量 1 2 3 4 5 10 kg ±30 ±80 ±200 ±500 ±2 500 1 kg ±4 ±5 ±20 ±50 ±250 100 g ±0.4 ±1.0 ±2 ±5 ±25 10 g ±0.10 ±0.2 ±0.8 ±1 ±5 1 g ±0.05 ±0.10 ±0.4 ±1 ±5 100 mg ±0.03 ±0.05 ±0.2 ±1 10 mg ±0.02 ±0.05 ±0.2 ±1 1 mg ±0.01 ±0.05 ±0.2	用物理化学性能稳定的非磁性金属制成 1、2 等砝码用于检定低一等砝码及与 1~3 级天平配套使用;3 等砝码与 3~7 级天平配套使用;4 等砝码与 8~10 级天平配套使用;5 等砝码用于检定低精度工商业用秤和低精度天平
	工业天平 (TG75)	分度值 50 mg,称量 5 000 g,7 级	普物实验用
	普通天平 (TG 805)	分度值 100 mg,称量 5 000 g,8 级	物理实验用
	精密天平 (LGZ6 – 50)	分度值 25 mg,称量 5 000 g,6 级	用于质量标准传递和物理实验
	高精度天平	分度值 0.02 mg,称量 200 g,1 级	检定一等砝码、高精度衡量,计量部门用

表 25　温度测量

名称	主要技术性能	特点和简要说明
玻璃液体温度计 水银温度计 酒精温度计	测量范围可达 -200~600℃ 测量范围 -35~500℃ 对于测量范围在 0~100℃的温度计，分度值为 0.1℃时，示值误差限为 0.2℃；分度值不小于 0.5℃时，示值误差限等于分度值 测量范围 -80~80℃	工作原理基于液体在玻璃外壳中的热膨胀作用。当贮液泡的温度发生变化时，玻璃管内液柱随之升高或降低，通过温度标尺便可读出温度值。感温介质有汞、酒精、甲苯等液体。由于结构简单，使用方便，成本低廉，得到广泛应用。一等标准水银温度计，测量范围 24~101℃，最小分度值 0.05℃，允许误差 ±0.10℃
双金属温度计	测量范围 -80~600℃ 准确度等级 1.0、1.5、2.5 分度值最小 0.5℃，最大 20℃	两种不同膨胀系数的金属片焊接在一起，将一端固定，当温度变化时，膨胀系数较大的金属片伸长较多，致使其未固定端向膨胀系数较小的金属片一方弯曲变形，由变形大小可测出温度高低。由于无汞害，便于维护、坚固耐振，故广泛用于工业生产和科研
压力式温度计 气体压力式 液体压力式 蒸气压力式	测量范围 -100~500℃ 准确度等级 1.0、1.5、2.5	当温度变化时，装入密闭容器内的感温介质的压力随之变化，致使弹簧管变形，经传动机构带动指针偏转而测温。用做感温介质的有氮、低沸点蒸发液体丙酮、乙醚等。由于能防爆、远距离测温、读数清晰、使用方便，故多用于固定的工业生产设备中
电阻温度计 铂热电阻 铜热电阻 热敏电阻 锗铁电阻	常用的测量范围 -200~650℃ 测量范围 -259.3~630.70℃ 测量范围 -50~150℃ 测量范围 -40~150℃ 测量范围 0.1~273 K	利用物质的电阻随温度而变化的特性制成的测温仪器。由于测温准确度高，范围宽，能远距离测量，便于实现温度控制和自动记录，故应用较广泛。国际实用温标规定复现 13.803 3 K 到 961.78℃这个温区的温度量值，采用基准铂电阻温度计。典型的标准铂电阻具有 25.5 Ω 的冰点电阻，平均灵敏度为 0.1 Ω/℃（0~100℃）或 200 μV/℃（工作电流为 2 mA）
热电偶温度计 铂铑$_{10}$-铂 镍铬-镍硅 铜-康铜	测量范围 1~2 800℃ 测量范围 0~1 600℃，微分电势（5~12）μV/℃，1 100℃以下时允差为 1.0℃ 常用测量范围 0~1 300℃，400℃以下工业用热电偶的允许误差，一般为 3℃ 测量范围 -200~350℃，微分电势不小于 16 μV/℃	热电偶是由两种不同的金属或合金制成的，它们的一端焊在一起形成测温端，另一端置于标准温度下。当两个端点置于不同温度处热电偶回路中就会有电动势产生。金属种类和成分确定后，温差和电动势的关系一般即确定，因此，测出电动势便可得温差。由于结构简单、体积小、测量范围广、灵敏度高、能直接将温度量转换为电学量，适用于自动控温，已成为目前应用最为广泛的测温元件。铂铑$_{10}$-铂热电偶是国际实用温标复现 630.755~1 064.43℃温区的温度量值的基准仪器
光学高温计	测量范围 700~3 200℃ 一般工作距离≥700 mm 精密光学高温计在 900~1 400℃范围内基本误差可小于 ±8℃	被测高温物体的热辐射表现为一定的亮度，经物镜聚焦在灯丝平面上，改变灯丝电流来改变灯丝亮度，并且与被测物亮度比较。当亮度一致时，灯丝隐没于被测物的亮背景之中，此时的电流值即可指示与被测物相应的亮度温度。它是非接触测温仪表，是目前高温测量中应用较广的一种测温仪器
光电高温计	测量范围宽，测量下限值低于光学高温计和辐射温度计	由于采用单色滤光器件，光电探测器等改进了光学高温计，大大提高了灵敏度和准确度。测金凝固点温度（1 064.43℃）不确定度达 0.04℃，分辨率为 0.005℃，是复现 1 064.43℃以上的国际实用温标的基准仪器
辐射温度计	测量范围 100~2 000℃ 常用的辐射高温计在 1 000~2 000℃范围内基本误差不大于 20℃	被测物体的辐射能经过透镜聚焦在热电堆的受热片上（有许多串联的热电偶热接点），受热片接受辐射能量转为热能而温度升高，热电堆中产生相应的热电势。利用物体辐射强度与温度 4 次方成正比的规律，从而较精确地测出温度。它也是非接触测温仪表之一

表 26　直流电流测量

名称		主要技术性能	特点和简要说明
基准量具及实现原理	电流天平	复现单位 1 A,Δ_I/l 已可小于 4×10^{-6}	根据 SI 电流单位 A(安培)的定义,通过测量流过同一电流的两线圈(其几何形状及相对位置均已知)间的力来确定电流
	由测质子磁旋比 γ_p 来复现电流单位	$\gamma_p=267\,522\,128\pm81\ s^{-1}T^{-1}$,电流复现的不确定度在 10^{-6} 量级	一定尺寸的线圈中心磁场正比电流 I。磁场中核磁共振的频率 $\nu=\gamma_p B$,测出 ν,可求出 B,进而求出电流 I
	利用欧姆定律 $I=U/R$ 来实现	电压基准的参数见表 27,电阻基准的确定度达 2×10^{-7}。1990 年起利用量子霍尔效应来复现实用电阻基准,其稳定度指标比不确定度高几个数量级	低温强磁场下,场效应管长条形表面沟通两侧的霍尔电极间产生霍尔电压 U_H,U_H 和漏极电流 I_p 之比 $R_H=U_H/I_p$,R_H 称为霍尔电阻,其阻值为物理常数 R_{K-90} 的整数分之一,这一效应称为量子霍尔效应。R_{K-90} 取约定值 25 812.807 Ω
	直流标准电流发生器	准确度很高,输出电流 0.001 ~ 10 A	由基准电压源、精密电阻分压器和高准确度、高增益运算放大器等部分组成
常用测量仪表及装置	振动电容静电计	电流分度值可达 1×10^{-16} A/div	由振动电容器、电子放大器和指示仪表等组成测微电流的振动电容静电计,可用于超高阻测量。微电流经振动电容器调制后再放大
	磁电系仪表		一般动圈式磁电系仪表中,载流线圈在永久磁铁磁场中发生偏转。该类仪表准确度高、灵敏度高、功耗小、刻度均匀,但过载能力差
	电流表	准确度多在 1.5 级以上,可达 0.05 级	无分流器的磁电系电流表只有微安表或毫安表,仅能测直流
	检流计(灵敏电流计)及光点反射(或复射)式电流计	指针式分度值在 $(10^{-6} \sim 10^{-7})$ A/div 量级,光点式在 $(10^{-6} \sim 10^{-10})$ A/div 量级	用于测小电流或平衡指示仪表。也常用直流放大器和检流计(或微安表)相连组成弱电流测量装置或平衡指示装置,以代替光点式检流计,其分辨率可优于光点检流计
	电磁系电流表	可测 $10^{-2} \sim 10^2$ A 的电流。准确度一般低于 0.5 级	在固定载流线圈和可动软磁铁芯间产生偏转力矩 M,$M \propto I^2$。电磁系表可直接测大电流,过载能力强,结构简单,交、直流两用,但刻度不均匀、功耗较大、灵敏度较低
	电动系电流表	准确度可达 0.5 级以上,最高达 0.1 级。量限为 $10^{-1} \sim 1$ A 量级	通过电流的固定线圈和可动线圈间产生偏转力矩。电动系仪表准确度高,可用于变流测量,灵敏度较高,但刻度不均匀,过载能力差,易受外磁场干扰且功耗较大
	数字电流表	量限 $10^{-8} \sim 10$ A,分辨率可小于 10^{-10} A	利用基于欧姆定律的电流电压转换器将电流转换为电压,经数字电压表(参阅表 27)显示电流值
	直流大电流测量装置		测 10 A 以上的大电流时,常用定值电阻和上述仪表并联分流的办法。分流器分为并联分流和环形分流两种,后者常用于多量程电流表

表 27　直流电压测量

名称		主要技术性能	特点和简要说明
基准量具及实现原理	标准电池	电动势稳定度级别 0.2~0.001,国家基准电池组的平均值年漂移小于 2×10^{-7}	电动势稳定性较好,结构简单,但温度系数大,易碎。其电动势不确定度(最高)为 10^{-6} 量级
	电压天平	不确定度约 1×10^{-5}	两平行平面电极间的静电引力 F 和电压平方 U^2 成正比。已知 F、极间距和面积,可求 U
	液体静电计	不确定度约 1×10^{-5}	汞液面和它上方的平板电极间加电压 U,静电力使电极下方液面升高一定距离 Δh
基准量具及实现原理	利用约瑟夫森效应实现电压的新实用基准自 1990 年 1 月 1 日起在世界各国推行	我国 1993 年完成量子电压基准装置研制,1995 年与 BIMP 进行比对,两装置所复现的电压电位相差 -1.1×10^{-1},标准不确定度为 1.1×10^{-10}。我国的量子电压基准装置达到国际先进水平,并居于前列	低温下两超导体间夹有极薄的绝缘层,组成了约瑟夫森结。用频率为 ν 的电磁波照射时,在一系列分立的电压值 U_n 上,可感应出直流电流,且 $\nu_n = K_{J-90} U_n$,n 是正整数。这是外感应约瑟夫森效应。常数 K_{J-90} 取约定值 483 597.9 GHz/V
	使用稳压二极管的标准电压发生器	通常用 10 V、100 V、1 000 V 三个量限,不确定度可优于 5×10^{-5}	由基准电压源、精密电阻分压器和运放组成。基准电压源由稳压二极管等构成。稳压二极管温度系数小,其电压不确定度小于 2×10^{-6},广泛用于数字仪表中
常用测量仪表及装置	光电放大检流计	电压分度值可达 1×10^{-9} V/div	检流计偏转时,小镜使照在两并置光电池上的光强差改变,从而使其光电流的差值改变,光电流差由另一检流计指示
	直流电位差计	准确度分 10 个级别:0.000 1,0.000 2,0.000 5,0.001,0.002,0.005,0.01,0.02,0.05,0.1,按测量范围分为高电势电位差计(最大测量电压 ≥1 V)和低电势电位差计(最大测量电压 <1 V)	测量盘有不同的线路结构类型:向单分压线路、串联代换线路、并联分路式线路、电流叠加线路、桥式线路和分列环式线路等。直流单位差计具有测量准确度高、对被测电路无影响等特点,可用来测量微伏级到 2 V 的电动势。配以标准附件可测量电流、电阻、功率及较大电压。配合热电偶能测量温度;还可以对各种直流电压表、电流表及标准电阻进行检定
	磁电系检流计和电压表	检流计电压分度值(10^{-4}~10^{-8})V/div,电压表准确度 1.5~0.05 级	磁电系电压表准确度高,功耗小,但过载能力低。内阻一般为(10^3~10^4)Ω/V 量级。量限一般小于 10^3 V
	电磁系电压表	测量范围 1~10^3 V,准确度一般为 5.0 级~0.05 级	结构简单,过载能力强,可测交流电压,分度不均匀。内阻约为(10^1~10^3)Ω/V 量级
	电动系电压表	准确度可达 0.5 级以上(最高达 0.1 级)	准确度高,可测交流,常用防外磁场干扰的机构。过载能力差,分度不均。内阻一般小于磁电系仪表
	静电系电压表	输入电容 10^{-11}~10^{-10} F,量限 10^3~7.5 $\times 10^5$ V	电容器两极板间的静电作用力产生的转矩正比于极间电压的平方。测量时功耗最小,也可测交流电压,输入阻抗很高,但准确度较低
	数字电压表	分辨率可达 10^{-4}~10^{-9} V,量限可为 10^{-2}~10^3 V	主要部件为基准源、电阻(或分压器)和放大器 3 部分。带精密感应分压器的数字表允许以 10^{-7} 的不确定度进行电压比较。基准源多用硅稳压二极管
	分压法测直流高压		有串联电阻分压和串联电容分压两类,后者仅限于和静电系电压表配合使用
	示波器测量电压	输入阻抗可达 10^5~10^6 Ω 或更高,测量范围 10^{-4}~10^2 V 量级	测量准确度低,输入阻抗高,较直观。可测直流、交流或脉冲电压

表 28 直流电磁感应强度的测量方法简介

名称	主要技术指标	原理或特点的简要说明
电磁感应法（探测线圈法）用冲击电流计、格拉索特（Grassot）磁通计或电子积分器		根据电磁感应定律,在已知探测线圈参数时测出和感应电动势有关的量,进而求出磁场 B。可在磁场建立时测感应电动势（或电流）对时间的积分,也可在线圈翻转 180° 或移至无磁场处时测上述量。冲击电流计能测量电流对时间的积分,磁通计和电子积分器能测电压对时间的积分
旋转线圈法	测量范围 $3 \times 10^{-4} \sim 3$ T	转轴和磁场方向垂直,可测均匀场。已知线圈参数、转动频率时测出感应电动势,再算出 B 值
振动线圈法	不确定度为 10^{-2} 左右	线圈沿轴向（平行于外磁场）振动
浮线法		两端固定的载流柔性导线在与均匀磁场相垂直的平面内会发生弯曲,线上张力与磁场 B 成正比
核磁共振法	测量范围 $10^{-2} \sim 2$ T	在电磁波作用下处于外磁场中的原子核能级之间的共振跃迁现象叫核磁共振。共振时电磁波频率 $\nu = $ 磁场 $B \times$ 核子磁旋比 $\gamma/2\pi$。常用水或石油内的氢做共振用的样品,此法是目前磁场测量准确度最高的方法之一
电子顺磁共振法	测量范围 $10^{-4} \sim 2$ T	利用电子轨道及自旋的磁共振现象来进行测量,$\nu = B \times$ 电子磁旋比 $\gamma_e/2\pi$。因 γ_e 比核子磁旋比大两个数量级以上,故此法灵敏度高
霍尔效应法	测量范围一般为 $10^{-4} \sim 10$ T	霍尔探头尺寸可做到 25×25 μm^2 甚至更小,测量范围可小到 10^{-7} T,使用温度范围已达到 $4.2 \sim 573$ K
磁通门法	量限 < 0.1 T,主要用于小于 10^{-3} T 的弱磁场,分辨率最高可达 $10^{-18} \sim 10^{-19}$ T	利用高磁导率铁芯,在饱和交变励磁下选通铁芯中直流磁场分量,并将直流磁场转变为交流电压输出而进行测量。此法广泛用于地磁研究、探矿及星际磁测量等领域
磁光效应法	可测强磁场,如 $1 \sim 10^2$ T 量级的场	平面偏振光在置于磁场中的各向同性介质中沿磁场方向传播时,其偏振面发生旋转,转角正比于磁场 B,这叫法拉第效应（磁光效应）。此法响应速度快,可测上升时间很短的脉冲磁场,运用温度范围广,可用于低温条件下
超导量子干涉器件（SQUID）法	测量范围 $10^{-13} \sim 10^{-4}$ T,适合弱磁场测量,灵敏度很高,分辨率可达 10^{-15} T,可用于磁场差、磁场梯度的测量。即使在 2.5 T 的强场下,仍可测出 10^{-11} T 的磁场变化	两块超导体间夹有极薄的绝缘层,组成了约瑟夫森结。在一超导环内插入两个或一个约瑟夫森结可分别组成直流 SQUID 和射频 SQUID。这类器件在工作条件下产生一输出电压信号,该信号是穿过其超导环的磁通量的周期函数。它们能测量的最小磁通变化为 $10^{-5}\phi_0$ 的数量级,$\phi_0 = h/2e \approx 2.07 \times 10^{-15}$ Wb
光（泵）磁共振法	测量范围 $5 \times 10^{-6} \sim 10^{-3}$ T,测量不确定度可达 10^{-11} T,灵敏度高,可测出 10^{-14} T 的场	在弱磁场中,某些元素的超精细结构能级作进一步分裂。当用一定频率的合适圆偏振光照射原子时,各低能级上的粒子不断被光"泵"到各高能级上,而高能级上粒子又经过自发辐射跃迁回到各低能级上。这时由于跃迁的选择规则可以造成各低能级中某一较高能级上的粒子数密度远大于另一较低能级上的粒子数密度,这时如再加一个频率合适的射频场,就会产生在这两个能级之间的磁共振现象,叫做光（泵）磁共振或光学射频双共振

表 29　常用光探测器

类别	名称	原理	主要特性		特点及使用注意事项
			光谱响应范围	响应时间	
光电探测器	光电二极管	利用光生伏特效应制成,核心部分是一个 PN 结,与普通二极管不同的是有意使 PN 结能接受光照以获得光电流。一般在反向偏压下工作,也可是零偏压	光谱响应范围与材料有关。锗管的光谱响应范围为 $0.4 \sim 1.8\ \mu m$,峰值波长 $1.4 \sim 1.5\ \mu m$。硅管的为 $0.4 \sim 1.1\ \mu m$,峰值波长 $0.86 \sim 0.9\ \mu m$	一般可达 10^{-7} s。PIN 型可达 10^{-10} s 量级	适用于可见光到近红外光区,光电流与温度有关,用于精密测量时要注意温度的影响。体积小,使用方便,是常用的探测器
	光电池	也是利用光生伏特效应。在半导体片和金属片之间有一 PN 结,PN 结吸收能量足够大的光子后的结处形成电动势,金属一边带负电,半导体一边带正电,用导线连接两极则可产生光电流。一般在光不太强时,光电流的短路电流与光辐射照度呈线性关系	硅光电池的光谱响应范围为 $0.4 \sim 1.1\ \mu m$,峰值波长 $0.86\ \mu m$,硒光电池的为 $0.35 \sim 0.8\ \mu m$,峰值波长 $0.57\ \mu m$,接近人眼的光谱响应,但易老化,寿命较短	$10^{-3} \sim 10^{-5}$ s 量级	光电池结构简单,体积小,不需加偏压,寿命长,成本低,是常用的光探测器。其光电灵敏度为 $6 \sim 8\ \mu A/mm^2 \cdot lx$,转换效率为 $6\% \sim 12\%$ 以上。作探测器时,一般应使用在小的负载电阻情况。硅光电池用做大面积功率转换器就是硅太阳能电池。应在黑暗中存放
	光敏电阻	硫化镉、硒化镉等光导管受光照射后电阻值变小,且电阻值的变化与照射的光通量有一定关系,因而可通过测量光导管受光照后电阻的变化来测量入射光辐射光通量的大小	光谱响应一般在可见光 $0.4 \sim 0.76\ \mu m$ 范围。硫化镉光敏电阻的峰值波长为 $0.51\ \mu m$,接近人眼的光谱响应。硒化镉为 $0.72\ \mu m$,较人眼响应偏近红外	$10^{-1} \sim 10^{-5}$ s 量级,比光电池的响应速度慢,但较灵敏	一般可用于光的测量、光的控制及光电转换。使用时要注意它所允许承受的最高电压值
	光电倍增管	某些金属氧化物表面吸收一定能量的光子后能发射电子,称为外光电效应。利用外光电效应可做成光电倍增管,它有一个阴极、多个倍增极和一个阳极。光照在阴极上时发射的电子打在倍增极上,并且产生二次电子,逐级增殖。最后,阳极收集电子形成电流	光谱响应与阴极材料有关。现在适应各种波长范围的不同的光电倍增管	可达 $10^{-8} \sim 10^{-9}$ s	是目前最灵敏的光探测器,常用于测微弱光。它的放大倍数一般在 $10^6 \sim 10^8$ 范围。我国生产的对紫光($0.42\ \mu m$)灵敏的 GDB – 546,其阳极光照灵敏度(即阳极输出的信号电流与入射到光电阴极的光通量之比)可达 2 000 A/lm。应在黑暗处存放
热电探测器	热电偶	一般采用合金或半导体材料做成热电偶,它的一端接收光辐射而升温,其温差电势与吸收的光辐射能成比例	对可见光到红外光的各种波长的辐射同样敏感,无特殊选择	响应速度较慢,一般在 $10^{-1} \sim 10^{-3}$ s	流经热电偶的电流一般在 1 μA 以下。使用时注意,不能用万用表检查热电偶,以免烧坏。在光谱仪器中常采用真空热电堆
	热释电探测器	某些晶体受到辐射照射时,温度升高引起正比于辐射功率的电信号输出	对可见光到红外光的各种波长的辐射同样敏感,无特殊选择	可达 $10^{-4} \sim 10^{-5}$ s 量级	电荷易泄漏,噪声较大,入射光宜斩波

参考文献

[1] 李文斌，刘旺东. 大学物理实验. 湘潭：湘潭大学出版社，2010

[2] 吴泳华，霍剑青，浦其荣. 大学物理实验(第一册). 北京：高等教育出版社，2005.

[3] 曾金根等. 大学物理实验教程. 上海：同济大学出版社，2002.

[4] 谢中. 大学物理实验. 长沙：湖南大学出版社，2008

[5] 赵家凤. 大学物理实验. 北京：科学出版社，1999.

[6] 丁慎训等. 物理实验教程. 北京：清华大学出版社，2002.

[7] 何焰蓝，杨俊才. 大学物理实验(第2版). 北京：机械工业出版社，2008

[8] 郝智明. 物理实验. 成都：电子科技大学出版社，2001.

[9] 吕斯骅等. 基础物理实验. 北京：北京大学出版社，2002.